U0691992

Fundamentals of
Computers

大学计算机基础 第3版

Windows 10+Office 2016

史巧硕 柴欣 ◉ 主编

贾铭 李建晶 ◉ 副主编

人 民 邮 电 出 版 社
北 京

图书在版编目（CIP）数据

大学计算机基础：Windows 10+Office 2016：微课版 / 史巧硕，柴欣主编. -- 3版. -- 北京：人民邮电出版社，2022.8
高等学校信息技术人才能力培养系列教材
ISBN 978-7-115-58557-8

Ⅰ. ①大… Ⅱ. ①史… ②柴… Ⅲ. ①Windows操作系统－高等学校－教材②办公自动化－应用软件－高等学校－教材 Ⅳ. ①TP316.7②TP317.1

中国版本图书馆CIP数据核字(2022)第015663号

内 容 提 要

本书可作为大学计算机基础课程的教材。全书共分 10 章，系统介绍了计算机基础知识，计算机系统知识，Windows 10 操作系统的使用，Word 2016、Excel 2016、PowerPoint 2016 的使用，网络技术与网络应用，计算机与网络的新技术和新发展，计算思维与程序算法，计算机素质教育等内容。

本书注重理论基础与实践应用相结合，在内容讲解上循序渐进、逐步深入，突出重点，注意分散难点，使读者易学易懂。

本书可作为高等院校计算机公共课程的教材，也可作为全国计算机等级考试及各类培训班的教材。

◆ 主　　编　史巧硕　柴　欣
　　副 主 编　贾　铭　李建晶
　　责任编辑　韦雅雪
　　责任印制　王　郁　陈　犇

◆ 人民邮电出版社出版发行　　北京市丰台区成寿寺路 11 号
　　邮编　100164　电子邮件　315@ptpress.com.cn
　　网址　https://www.ptpress.com.cn
　　山东百润本色印刷有限公司印刷

◆ 开本：787×1092　1/16
　　印张：16.25　　　　　　　　　　2022 年 8 月第 3 版
　　字数：437 千字　　　　　　　　2024 年 7 月山东第 8 次印刷

定价：52.00 元

读者服务热线：(010)81055256　印装质量热线：(010)81055316
反盗版热线：(010)81055315
广告经营许可证：京东市监广登字 20170147 号

第 3 版前言

党的二十大报告中提到："当前，世界百年未有之大变局加速演进，新一轮科技革命和产业变革深入发展，国际力量对比深刻调整，我国发展面临新的战略机遇。"在信息技术快速发展的今天，计算机已深入社会的各个领域，并深深地改变了人们工作、学习和生活的方式。信息的获取、分析、处理、发布、应用能力已经成为现代社会中人们的必备技能之一。因此，作为大学面向非计算机专业学生的公共必修课程，计算机基础课程有着非常重要的地位。本书是面向大学非计算机专业学生的计算机基础课程教材，通过对本书的学习，学生能够了解计算机的基础知识和基本理论，掌握计算机的基本操作和网络的使用方法，并为学习后续的计算机课程奠定一个较为扎实的基础。同时，本书对帮助学生提高创新意识、培养自学能力、锻炼动手实践的本领也起着积极的作用。

本书第 1 版、第 2 版分别于 2014 年、2017 年出版，得到了诸多院校和社会各界读者的认可。编者在本书第 3 版中做了如下改进。

（1）制作了课程核心内容的微课视频，扫描书中的二维码即可观看对应章节的教学视频。

（2）根据教学与考试的新需求，针对计算机系统和软件版本升级的相关信息进行了修订。

（3）增加了与移动互联网、云计算、大数据、人工智能等新技术和新方法相关的内容，在加强基础、并重实践、突出应用的同时，力求将前沿信息提供给读者。

本书共分 10 章，第 1 章、第 2 章较为系统地讲述计算机硬件和软件的基础知识；第 3 章介绍操作系统的基础知识及 Windows 10 操作系统的使用；第 4 章～第 6 章介绍办公自动化软件，内容包括 Word 2016、Excel 2016 和 PowerPoint 2016 的使用；第 7 章介绍计算机网络的基础知识与应用；第 8 章介绍计算机与网络相关的新技术和新发展；第 9 章介绍计算思维与程序算法，内容包括计算思维的基本概念、常用算法的介绍及程序实现；第 10 章对计算机素质教育的有关内容进行了阐述。为了更好地与后续课程进行对接，本书在对算法设计进行程序实现时，均提供了 C++ 和 Visual Basic 两种程序，教师可以根据后续程序设计课程的语言平台需求，选择不同语言的程序，以方便教学。

为了实现理论联系实际，配合本书，我们还编写了《大学计算机基础实践教程（Windows 10+Office 2016）（第 3 版）》，实践教程中各章均安排了与本书相应的上机实践内容，以方便学生有计划、有目的地进行上机实践练习，从而达到事半功倍的学习效果。

为了帮助学生更好地进行上机实践练习，我们还配合教程开发了计算机上机练习系统软件，学生上机时可以选择相应的操作模块操作练习，操作结束后系统将给出评判分数。这样，学生在学习、练习、自测及综合测试等各个环节都可以进行有目的的学习，进而更好地达到课程的要求。教师也可以利用系统的测试功能方便地检查各个单元的教学效果，随时了解教学的情况，有针对性地进行教学。

本书由史巧硕、柴欣担任主编，并负责全书的总体策划与统稿、定稿工作，贾铭、李建晶担任副主编。

在本书的编写过程中，编者参考了大量文献资料，在此向这些文献资料的作者深表感谢。由于时间仓促和水平所限，书中难免有不当和欠妥之处，请各位专家、读者不吝批评指正。

编者

2023 年 4 月

目 录

第1章
概论

诞生于 20 世纪 40 年代的电子计算机是人类最伟大的发明之一，并且一直在飞快发展。进入 21 世纪，计算机已经走入现代社会的各行各业，并成为各行业必不可少的工具。掌握计算机的基本知识和使用方法，已成为学习和工作必需的基本技能之一。

本章首先介绍了电子计算机的诞生，然后讲解了电子计算机发展的各个主要历程、微型计算机发展的特点，以及我国计算机技术发展的情况，使读者对计算机的发展及应用状况有一个初步的认识。此外，还对计算机中的数制与编码进行了讲解，使读者对计算机有初步的认识。

学习目标

- 了解电子计算机的诞生及电子计算机的发展历程。
- 了解微型计算机的发展。
- 了解我国计算机技术的发展。
- 理解计算机中的数制与编码知识，掌握各类数制间的转换。
- 学习计算机中的编码知识，了解数字、字符、多媒体信息的编码知识。

1.1 电子计算机的诞生

微课视频

在人类文明发展的历史长河中，计算工具经历了从简单到复杂、从低级到高级的发展过程。例如绳结、算筹、算盘、计算尺、手摇机械计算机、电动机械计算机等在不同的历史时期发挥了各自的作用，同时也孕育了电子计算机的雏形。

1946 年 2 月，世界上第一台数字电子计算机 ENIAC（Electronic Numerical Integrator And Computer，电子数字积分器和计算机）在美国的宾夕法尼亚大学诞生，如图 1-1 所示。当时这台计算机主要用于解决第二次世界大战时军事上弹道课题的高速计算问题。虽然它的运算速度仅是每秒完成 5000 次加、减法运算，但它把一个有关发射弹道导弹的运算题目的计算时间从台式计算器所需的 7～10h 缩短到 30s 以下，这在当时是了不起的进步。这台计算机使用了 18800 个电子管、约 1500 个继电器、7000 个电阻，占地面积约 170 m^2，质量达 30t，功率为 150kW。它的存储容量很小，只能存储 20 个字长为 10 位的十进制数。另外，它采用线路连接的方法来编排程序，因此，每次解题都要靠人工改接连线，准备时间远远超过实际计算时间。

虽然这台计算机的性能在今天看来微不足道，但在当时确实是一种创举。ENIAC 的成功研制为以后计算机科学的发展奠定了基础，具有划时代的意义。它的成功，使人类的计算工具由手工发展到自动化，产生了质的飞跃，为以后计算机的发展提供了契机，开创了计算机的新时代。

ENIAC 采用十进制进行计算，存储量很小，程序是用线路连接的方式来表示的。由于程序与计算两相分离，程序指令存放在机器的外部电路中，每当需要计算某个题目时，首先必须人工接通数百条线路，往往为了进行几分钟的计算要很多人用好几天的时间做准备。针对 ENIAC 的这些缺陷，美籍匈牙利数学家冯·诺依曼（J. Von Neumann）提出把指令和数据一起存储在计算机的存储器中，让机器能自动地执行程序，即"存储程序"的思想。

冯·诺依曼指出，计算机内部应采用二进制进行运算，应将指令和数据都存储在计算机中，由程序控制计算机自动执行，这就是著名的存储程序原理。"存储程序式"计算机结构又称为冯·诺依曼体系结构，此后的计算机系统基本上都采用了冯·诺依曼体系结构。冯·诺依曼还依据该原理设计出了"存储程序式"计算机 EDVAC（Electronic Discrete Variable Automatic Computer，离散变量自动电子计算机），并于 1950 年研制成功，如图 1-2 所示。这台计算机总共采用了 2300 个电子管，运算速度却比 ENIAC 提高了 10 倍。冯·诺依曼的设想在这台计算机上得到了充分的体现。

图 1-1　第一台电子计算机 ENIAC　　　　图 1-2　冯·诺依曼设计的计算机 EDVAC

世界上首台"存储程序式"电子计算机是 1949 年 5 月在英国剑桥大学研制成功的 EDSAC（Electronic Delay Storage Automatic Computer，电子延迟存储自动计算机）。它是剑桥大学的威尔克斯（Wilkes）教授于 1946 年接受了冯·诺依曼的"存储程序"计算机结构后开始设计和研制的。

1.2　计算机的发展

1.2.1　电子计算机的发展历程

计算机界传统的观点是将计算机的发展大致分为 4 代，这种划分是以构成计算机的基本逻辑部件所用的电子元器件的变迁为依据的。从电子管到晶体管，到小、中规模集成电路，再到大规模集成电路，直至现在的超大规模集成电路，元器件的制造技术发生了几次重大的革命，芯片的集成度不断提高，使计算机的硬件得以迅猛发展。

科技是第一生产力、人才是第一资源、创新是第一动力。计算机的发展历程，离不开科技的进步和人才的贡献，是一个不断创新的过程。从第一台计算机诞生以来的近 80 年时间里，计算机的发展过程可以划分如下。

1. 第一代计算机（1946—1954 年）：电子管计算机时代

第一代计算机是电子管计算机，其基本元件是电子管，内存采用水银延迟线，外存有纸带、卡片、磁带和磁鼓等。受当时电子技术的限制，运算速度仅为每秒几千次到每秒几万次，而且内存容量也非常小，仅为 1000～4000B。

此时的计算机程序设计语言还处于最低发展阶段，要用二进制代码表示的机器语言进行编程，工作过程十分烦琐，直到 20 世纪 50 年代末才出现了稍微方便一点的汇编语言。

第一代计算机体积庞大，造价昂贵，因此基本上局限于军事研究领域的狭小天地里，主要用于数值计算。UNIVAC（Universal Automatic Computer，通用自动计算机）是第一代计算机的代表，其于 1951 年首次交付美国人口统计局使用。它的交付使用标志着计算机从实验室进入了市场，从军事应用领域转入数据处理领域。

2. 第二代计算机（1955—1964 年）：晶体管计算机时代

晶体管的发明标志着一个新的电子时代的到来。1947 年，贝尔实验室的两位科学家布拉顿（W. Brattain）和巴丁（J. Bardeen）发明了点触型晶体管。1950 年，科学家肖克利（W. Shockley）又发明了面结型晶体管。比起电子管，晶体管具有体积小、质量小、寿命长、功耗低、发热少、速度快的特点，使用晶体管的计算机，其电子线路结构变得十分简单，运算速度大幅度提高。

第二代计算机是晶体管计算机，以晶体管为主要逻辑元件，内存使用磁芯，外存有磁盘和磁带，运算速度从每秒几万次提高到几十万次，内存容量也扩大到了几十万字节。

1955 年，美国贝尔实验室研制出了世界上第一台全晶体管计算机 TRADIC，如图 1-3 所示。它装有 800 个晶体管，功率仅为 100W。1959 年，IBM 公司推出了晶体管化的 7000 系列计算机，其典型产品 IBM 7090 是第二代计算机的代表，在 1960—1964 年间占据着计算机领域的重要地位。

在这个时期，计算机软件也有了较大的发展，出现了监控程序并发展为后来的操作系统，高级程序设计语言也相继推出。1957 年，IBM 研制出公式语言 FORTRAN；1959 年，美国数据系统语言委员会推出了商用语言 COBOL；1964 年，达特茅斯大学的凯梅尼（J. Kemeny）和库尔茨（T. Kurtz）提出了 BASIC。高级语

图 1-3　晶体管计算机 TRADIC

言的出现，使得人们不必学习计算机的内部结构就可以使用计算机编程，为计算机的普及提供了可能。

第二代计算机与第一代计算机相比，体积小、成本小、质量小、功耗小、速度快、功能强且可靠性高。其使用范围也由单一的科学计算扩展到了数据处理和事务管理等其他领域中。

3. 第三代计算机（1965—1971 年）：小、中规模集成电路计算机时代

1958 年，美国物理学家基尔比（J. Kilby）和诺伊斯（N. Noyce）同时发明了集成电路。集成电路需要用特殊的工艺将大量完整的电子线路制作在一个硅片上。与晶体管电路相比，集成电路计算机的体积、质量、功耗都进一步减小，而运算速度、运算功能和可靠性则进一步提高。

第三代计算机的主要元件采用小规模集成电路（Small Scale Integrated Circuits，SSIC）和中规模集成电路（Medium Scale Integrated Circuits，MSIC），主存储器开始采用半导体存储器，外存使用磁盘和磁带。

IBM 公司于 1964 年研制出的 IBM S/360 系列计算机是第三代计算机的代表产品。它包括 6 个型号的大、中、小型计算机和 44 种配套设备，有功能较弱的 360/51 小型机，也有功能超过它 500 倍的 360/91 大型机。IBM 为研制 S/360 系列计算机耗时 3 年，投入的 50 亿美元研发费超过了"二战"时期原子弹的研制费用。IBM S/360 系列计算机是当时最成功的计算机，5 年之内售出 32300 台，创造了计算机销售史中的奇迹，奠定了"蓝色巨人"在当时计算机业的地位。此后，IBM 公司又研制出与 IBM S/360 兼容的 IBM S/370，其中最高档的 370/168 机型的运算速度已达每秒 250 万次。

软件在这个时期形成了产业，操作系统在种类、规模和功能上发展很快。通过分时操作系统，用户可以共享计算机资源。结构化、模块化的程序设计思想被提出后，出现了结构化的程序设计

语言 Pascal。

4. 第四代计算机（1972 年至今）：大规模和超大规模集成电路计算机时代

随着集成电路技术的不断发展，单个硅片可容纳电子线路的数量也在迅速增加。20 世纪 70 年代初期出现了可容纳数千个至数万个晶体管的大规模集成电路（Large Scale Integrated Circuits，LSIC）。20 世纪 70 年代末期又出现了可容纳几万个到几十万个晶体管的超大规模集成电路（Very Large Scale Integrated Circuits，VLSIC）。利用 VLSIC 技术，计算机的核心部件甚至整个计算机都能制作在一个硅片上，进而得到芯片。芯片显微结构如图 1-4 所示。

第四代计算机的主要元件采用大规模集成电路和超大规模集成电路。集成度很高的半导体存储器完全代替了磁芯存储器，外存磁盘的存取速度和存储容量大幅度上升，计算机的速度可达每秒几百万次至上亿

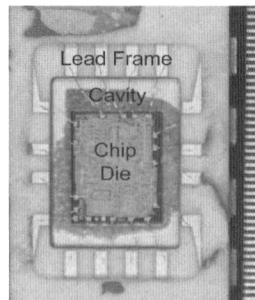

图 1-4　芯片显微结构

次，而其体积、质量和耗电量却进一步减少，计算机的性能价格比基本上以每 18 个月翻一番的速度上升，此即著名的摩尔定律。

美国 ILLIAC-IV 计算机是第一台全面使用大规模集成电路作为逻辑元件和存储器的计算机，它标志着计算机的发展已进入了第四代。1975 年，美国阿姆尔公司研制成 470V/6 型计算机，随后日本富士通公司生产出 M-190 计算机，是比较有代表性的第四代计算机。英国曼彻斯特大学于 1968 年开始研制第四代计算机，1974 年研制成 DAP 系列计算机。1973 年，德国西门子公司、法国国际信息公司与荷兰飞利浦公司联合成立了统一数据公司，研制出 Unidata 7710 系列计算机。

这一时期的计算机软件也有了飞速发展，软件工程的概念开始提出，操作系统向虚拟操作系统发展，计算机应用也从最初的数值计算演变为信息处理，各种应用软件丰富多彩，在各行业中都有应用，极大扩展了计算机的应用领域。

从第一代到第四代，计算机的体系结构都采用了冯·诺依曼的体系结构，科学家试图突破冯·诺依曼的体系结构，研制新一代更高性能的计算机。1982 年以后，许多国家开始研制第五代计算机，其特点是以人工智能原理为基础，希望突破原有的计算机体系结构模式。之后又提出了第六代计算机，如生物计算机、神经网络计算机等新概念。

5. 第五代计算机：智能计算机

第五代计算机指具有人工智能的新一代计算机，它具有推理、联想、判断、决策、学习等功能。

第五代计算机的系统设计中考虑了编制知识库管理软件和推理机，机器本身能根据存储的知识进行判断和推理。同时，多媒体技术得到广泛应用，使人们能用语音、图像、视频等更自然的方式与计算机进行信息交互。智能计算机的主要特征是具备人工智能，能像人一样思考，并且运算速度极快，其硬件系统支持高度并行和推理，其软件系统能够处理知识信息。神经网络计算机（也称神经元计算机）是智能计算机的重要代表。

第五代计算机系统结构将突破传统的冯·诺依曼的体系结构。这方面的研究课题应包括逻辑程序设计机、函数机、相关代数机、抽象数据型支援机、数据流机、关系数据库机、分布式数据库系统、分布式信息通信网络等。

6. 第六代计算机：生物计算机

利用蛋白质分子制造出基因芯片，研制生物计算机（也称分子计算机、基因计算机）已成为当今计算机技术的前沿。生物计算机比硅晶片计算机在速度、性能上有质的飞跃，被视为极具发展潜力的"第六代计算机"。

生物计算机与以逻辑处理为主的第五代计算机不同，它本身可以判断对象的性质与状态，并能采取相应的行动，而且它可同时并行处理实时变化的大量数据，并引出结论。以往的信息处理系统只能处理条理清晰、经络分明的数据；而人的大脑活动具有能处理零碎、含糊不清信息的灵活性，第六代电子计算机将拥有类似人脑的智慧和灵活性。

1.2.2　微型计算机的发展

在计算机的飞速发展过程中，20 世纪 70 年代出现了微型计算机。微型计算机开发的先驱是两个年轻的工程师，美国英特尔（Intel）公司的霍夫（Hoff）和意大利的弗金（Fagin）。霍夫首先提出了可编程通用计算机的设想，即把计算机的全部电路制作在 4 个集成电路芯片上。这个设想由弗金第一个实现，他在 4.2mm×3.2mm 的硅片上集成了 2250 个晶体管构成 CPU（Central Processing Unit，中央处理器），即 4 位微处理器 Intel 4004，再加上一片随机存储器、一片只读存储器和一片寄存器，通过总线连接就构成了一台 4 位微型电子计算机。

人们习惯上称由集成电路构成的 CPU 为微处理器（Micro Processor）。根据微处理器上不同规模的集成电路，微型计算机被划分为几个发展阶段。从 1971 年世界上出现第一个 4 位的微处理器 Intel 4004 算起，至今微型计算机的发展经历了 6 个阶段。

微课视频

1. 第一代微型计算机

第一代微型计算机是以 4 位微处理器和早期的 8 位微处理器为核心的微型计算机。4 位微处理器的典型产品是 Intel 4004/4040，其芯片集成度为 1200 个晶体管/片，时钟频率为 1MHz。第一代微型计算机产品采用了 PMOS 工艺，基本指令执行时间为 10～20μs，字长 4 位或 8 位，指令系统简单，速度慢。此时的微处理器功能不全，实用价值不大。

2. 第二代微型计算机

1973 年 12 月，Intel 8080 的研制成功标志着第二代微型计算机的开始。其他型号的典型微处理器产品包括 Intel 公司的 Intel 8085、Motorola 公司的 M6800 及 Zilog 公司的 Z80 等。它们都是 8 位微处理器，集成度为 4000～7000 个晶体管/片，时钟频率为 4MHz，其特点是采用了 NMOS 工艺，集成度比第一代产品提高了 n 倍，基本指令执行时间为 1～2μs。

高档 8 位微处理器的运算速度和集成度又提高了一倍，已具有典型的计算机体系结构及中断、直接内存存取（Direct Memory Access，DMA）等控制功能，指令系统比较完善。它们所构成的微型计算机的功能显著增强，最著名的是 Apple 公司的 Apple Ⅱ。此时的软件可以使用高级语言，进行交互式会话操作，此后微型计算机的发展开始进入全盛时期。

3. 第三代微型计算机

1978 年，Intel 公司推出第三代微处理器代表产品 Intel 8086，集成度为 29000 个晶体管/片。1979 年又推出了 Intel 8088，同年 Zilog 公司也推出了 Z8000，集成度为 17500 个晶体管/片。这些微处理器都是 16 位微处理器，采用 HMOS 工艺，基本指令执行时间为 0.5μs，各方面的性能比第二代微型计算机又提高了一个数量级。由它们构成的微型计算机具有丰富的指令系统，采用多级中断、多重寻址方式，具备段式寄存器结构，并且配有强有力的系统软件。

1982 年，Intel 公司在 8086 的基础上又推出了性能更为优越的 80286，集成度为 13.4 万个晶体管/片，其内部和外部数据总线均为 16 位，地址总线为 24 位。由 Intel 公司微处理器构成的微型机首次采用了虚拟内存的概念。Intel 80286 微处理器芯片的问世，使 20 世纪 80 年代后期的 286 微型计算机风靡全球。

4. 第四代微型计算机

1985 年 10 月，Intel 公司推出的 32 位字长的微处理器 Intel 80386，标志着第四代微型计算机的开始。80386 芯片内集成了 27.5 万个晶体管/片，其内部、外部数据总线和地址总线均为 32 位；随着内存芯片制造技术的发展和成本的下降，内存芯片的容量已达到 16MB 和 32MB。1989 年，Intel 公司研制出集成度为 120 万个晶体管/片的 80486，它把 80386 的浮点运算处理器和 8KB 的 cache（高速缓存）集成到了一个芯片里，并支持二级 cache，极大地提高了内存访问的速度。用该微处理器构成的微型计算机，其功能和运算速度完全可以与 20 世纪 70 年代的中、大型计算机相匹敌。

5. 第五代微型计算机

1993 年，Intel 公司推出了更新的微处理器芯片 Pentium，中文名为"奔腾"。Pentium 微处理器芯片内集成了 310 万个晶体管/片。随后，Intel 公司又陆续推出了使用 Classic Pentium（经典奔腾）、Pentium Pro（高能奔腾）、Pentium MMX（多能奔腾，1997 年年初）、Pentium Ⅱ（奔腾二代，1997 年 5 月）、Pentium Ⅲ（奔腾三代，1999 年）和 Pentium Ⅳ（奔腾四代，2001 年）的微型计算机。在 Intel 公司各阶段推出微处理器的同时，各国厂家也相继推出与奔腾微处理器结构和性能相近的微型计算机。

6. 第六代微型计算机

2004 年，AMD 公司推出了 64 位芯片 Athlon 64，2005 年年初 Intel 公司也推出了 64 位奔腾系列芯片。2005 年 4 月，Intel 公司第一款双核处理器平台产品的问世，标志着一个新时代来临。双核和多核处理器用于在一枚处理器中集成两个或多个完整执行内核，以同时管理多项活动。2006 年，Intel 公司推出了酷睿系列的 64 位双核微处理器 Core 2，AMD 公司也推出了 64 位双核微处理器，之后 Intel 公司和 AMD 公司又相继推出了四核的处理器。2008 年 11 月，Intel 公司推出了第一代智能酷睿 Core i 系列，Core i 系列是具有革命性的全新一代 PC（个人计算机）处理器，其性能相较之前的产品提升了 20%～30%。2012 年，Intel 公司发布 22nm 工艺和第三代处理器，使用 22nm 工艺的处理器的热功耗普遍小于 77W，使得处理器的散热需求大幅下降，提升了大规模数据运算的可靠性，并降低了散热功耗。以 Core i7-3770 处理器为例，处理器具备了睿频功能，即在运算负载较大的环境下，自动提升处理器主频，从而加速完成运算。在运算完成时，又可以及时降低主频，从而降低计算机功耗。2014 年，Intel 公司首发桌面级八核心十六线程处理器，Core i7-5960X 处理器是第一款基于 22nm 工艺的八核心桌面级处理器，拥有高达 20MB 的三级缓存，主频达到 3.5GHz，功率为 140W。此处理器的处理能力超群，其浮点数计算能力是普通办公计算机的 10 倍以上。2015 年是微电子的新时代——14nm 工艺产品上市，Intel 14nm 处理器第五代 Core 系列处理器正式登场。新处理器除了拥有更强的性能且功耗降低外，同时支持 Intel RealSense 技术，为用户带来更好的交互体验。2020 年 9 月，Intel 公司正式发布了第十一代酷睿处理器。Intel 第十一代酷睿处理器代号为 Tiger Lake，采用了 10nm 工艺打造。由于采用了全新的 SuperFin 技术，第十一代酷睿处理器拥有更高的性能和响应能力，并且在功耗上实现了进一步优化。而与前几代处理器相比，其运行频率也显著提高。

目前，Intel 已经发布的 Core i7 系列处理器中有四核八线程、六核十二线程、八核十六线程、十核二十线程等几种规格。64 位技术和多核技术的应用使得微型计算机进入了一个新的时代，现代微型计算机的性能远远超过了早期的巨型计算机。随着近些年来微型机的异常迅速发展，芯片集成度不断提高，并向着质量小、体积小、运算速度快、功能更强和更易使用的方向发展。

1.2.3　我国计算机技术的发展

我国计算机的发展起步较晚，1956 年国家制定 12 年科学规划时，把发展计算机、半导体等技术学科作为重点，相继筹建了中国科学院计算机研究所、中国科学院半导体研究所等机构。我国于 1958 年组装调试出第一台电子管计算机（103 机），于 1959 年研制出大型通用电子管计算机（104 机），1960 年研制出第一台自己设计的通用电子管计算机（107 机），其中，104 机运算速度为每秒 10000 次，主存为 2048B（2KB）。

1964 年，我国开始推出第一批晶体管计算机，如 109 机、108 机及 320 机等，运算速度为每秒 10 万～20 万次。

1971 年，我国研制出第三代集成电路计算机，如 150 机。1974 年后，DJS-130 晶体管计算机实现了小批量生产。1982 年，借助中、大规模集成电路，我国研制出了 16 位的 DJS-150 机。

1983 年，国防科技大学推出向量运算速度达每秒 1 亿次的银河 I 巨型计算机。1992 年，向量运算达到每秒 10 亿次的银河 II 投入运行。1997 年，银河 III 投入运行，速度为每秒 130 亿次，内存容量为 9.15 GB。

进入 20 世纪 90 年代，我国的计算机开始步入高速发展阶段，不论是大型、巨型计算机还是微型计算机，都取得了长足的发展。其中，在代表国家综合实力象征的巨型计算机领域，我国已经处在世界的前列。

超级计算机是一个国家综合实力的体现，在国家经济建设、国防建设、科学研究等方面均具有巨大作用。超级计算机具有极快的运算速度，可应用于各种尖端科技行业，如天气预测、弹道计算、人工智能推演、天文物理计算、地震模型建立、各种实验模拟（包括核爆炸模拟）等，是各个国家的战略级项目。国际 500 强组织发布的超级计算机 500 强榜单主要基于超级计算机基准程序 Linpack 测试值进行排名，它是目前世界上比较知名的评测排行榜。超级计算机 500 强每年进行两次评比，一般在每年的 6 月及 11 月份发布评比结果。

在 2020 年 6 月 23 日发布的世界超级计算机 500 强排名中，日本超级计算机 Fugaku（富岳）以每秒 23047 TFLOPS 的峰值速度，夺取第一名，其 Linpack 测试结果达到 415.5 PFLOPS，即每秒运算 41.55 亿亿次，约是第二名——美国"顶点"超级计算机的运算速度（每秒 14.88 亿亿次）的 2.8 倍。在这次的超级计算机 500 强榜单中，第二、第三名分别是美国的 Summit（顶点）、Sierra（山脊）两台超级计算机，峰值速度分别是每秒 20 亿亿次及每秒 12.5 亿亿次；排在第四、第五名的分别是我国国家并行计算机工程与技术研究中心研发的"神威·太湖之光"超级计算机和我国国防科技大学研发的"天河二号"（见图 1-5）超级计算机，运算速度分别是每秒 9.3 亿亿次和每秒 6.14 亿亿次。

图 1-5　天河二号

最近几年来，我国的超级计算机首次跳出了超级计算机500强榜单前三名（在2016年、2017年的超级计算机500强中，"神威·太湖之光"和"天河二号"分别排名第一和第二）。

不过我国上榜超级计算机500强榜单的超级计算机数量总量仍居第一位，总算力居第二位。根据超级计算机500强榜单显示，在全球浮点运算性能最强的500台超级计算机中，联想制造的超算入围180台，再次名列全球高性能计算提供商份额第一名。另外榜单还显示，中国部署的超级计算机数量继续位列全球第一，500强超级计算机中中国客户部署了226台，占总体份额超过45%；中国厂商联想、曙光、浪潮是全球前三的超算供应商，共交付312台，占500强份额超过62%。联想交付的超级计算机贡献总算力超过35.5亿亿次，位列全球第二。从上述数据可以看出，不论是从超级计算机上榜数量看还是从排名位次看，我国都已经达到世界领先的地位，由此也说明了我国的经济科技实力及发展速度。

目前，我国超算在自主可控、持续性能等方面实现了较大突破，百亿亿次（E级）计算规划布局已经展开，有望在超算领域再次领先世界。其中，"天河三号"是中国新一代百亿亿次超级计算机，已完成的原型机是全自主创新的，使用了"飞腾"CPU、"天河"高速互联通信模块和"麒麟"操作系统等。我国在高性能计算机等基础设施方面的日益强大，必将有力地推动我国科研事业的快速前行。

1.3 数制与数制转换

1.3.1 数制

1. 数制的基本概念

人们在生产实践和日常生活中，创造了多种表示数的方法，这些数的表示规则称为数制，其中按照进位方式记数的数制叫进位记数制。例如，人们常用的十进制、钟表计时中使用的1小时等于60分及1分等于60秒的六十进制、早年我国曾使用过1市斤等于16两的十六进制、计算机中使用的二进制等。

微课视频

（1）十进制记数制

从人们最常用和最熟悉的十进制记数制可以看出，其记数规则是"逢十进一"。任意一个十进制数值都可用0、1、2、3、4、5、6、7、8、9共10个数字符号来表示，这些数字符号称为数码；数码处于不同的位置（数位）代表不同的数值。例如，819.18这个数中，第1个数8处于百位，代表800；第2个数1处于十位，代表10；第3个数9处于个位，代表9；第4个数1处于十分位，代表0.1；而第5个数8处于百分位，代表0.08。也就是说，十进制数819.18可以写成：$819.18=8×10^2+1×10^1+9×10^0+1×10^{-1}+8×10^{-2}$。

上式称为数值的按位权展开式，其中，10^i（10^2对应百位，10^1对应十位，10^0对应个位，10^{-1}对应十分位，10^{-2}对应百分位）称为十进制数位的位权，10称为基数。

（2）R进制记数制

从对十进制记数制的分析可以得出，任意R进制记数制同样有基数R、位权和按位权展开表达式，其中，R可以为任意正整数，如二进制的R为2，十六进制的R为16等。

① 基数：一种记数制所包含数字符号的个数称为该数制的基数（radix），用R表示。

• 十进制（decimal）：任意一个十进制数可用0、1、2、3、4、5、6、7、8、9共10个数字符号表示，其基数R=10。

- 二进制（binary）：任意一个二进制数可用 0、1 两个数字符号表示，其基数 $R=2$。
- 八进制（octal）：任意一个八进制数可用 0、1、2、3、4、5、6、7 共 8 个数字符号表示，其基数 $R=8$。
- 十六进制（hexadecimal）：任意一个十六进制数可用 0、1、2、3、4、5、6、7、8、9、A、B、C、D、E、F 共 16 个符号表示，其基数 $R=16$。

为区分不同进制的数，约定对于任意 R 进制的数 N，记作 $(N)_R$，如 $(1010)_2$、$(703)_8$、$(AE05)_{16}$ 分别表示二进制数 1010、八进制数 703 和十六进制数 AE05。不用括号及下标的数，默认为十进制数，如 256。人们也习惯在一个数的后面加上字母 D（十进制）、B（二进制）、O（八进制）、H（十六进制）来表示其前面的数用的是哪种进位制，如 1010B 表示二进制数 1010，AE05H 表示十六进制数 AE05。

② 位权：任何一个 R 进制的数都是由一串数码表示的，其中每一位数码所表示的实际值的大小除与数字本身的数值有关外，还与它所处的位置有关。该位置上的基准值就称为位权（或位值），位权用基数 R 的 i 次幂表示。对于 R 进制数，小数点前第 1 位的位权为 R^0，小数点前第 2 位的位权为 R^1，小数点后第 1 位的位权为 R^{-1}，小数点后第 2 位的位权为 R^{-2}，依此类推。

假设一个 R 进制数具有 n 位整数，m 位小数，那么其位权为 R^i，其中 i 为 $-m \sim n-1$。

显然，对于任一 R 进制数，其最右边数码的位权最小，最左边数码的位权最大。

③ 数的按位权展开：类似十进制数值的表示，任一 R 进制数的值都可表示为各位数码本身的值与其所在位位权的乘积之和，具体实例如下。

十进制数 256.16 的按位权展开式为：

$$256.16D = 2 \times 10^2 + 5 \times 10^1 + 6 \times 10^0 + 1 \times 10^{-1} + 6 \times 10^{-2}$$

二进制数 101.01 的按位权展开式为：

$$101.01B = 1 \times 2^2 + 0 \times 2^1 + 1 \times 2^0 + 0 \times 2^{-1} + 1 \times 2^{-2}$$

八进制数 307.4 的按位权展开式为：

$$307.4O = 3 \times 8^2 + 0 \times 8^1 + 7 \times 8^0 + 4 \times 8^{-1}$$

十六进制数 F2B 的按位权展开式为：

$$F2BH = 15 \times 16^2 + 2 \times 16^1 + 11 \times 16^0$$

2. 常用的进位记数制

根据上述记数制的规律，下面对二进制数、八进制数、十进制数和十六进制数进行具体的讲解。

（1）十进制

十进制基数为 10，即"逢十进一"。它含有 10 个数字符号：0、1、2、3、4、5、6、7、8、9。十位制的位权为 10^i（i 为 $-m \sim n-1$，其中 m、n 为自然数）。

下列各种进位记数制中的位权均用以十进制数为底的幂表示。

（2）二进制

二进制基数为 2，即"逢二进一"。它含有两个数字符号：0、1。位权为 2^i（i 为 $-m \sim n-1$，其中 m、n 为自然数）。

二进制是计算机中采用的记数方式，因为二进制具有以下特点。

① 简单可行：二进制仅有两个数码"0"和"1"，它们可以用两种不同的稳定状态，如用高

电位和低电位来表示。计算机的各组成部分都由仅有两个稳定状态的电子元件组成，这样不仅容易实现，而且稳定、可靠。

② 运算规则简单：二进制的运算规则非常简单。以加法为例，二进制加法规则仅有 4 条：0+0=0，1+0=1，0+1=1，1+1=10（逢二进一）。例如，11+101=1000。

但是，二进制的明显缺点是数字冗长、书写量过大、容易出错、不便阅读。所以在计算机技术文献中，常用八进制数或十六进制数表示数字。

（3）八进制

八进制基数为 8，即"逢八进一"。它含有 8 个数字符号：0、1、2、3、4、5、6、7。八进制的位权为 8^i（i 为 $-m\sim n-1$，其中 m、n 为自然数）。

（4）十六进制

十六进制基数为 16，即"逢十六进一"。它含有 10 个数字符号和 6 个字母符号：0、1、2、3、4、5、6、7、8、9、A、B、C、D、E、F，其中 A、B、C、D、E、F 分别表示十进制数 10、11、12、13、14、15。十六进制的位权为 16^i（i 为 $-m\sim n-1$，其中 m、n 为自然数）。

应当指出，二进制、八进制、十六进制和十进制都是计算机中常用的数制，所以在一定数值范围内直接写出它们之间的对应表示也是经常遇到的场景。表 1-1 列出了 0～15 这 16 个十进制数与其他 3 种数制的对应关系。

表 1-1　　　　　　　　　　　　各数制之间对应关系

十进制	二进制	八进制	十六进制
0	0000	0	0
1	0001	1	1
2	0010	2	2
3	0011	3	3
4	0100	4	4
5	0101	5	5
6	0110	6	6
7	0111	7	7
8	1000	10	8
9	1001	11	9
10	1010	12	A
11	1011	13	B
12	1100	14	C
13	1101	15	D
14	1110	16	E
15	1111	17	F

1.3.2　各类数制间的转换

1. 非十进制数转换成十进制数

利用按位权展开的方法可以把任意数制的一个数转换成十进制数。下面是将二进制数、八进制数、十六进制数转换为十进制数的例子。

【例 1-1】将二进制数 101.101 转换成十进制数。

【解】$101.101B = 1\times2^2 + 0\times2^1 + 1\times2^0 + 1\times2^{-1} + 0\times2^{-2} + 1\times2^{-3} = 4+0+1+0.5+0+0.125 = 5.625D$

微课视频

【例 1-2】将二进制数 110101 转换成十进制数。

【解】$110101B=1×2^5+1×2^4+0×2^3+1×2^2+0×2^1+1×2^0=32+16+4+1=53D$

【例 1-3】将八进制数 777 转换成十进制数。

【解】$777O=7×8^2+7×8^1+7×8^0=448+56+7=511D$

【例 1-4】将十六进制数 BA 转换成十进制数。

【解】$BAH=11×16^1+10×16^0=176+10=186D$

由上述例子可见，只要掌握了数制的概念，那么将任意 R 进制数转换成十进制数时，只要将此数按位权展开即可。

2. 十进制数转换成二进制数

通常，一个十进制数包含整数和小数两个部分，并且将十进制数转换成二进制数时，对整数部分和小数部分处理的方法是不同的。下面分别进行讨论。

（1）将十进制整数转换成二进制整数

十进制整数转换成二进制整数的方法是"除 2 取余"法。具体步骤是：把十进制整数除以 2 得一商和一余数，再将所得的商除以 2，又得到一个新的商和余数，这样不断地用 2 去除所得的商，直到商等于 0 为止。每次相除所得的余数便是对应的二进制整数的各位数码。第一次得到的余数为最低有效位，最后一次得到的余数为最高有效位。上述步骤可以理解为：除 2 取余，自下而上。

【例 1-5】将十进制整数 215 转换成二进制整数。

【解】按上述方法得：

```
2 215
  2 107 ──────── 1 最低位
    2 53 ──────── 1
      2 26 ──────── 1
        2 13 ──────── 0
          2 6 ──────── 1
            2 3 ──────── 0
              2 1 ──────── 1
                0   1 最高位
```

所以 215=11010111B。

所有的运算都是除 2 取余，只是本次除法运算的被除数需用上次除法所得的商来取代，这是一个重复过程。

（2）将十进制小数转换成二进制小数

十进制小数转换成二进制小数的方法是"乘 2 取整，自上而下"法。具体步骤是：把十进制小数乘以 2 得一整数部分和一小数部分，再用 2 乘所得的小数部分，又得到一整数部分和一小数部分，这样不断地用 2 去乘所得的小数部分，直到所得小数部分为 0 或达到要求的精度为止。每次相乘后所得乘积的整数部分就是相应二进制小数的各位数字，第一次相乘所得的整数部分为最高有效位，最后一次得到的整数部分为最低有效位。

> 每次乘 2 后，取得的整数部分是 1 或 0，若 0 是整数部分，也应取。另外，不是任意一个十进制小数都能完全精确地转换成二进制小数，一般根据精度要求截取到某一位小数即可。这就是说，可能不能用有限个二进制数字来精确地表示一个十进制小数。所以将一个十进制小数转换成二进制小数通常只能得到近似表示。

【例 1-6】将十进制小数 0.6875 转换成二进制小数。

【解】

$$
\begin{array}{r}
0.6875 \\
\times\ 2 \\
\hline
0.3750 \\
\times\ 2 \\
\hline
0.7500 \\
\times\ 2 \\
\hline
0.5000 \\
\times\ 2 \\
\hline
0.0000
\end{array}
$$

最高位　1

0

1

最低位　1

所以 0.6875=0.1011B。

【例 1-7】将十进制小数 0.2 转换成二进制小数（取二进制数小数点后 5 位）。

【解】

$$
\begin{array}{r}
0.2 \\
\times\ 2 \\
\hline
0.4 \\
\times\ 2 \\
\hline
0.8 \\
\times\ 2 \\
\hline
0.6 \\
\times\ 2 \\
\hline
0.2 \\
\times\ 2 \\
\hline
4
\end{array}
$$

最高位　0

0

1

1

最低位　0

所以 0.2=0.00110B。

综上所述，要将任意一个十进制数转换为二进制数，只需将其整数、小数部分分别进行转换，然后用小数点连接起来即可。

上述将十进制数转换成二进制数的方法，同样适用于十进制与八进制、十进制与十六进制数之间的转换，只是使用的基数不同。

3. 二进制数与八进制或十六进制数间的转换

用二进制数编码，存在这样一个规律：n 位二进制数最多能表示 2^n 种状态，分别对应 $0,1,2,3,\cdots,2^{n-1}$。可见，用 3 位二进制数就可对应表示 1 位八进制数。同样，用 4 位二进制数就可对应表示 1 位十六进制数。对照关系如表 1-1 所示。

（1）二进制数转换成八进制数

将一个二进制数转换成八进制数的方法很简单：只要从小数点开始分别向左、向右按每 3 位一组划分，不足 3 位的组以"0"补足，然后将每组 3 位二进制数用与其等值的一位八进制数字代替即可。

【例 1-8】将二进制数 11101010011.10111B 转换成八进制数。

【解】按上述方法，从小数点开始向左、右方向按每 3 位二进制数一组分隔，得：

011　101　010　011 . 101　110

在所划分的二进制位组中，第一组和最后一组是因不足 3 位经补"0"而成的。再以 1 位八进制数字替代每组的 3 位二进制数字，得：

3　5　2　3 . 5　6

故原二进制数转换为八进制数 3523.56O。

（2）八进制数转换成二进制数

将八进制数转换成二进制数，其方法与二进制数转换成八进制数相反，即将每一位八进制数字用等值的 3 位二进制数表示即可。

【例 1-9】将 477.563O 转换成二进制数。

【解】

$$4 \quad 7 \quad 7 \quad . \quad 5 \quad 6 \quad 3$$
$$\downarrow \quad \downarrow \quad \downarrow \quad \quad \downarrow \quad \downarrow \quad \downarrow$$
$$100 \quad 111 \quad 111 \quad . \quad 101 \quad 110 \quad 011$$

故原八进制数转换为二进制数 100111111.101110011B。

（3）二进制数转换成十六进制数

将一个二进制数转换成十六进制数的方法与将一个二进制数转换成八进制数的方法类似，只要从小数点开始分别向左、向右按每 4 位二进制数一组划分，不足 4 位的组以 "0" 补足，然后将每组 4 位二进制数代之以 1 位十六进制数字表示即可。

【例 1-10】将二进制数 1111101011011.10111B 转换成十六进制数。

【解】按上述方法分组得：

$$0001 \quad 1111 \quad 0101 \quad 1011 \quad . \quad 1011 \quad 1000$$

在所划分的二进制位组中，第一组和最后一组是因不足 4 位经补 "0" 而成的。再以 1 位十六进制数字替代每组的 4 位二进制数字，得：

$$1 \quad F \quad 5 \quad B \quad . \quad B \quad 8$$

故原二进制数转换为十六进制数 1F5B.B8H。

（4）十六进制数转换成二进制数

将十六进制数转换成二进制数，其方法与二进制数转换成十六进制数相反，只要将每 1 位十六进制数字用等值的 4 位二进制数表示即可。

【例 1-11】将 6AF.C5H 转换成二进制数。

【解】

$$6 \quad A \quad F \quad . \quad C \quad 5$$
$$\downarrow \quad \downarrow \quad \downarrow \quad \quad \downarrow \quad \downarrow$$
$$0110 \quad 1010 \quad 1111 \quad . \quad 1100 \quad 0101$$

故原十六进制数转换为二进制数 11010101111.11000101B。

所以十进制与八进制及十六进制之间的转换可以通过 "除基（8 或 16）取余" 的方法直接进行（其方法类似十进制到二进制的转换方法），也可以借助二进制作为 "桥梁" 来完成转换。

1.3.3　数据存储单位及存储方式

1. 数据的存储单位

（1）位（bit）

计算机只识别二进制数，即在计算机内部，运算器运算的是二进制数。因此，计算机中数据的最小单位就是二进制的一位数，简称为位，英文名称是 bit，音译为 "比特"。它是表示信息量的最小单位，只有 0、1 两种二进制状态。

微课视频

（2）字节（Byte）

由于比特太小，一个比特只能表示两种状态（0 或 1），两个比特能表示 4 种状态（00、01、10、11）。而对于人们平时常用的字母、数字和符号，只需要用 8 位二进制进行编码就能将它们区分开来。因此，人们将这种 8 个二进制位的编码称为 "字节"，英文名称是 Byte（简写为 B）。它是计算机存储和运算的基本单位。通常，一个数字、字母或字符可以用 1 字节来表示，如字符 "A" 就表示成 "01000001"。由于汉字不像英文那样可以由 26 个字母组合而成，为了区分不同的汉字，每个汉字需要用两字节来表示。

除了字节（B）外，计算机常用的存储单位还有千字节（KB）、兆字节（MB）等，它们之间的换算关系如下：

1024 B=1 KB（千字节）	1024 TB=1 PB（拍字节）	1024 YB=1 BB（珀字节）
1024 KB=1 MB（兆字节）	1024 PB=1 EB（艾字节）	1024 BB=1 NB（诺字节）
1024 MB=1 GB（吉字节）	1024 EB=1 ZB（皆字节）	1024 NB=1 DB（刀字节）
1024 GB=1 TB（太字节）	1024 ZB=1 YB（佑字节）	

（3）字长（Word Size）

在计算机内部的数据传送过程中，数据通常是按字节的整数倍数传送的。在计算机中，人们将计算机一次能同时传送数据的位数称为字长（Word Size）。字长是由 CPU 本身的硬件结构决定的，它与数据总线的数量是对应的。不同的计算机系统内的字长是不同的，计算机中常用的字长有 8 位、16 位、32 位、64 位等。图 1-6 表示组成计算机字长的位数。

一个字长最右边的一位叫作最低有效位，最左边的一位叫作最高有效位。在 8 位字长中，自右而左，依次为 $b_0 \sim b_7$，为一字节。在 16 位字长中，自右而左，依次为 $b_0 \sim b_{15}$，为两字节，左边 8 位为高位字节，右边 8 位为低位字节。

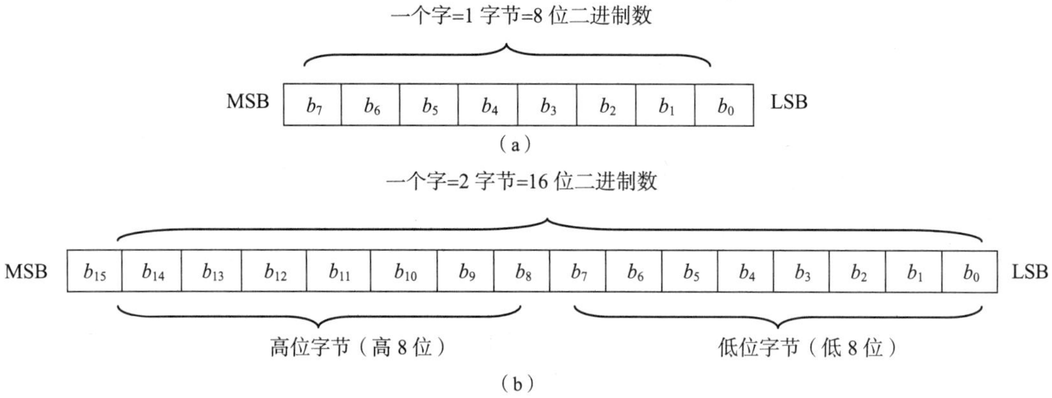

图 1-6 组成计算机字长的位数

2. 内存地址和数据的存取

在计算机处理数据时，数据是存放在内存中的。实际上，内存是由许许多多个二进制位的线性排列构成的。为了存取到指定位置的数据，通常将每 8 位二进制位（即 1 字节）组成的存储空间称为基本的存储单元，并给每个单元编上一个号码，称为地址（address）。图 1-7 展示的就是这种内存概念的模型。计算机需要存取数据时，只要指定该数据的地址，即可到对应的存储单元对数据进行存取操作，就像人们在旅馆中根据门牌号码找房间一样。因此，可将内存描述为由若干行组成的一个矩阵，每一行就是一个存储单元（字节）且有一个编号，称为存储单元地址。每行中有 8 列，每列代表一个存储元件，它可存储 1 位二进制数（"0"或"1"）。

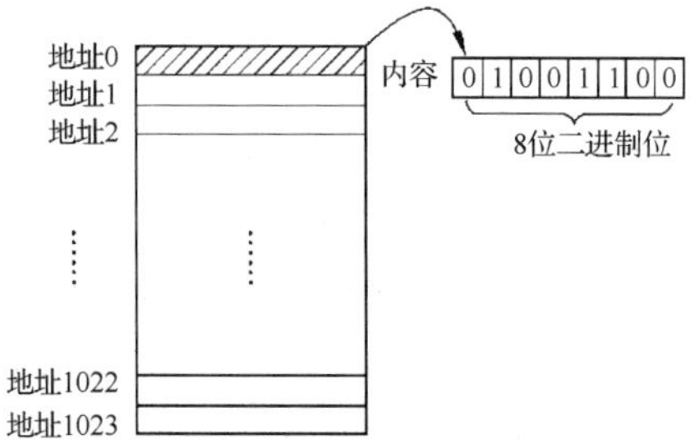

图 1-7 内存概念模型图

1.3.4　数值数据的编码

1. 机器数

在计算机中，因为只有"0"和"1"两种形式，所以数的正、负号，也必须以"0"和"1"的形式表示。通常把一个数的最高位定义为符号位，用"0"表示正，"1"表示负，称为数符，其余位表示数值。在机器内存放的正、负号数码化的数称为机器数，机器外部由正、负号表示的数称为真值数。例如，真值-00101100B 对应的机器数为 10101100B。

需要注意的是，机器数表示的范围受到字长和数据类型的限制，即字长和数据类型定了，机器数能表示的数值范围也就定了。例如，若表示一个整数，字长为 8 位，则最大的正数为 01111111，最高位为符号位，即最大值为 127；若数值超出 127，就要"溢出"。

2. 数的定点和浮点表示

计算机内表示的数，主要有定点小数、定点整数与浮点数 3 种类型。

（1）定点小数的表示法

定点小数是指小数点准确固定在数据某一个位置上的小数。一般把小数点固定在最高位的左边，小数点前边再设一位符号位。按此规则，任何一个小数都可以写成如下形式。

$$N=N_S N_{-1} N_{-2} \cdots N_{-M}$$

其中，N_S 为符号位。如图 1-8 所示，即在计算机中用 $M+1$ 个二进制位表示一个小数，最高（最左）一个二进制位表示符号（通常用"0"表示正号，"1"表示负号），后面的 M 个二进制位表示该小数的数值。小数点不用明确表示出来，因为它总是定在符号位与最高数值位之间。对用 $M+1$ 个二进制位表示的小数来说，其值的范围为 $|N| \leqslant 1-2^{-M}$。

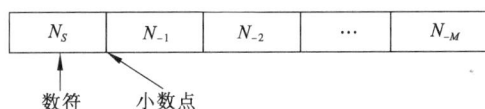

图 1-8　定点小数

（2）整数的表示法

整数所表示数据的最小单位为 1，可以认为它是小数点定在数值最低位（最右）右边的一种表示法。整数分为带符号整数和无符号整数两类。带符号整数（符号位放在最高位）可以表示如下。

$$N=N_S N_{M-1} N_{M-2} \cdots N_2 N_1 N_0$$

其中，N_S 为符号位，如图 1-9 所示。

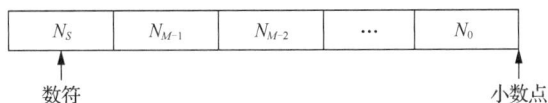

图 1-9　带符号整数

对用 $M+1$ 位二进制位表示的带符号整数来说，其值的范围为 $|N| \leqslant 2^M$。

对于无符号整数，所有的 $M+1$ 个二进制位均看成数值，此时数值表示范围为 $0 \leqslant N \leqslant 2^{M+1}-1$。在计算机中，一般用 8 位、16 位和 32 位等表示数据。一般定点数表示的范围都较小，在数值计算时，大多采用浮点数。

（3）浮点数的表示法

浮点数表示法对应于科学（指数）记数法，如 110.011 可表示如下（二进制）。

$$N=110.011=1.10011\times10^{10}=11001.1\times10^{-10}=0.110011\times10^{11}$$

在计算机中一个浮点数由两个部分构成：阶码和尾数。阶码是指数，尾数是纯小数。浮点数的存储格式如图 1-10 所示。

阶符	阶码	数符	尾数

图 1-10　浮点数存储格式

阶码只能是一个带符号的整数，用来指示尾数中的小数点应当向左或向右移动的位数，其本身的小数点约定在阶码最右边。尾数表示数值的有效数字，其本身的小数点约定在数符和尾数之间。在浮点数表示中，数符和阶符都各占一位，阶码的位数随数值表示的范围而定，尾数的位数则依数的精度要求而定。

> 浮点数的正、负是由尾数的数符确定，而阶码的正、负只决定小数点的位置，即决定浮点数的绝对值大小。

另外，在计算机中带符号的数还有其他的表示方法，常用的有原码、反码和补码等。

1.4　计算机中字符的编码

字符编码（Character Code）规定用怎样的二进制码来表示字母、汉字、数字及一些专用符号。

1.4.1　ASCII 码

在计算机系统中，有两种重要的字符编码方式：一种是美国国际商业机器公司（IBM）的扩充二进制码 EBCDIC，其主要用于 IBM 的大型主机；另一种就是微型计算机系统中用得最多、最普遍的美国标准信息交换码 ASCII 码（American Standard Code for Information Interchange）。ASCII 编码已被国际标准化组织（International Organization for Standardization, ISO）定为国际标准，所以又称为国际 5 号码，它是目前国际上比较通用的信息交换码。

ASCII 码有 7 位 ASCII 码和 8 位 ASCII 码两种。7 位 ASCII 码称为基本 ASCII 码，它是国际通用的。它包含 10 个阿拉伯数字、52 个英文大小写字母、32 个字符和运算符及 34 个控制码，一共 128 个字符，具体编码如表 1-2 所示。

当微型计算机采用 7 位 ASCII 码作为机内码时，每字节的 8 位只占用了 7 位，而把最左边的那 1 位（最高位）置 0。

需要注意的是，十进制数字字符的 ASCII 码与二进制值是有区别的。如十进制数值 3 的 7 位二进制数为 $(0000011)_2$，而十进制数字字符"3"的 ASCII 码为 $(0110011)_2$。很明显，它们在计算机中的表示是不一样的。数值 3 能表示数的大小，并且可以参与数值运算；而数字字符"3"只是一个符号，它不能参与数值运算。

8 位 ASCII 码称为扩充 ASCII 码。从原来的 7 位码扩展成 8 位码后，ASCII 码可以表示 256 个字符，其前 128 个字符的 ASCII 码不变，在编码的 128～255 范围内增加了一些字符，比如一些法语字母。

表 1-2　　　　　　　　　　　　　　　　　　标准 ASCII 码字符集

十进制	十六进制	字符	十进制	十六进制	字符	十进制	十六进制	字符	十进制	十六进制	字符
0	00	NUL	32	20	SP	64	40	@	96	60	'
1	01	SOH	33	21	!	65	41	A	97	61	a
2	02	STX	34	22	"	66	42	B	98	62	b
3	03	ETX	35	23	#	67	43	C	99	63	c
4	04	EOT	36	24	$	68	44	D	100	64	d
5	05	ENQ	37	25	%	69	45	E	101	65	e
6	06	ACK	38	26	&	70	46	F	102	66	f
7	07	BEL	39	27	`	71	47	G	103	67	g
8	08	BS	40	28	(	72	48	H	104	68	h
9	09	HT	41	29	)	73	49	I	105	69	i
10	0A	LF	42	2A	*	74	4A	J	106	6A	j
11	0B	VT	43	2B	+	75	4B	K	107	6B	k
12	0C	FF	44	2C	,	76	4C	L	108	6C	l
13	0D	CR	45	2D	–	77	4D	M	109	6D	m
14	0E	SO	46	2E	.	78	4E	N	110	6E	n
15	0F	SI	47	2F	/	79	4F	O	111	6F	o
16	10	DLE	48	30	0	80	50	P	112	70	p
17	11	DC1	49	31	1	81	51	Q	113	71	q
18	12	DC2	50	32	2	82	52	R	114	72	r
19	13	DC3	51	33	3	83	53	S	115	73	s
20	14	DC4	52	34	4	84	54	T	116	74	t
21	15	NAK	53	35	5	85	55	U	117	75	u
22	16	SYN	54	36	6	86	56	V	118	76	v
23	17	ETB	55	37	7	87	57	W	119	77	w
24	18	CAN	56	38	8	88	58	X	120	78	x
25	19	EM	57	39	9	89	59	Y	121	79	y
26	1A	SUB	58	3A	:	90	5A	Z	122	7A	z
27	1B	ESC	59	3B	;	91	5B	[	123	7B	{
28	1C	FS	60	3C	<	92	5C	\	124	7C	|
29	1D	GS	61	3D	=	93	5D	]	125	7D	}
30	1E	RS	62	3E	>	94	5E	^	126	7E	~
31	1F	US	63	3F	?	95	5F	_	127	7F	DEL

注：NUL－空白；SOH－序始；STX－文始；ETX－文终；EOT－送毕；ENQ－询问；ACK－应答；BEL－报警；BS－退格；HT－横表；LF－换行；VT－纵表；FF－换页；CR－回车；SO－移出；SI－移入；DLE－转义；DC1－设备控制 1；DC2－设备控制 2；DC3－设备控制 3；DC4－设备控制 4；NAK－否认；SYN－同步；ETB－信息组传送结束；CAN－作废；EM－连接介质中断；SUB－取代；ESC－跳出；FS－文件分隔符；GS－组分隔符；RS－记录分隔符；US－单元分隔符；SP－空格；DEL－删除。

1.4.2　Unicode 编码

扩展的 ASCII 码所提供的 256 个字符用来表示世界各地的文字编码还显得不够，还需要表示更多的字符和意义，因此又出现了 Unicode 编码。

Unicode 是计算机科学领域里的一项业界标准，它包括字符集、编码方案等。Unicode 是为了解决传统字符编码方案的局限性问题而产生的。它为每种语言中的每个字符设定了统一且唯一的二进制编码，以满足跨语言、跨平台进行文本转换和处理的需求。

Unicode 是一种 16 位的编码，能够表示 65000 多个字符或符号。目前，世界上的各种语言一般所使用的字母或符号都在 3400 个左右，所以 Unicode 编码可以用于任何一种语言。Unicode 编码与现在流行的 ASCII 码完全兼容，二者的前 256 个符号是一样的。目前，Unicode 编码已经在许多系统或办公软件中使用。

1.4.3 BCD 码

BCD（Binary Coded Decimal）码是二进制编码的十进制数，它有 4 位 BCD 码、6 位 BCD 码和扩展的 BCD 码 3 种。

1. 8421 BCD 码

8421 BCD 码用 4 位二进制数表示一个十进制数字，4 位二进制数从左到右其位权依次为 8、4、2、1。它只能表示十进制数的 0～9 这 10 个字符。为了能对一个多位十进制数进行编码，需要有与十进制数的位数一样多的 4 位组。

2. 扩展 BCD 码

8421 BCD 码只能表示 10 个十进制数，在原来 4 位 BCD 码的基础上又产生了 6 位 BCD 码。6 位 BCD 码能表示 64 个字符，其中包括 10 个十进制数、26 个英文字母和 28 个特殊字符。但在某些场合，还需要区分英文字母的大小写，这时就催生了扩展 BCD 码（Extended Binary Coded Decimal Interchange Code，EBCDIC），它是由 8 位二进制数组成的，可表示 256 个符号。EBCDIC 码是常用的编码之一，IBM 及 UNIVAC 计算机均采用这种编码。

1.4.4 汉字的编码

ACSII 码只对英文字母、数字和标点符号进行编码。为了在计算机内表示汉字和用计算机处理汉字，同样也需要对汉字进行编码。计算机对汉字信息的处理过程实际上是各种汉字编码间的转换过程。这些编码主要包括汉字输入码、汉字内码、汉字字形码、汉字地址码及汉字信息交换码等。下面分别对各种汉字编码进行介绍。

1. 汉字信息交换码

汉字信息交换码是用于汉字信息处理系统之间或汉字信息处理系统与通信系统之间进行信息交换的汉字代码，简称交换码，也叫国标码。它是为了使系统、设备之间信息交换时能够采用统一的形式而制定的。

我国 1981 年颁布了国家标准——《信息交换用汉字编码字符集 基本集》，代号为 GB 2312—1980，即国标码。了解国标码的下列概念，对使用和研究汉字信息处理系统十分有益。

（1）常用汉字及其分级

国标码规定了进行一般汉字信息处理时所用的 7445 个字符编码，其中包含 682 个非汉字图形符号（如序号、数字、罗马数字、英文字母、日文假名、俄文字母、汉语注音等）和 6763 个汉字的代码。汉字代码中又有一级常用字 3755 个和二级次常用字 3008 个。一级常用汉字按汉语拼音字母顺序排列，二级次常用字按偏旁部首排列，部首依笔画多少排序。

（2）两字节存储一个国标码

由于一字节只能表示 2^8（256）种编码，显然用一字节不可能表示汉字的国标码，必须用两字节来表示。

（3）国标码的编码范围

为了中英文兼容，国标码规定所有字符（包括符号和汉字）的每个字节的编码范围与 ASCII 码表中的 94 个字符编码相一致，所以其编码范围是 2121H～7E7EH（共可表示 94×94 个字符）。

（4）国标码是区位码

类似于 ASCII 码表，国标码也有一张国标码表。简单地说，国标码表把 7445 个国标码放置在一个 94 行×94 列的阵列中。阵列的每一行称为一个汉字的"区"，用区号表示；每一列称为一个汉字的"位"，用位号表示。显然，区号范围是 1～94，位号范围也是 1～94。这样，一个汉字在表中的位置可用它所在的区号与位号来确定。一个汉字的区号与位号的组合就是该汉字的"区位码"。区位码的形式是高两位为区号，低两位为位号。如"中"字的区位码是 5448，即 54 区 48 位。区位码与汉字之间具有一一对应的关系。国标码在区位码表中的安排是：1～15 区是非汉字图形符区；16～55 区是一级常用汉字区；56～87 区是二级常用汉字区；88～94 区是保留区，可用来存储自造字代码。实际上，区位码也是一种输入法，其最大优点是一字一码、无重码，最大的缺点是难以记忆。

2. 汉字输入码

为将汉字输入计算机而编制的代码称为汉字输入码，也叫外码。

目前，汉字主要是经标准键盘输入计算机的，所以汉字输入码都是由键盘上的字符或数字组合而成的。例如，用全拼输入法输入"中"字，就要输入字符串"zhong"（然后选字）。汉字输入码是根据汉字的发音或字形结构等多种属性及有关规则编制的，目前流行的汉字输入码的编码方案已有许多，可分为音码、形码、音形结合码等三大类：全拼输入法和双拼输入法是根据汉字的发音进行编码的，称为音码；五笔输入法是根据汉字的字形结构进行编码的，称为形码；自然码输入法是以拼音为主，辅以字形字义进行编码的，称为音形结合码。

可以想象，对于同一个汉字，不同的输入法有不同的输入码。例如，"中"字的全拼输入码是"zhong"，其双拼输入码是"vs"，而五笔输入码是"kh"。不管采用何种输入方法，输入的汉字都会转换成对应的机内码并存储在介质中。

3. 汉字内码

汉字内码是为在计算机内部对汉字进行存储、处理而设置的汉字编码，应能满足在计算机内部存储、处理和传输的要求。当一个汉字输入计算机后就会转换为内码，然后才能在机器内传输和处理。汉字内码的形式也是多种多样的，目前对应于国标码，一个汉字的内码也用两字节存储，并把每字节的最高二进制位置"1"作为汉字内码的标识，以免与单字节的 ASCII 码混淆产生歧义。也就是说，把国标码的两字节中每字节最高位置设为"1"，即转换为内码。

4. 汉字字形码

目前，汉字信息处理系统大多以点阵的方式形成汉字，汉字字形码也就是指确定一个汉字字形点阵的编码，也叫字模或汉字输出码。

汉字是方块字，将方块等分成有 n 行 n 列的格子，简称为点阵。凡笔画所到的格子点为黑点，用二进制数"1"表示，否则为白点，用二进制数"0"表示。这样，一个汉字的字形就可用一串二进制数表示了。例如，16×16 汉字点阵有 256 个点，需要 256 位二进制位来表示一个汉字的字形码。这样就形成了汉字字形码,亦即汉字点阵的二进制数字化。图 1-11 所示为"中"字的 16×16 点阵字形示意图。

图 1-11　"中"字的 16×16 点阵字形示意图

汉字的点阵字形在汉字输出时要经常使用，所以要把各个汉字的字形码固定地存储起来。存放各个汉字字形码的实体称为汉字库。为满足不同需要，还出现了各种各样的字库，如宋体字库、仿宋体字库、楷体字库、黑体字库和繁体字库等。

汉字点阵字形的缺点是放大后会出现锯齿现象，很不美观。中文 Windows 中广泛采用了 TrueType 类型的字形码，它用数学方法来描述一个汉字的字形，汉字可以实现无限放大而不产生锯齿现象。

5. 汉字地址码

汉字地址码是指汉字库（这里主要指字形的点阵式字模库）中存储汉字字形信息的逻辑地址码。汉字库中，字形信息都是按一定顺序（大多数按国标码中汉字的排列顺序）连续存放在存储介质中的，所以汉字地址码也大多是连续有序的，而且与汉字内码间有着简单的对应关系，以简化汉字内码到汉字地址码的转换。

6. 各种汉字编码之间的关系

汉字的输入、处理和输出的过程，实际上是汉字的各种编码之间的转换过程，或者说汉字编码在系统有关部件之间传输的过程，如图 1-12 所示。

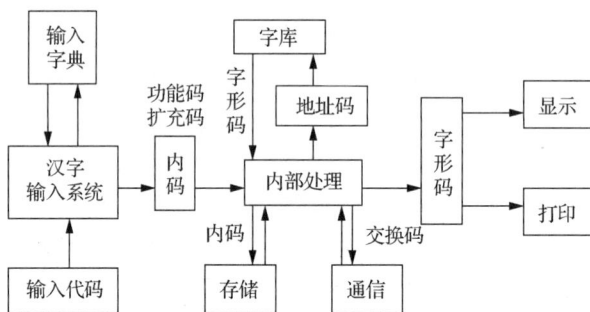

图 1-12　汉字编码在系统有关部件之间传输的过程

汉字输入码向内码的转换是通过使用输入字典（或称索引表，即外码与内码的对照表）实现的。一般的系统具有多种输入方法，每种输入方法都有各自的索引表。在计算机的内部处理过程中，汉字信息的存储和各种必要的加工都是以汉字内码形式进行的。汉字通信过程中，处理器将汉字内码转换为适用于通信的交换码（国标码）以实现通信处理。在汉字的显示和打印输出过程中，处理器根据汉字内码计算出汉字地址码，按地址码从字库中取出汉字字形码，实现汉字的显示或打印输出。

1.5　多媒体数据的编码

计算机处理的信息除了符号、数字外，还有诸如声音、图像这样的多媒体信息。为了在计算机内表示并处理多媒体信息，同样也需要对多媒体信息进行编码。计算机处理多媒体信息的过程实际上是将声音、图形、图像这些连续变化的模拟量数字化的过程。

1.5.1　声音的编码

1. 声音的基础知识

"声"产生于物体的振动，振动的传播形成"音"。从技术上来说，声音是由物体振动产生的声波。声音可以通过空气以一连串振动（声波）的形式传播，

微课视频

也可以通过其他介质传播，如墙壁或地板。声音具有波形（见图 1-13），用一些播放软件播放声音文件可以看到声音的波形。

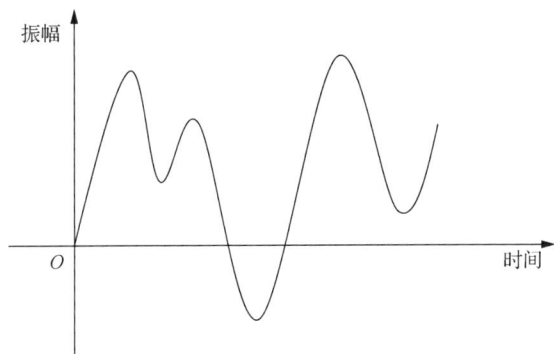

图 1-13 声音波形

可以看出，模拟声音的信号是一个连续量，它由许多具有不同振幅和频率的正弦波组成。

声音是模拟信号，我们要用计算机处理声音时，需要将模拟信号转换成数字信号。这一转换过程称为模拟音频的数字化。模拟音频信号数字化过程涉及音频的采样、量化和编码。

2. 声音的数字化

（1）采样

为将模拟信号转换成数字信号（模/数转换，A/D 转换），需要把模拟音频信号波形进行分割，这种方法称为采样。采样的过程是每隔一个时间间隔在模拟声音的波形上取一个幅度值，把时间上的连续信号变成时间上的离散信号。该时间间隔称为采样周期，其倒数为采样频率。采样频率是指计算机每秒采集多少个声音样本。显然，采样频率越高，所得到的离散幅值的数据点就越逼近于连续的模拟音频信号曲线，但同时采样的数据量也越大。采样过程如图 1-14 所示。

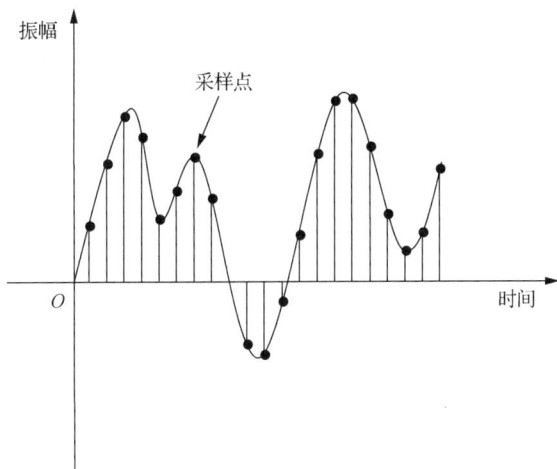

图 1-14 采样过程

采样频率与声音频率之间有一定的关系，根据奈奎斯特（Nyquist）理论，只有采样频率高于声音信号最高频率的两倍时，才能把数字信号表示的声音还原成为原来的声音。

常用的音频采样频率有：8kHz、11.025kHz、22.05kHz、16kHz、37.8kHz、44.1kHz 和 48kHz。例如话音信号频率在 0.3～3.4kHz 范围内，用 8kHz 的采样频率就可获得能取代原来连续话音信号的采样信号，而一般 CD 的采样频率为 44.1kHz。

（2）量化

采样只解决了音频波形信号在时间坐标（即横轴）上把一个波形切成若干个等份的数字化问题，但是还需要用某种数字化的方法来反映某一瞬间声波幅度的电压值大小，该值的大小影响音量的高低。我们把对声波波形幅度的数字化表示称为"量化"。量化的过程是先将采样后的信号按整个声波的幅度划分成有限个区段的集合，把落入某个区段内的样值归为一类，并赋予相同的量化值。简单来说，量化就是把采样得到的声音信号幅度转换成数字值，以用于表示信号强度。量化过程如图 1-15 所示。

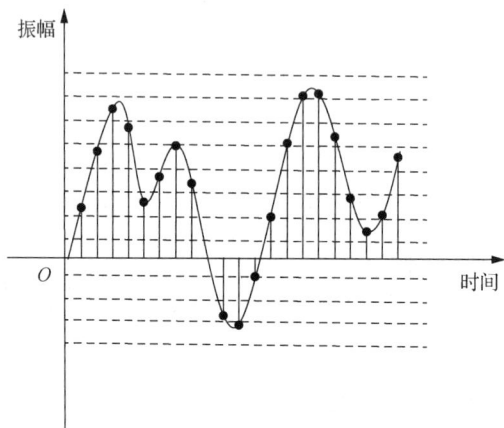

图 1-15　量化过程

用多少个二进制位来表示每一个采样值，称为量化位数（也称量化精度）。声音信号的量化位数一般是 8 位、16 位或 32 位。在相同的采样频率下，量化位数越大，则采样精度越高，声音的质量也越好，当然信息的存储量也相应地越大。

（3）编码

编码是指将采样和量化后的数字数据以一定的格式记录下来。编码的方式有很多，常用的编码方式是脉冲编码调制（Pulse Code Modulation，PCM），其主要优点是抗干扰能力强、失真小、传输特性稳定，但编码后的数据量比较大。因此，为了降低传输或存储的费用，有时还必须对数字音频信号进行编码压缩。

通过采样、量化及编码，即可将模拟音频信号转换为数字信号。图 1-16 表示了模拟音频信号的数字化过程。

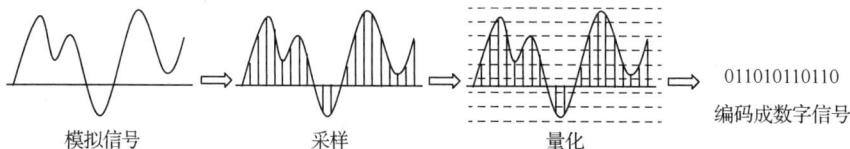

模拟信号　　　采样　　　量化　　　011010110110
　　　　　　　　　　　　　　　　　编码成数字信号

图 1-16　模拟音频信号的数字化过程

（4）有损和无损

根据前面对采样和量化的介绍可以得知，音频编码最多只能做到无限接近自然界信号。相对于自然界的信号，任何数字音频编码方案都是有损的，因为无法完全还原音频。在计算机应用中，能够达到最高保真水平的就是 PCM 编码，它被广泛用于素材保存及音乐欣赏，在 CD、DVD 及我们常见的 WAV 文件中均有应用。因此，PCM 约定俗成为无损编码，它代表了数字音频中最佳的保真水准。当然，这并不意味着 PCM 就能够确保信号绝对保真，PCM 也只能做到最大程度的无限接近。而我们习惯性地把 MP3 列入有损音频编码范畴，也是相对 PCM 编码来说的。

（5）音频压缩技术

采用PCM编码后的数据量是比较大的，比如存储一秒钟采样频率为 44.1kHz、量化精度为 16 位、双声道的 PCM 编码的音频信号，需要 176.4KB 的空间，1 分钟则约为 10.34MB。这对大部分用户来说是不可接受的，尤其是喜欢在计算机上听音乐的人。要降低磁盘占用空间，只有两种方法：降低采样指标和压缩。降低采样指标是不可取的，因此专家们研发了各种压缩方案。由于用途和针对的目标市场不一样，各种音频压缩编码所达到的音质和压缩比都不一样。

1.5.2　图形和图像的编码

1. 数字图形和数字图像的基本概念

数字图形和数字图像是数字媒体中常用的两个基本概念。数字图形主要是指可以用计算机处理的，以数字的形式记录的数字化图形。数字图像是由计算机产生的，用数字或数学公式来描述的图像，它与传统图像有很大的不同。传统图像是用色彩来描述的，而色彩本身没有任何数字概念。传统电视屏幕上所见的图像是模拟图像，计算机显示屏上的图像是数字图像，是使用数学算法将二维或三维图形转换为计算机显示器的栅格形式的图形。数字图像不仅包含诸如形、色、明暗等的外在信息显示属性，而且从产生、处理、传输、显示的过程看，还包含诸如颜色模型、分辨率、像素深度、文件大小、真／伪彩色等计算机技术的内在属性。

（1）数字图形

数字图形通常是由外部轮廓线条构成的矢量图。它用一系列指令集合来描述图形的内容，如点、直线、曲线、圆、矩形等。一幅矢量图由线框形成的外框轮廓、外框轮廓的颜色及外框所封闭的颜色决定。矢量图通常用画图程序编辑，我们可对矢量图及图元独立进行移动、缩放、旋转和扭曲等变换操作。由于矢量图可以通过公式计算获得，因此矢量图文件体积一般较小，不会因图形尺寸大而占据较大的存储空间。同时，矢量图与分辨率无关，进行放大、缩小或旋转操作时图形不会失真，图形的大小和分辨率都不会影响打印清晰度。矢量图尤其适用于描述轮廓不是很复杂、色彩不是很丰富的对象，如文字、几何图形、工程图纸、图案等。

（2）数字图像

数字图像通常是指由像素构成的点阵图，也称位图或栅格图。点阵图与矢量图不同，它是用扫描仪、数码相机等输入设备捕捉的实际画面或由图像处理软件绘制的数字图像。点阵图把一幅图像分成许多像素，每个像素用若干个二进制位来指定该像素的颜色、亮度和属性，因此一幅点阵图由众多描述每个像素的数据组成，在表现复杂的图像细节和丰富的色彩方面有着明显的优势，它适用于表现照片、绘画等具有复杂色彩的图像。由于一幅点阵图包含着固定数量的像素，因此它的精度与分辨率有关，分辨率越高即单位面积上的像素点越多，图像就越清晰，但同时该图像文件也就越大。当在屏幕上以较大的倍数显示或以过低的分辨率打印时，点阵图会出现锯齿边缘或损失细节。另外，与矢量图相比，点阵图文件占用的存储空间比较大，计算机在处理的过程中相对会慢一些。

从本质上讲，数字图形和数字图像虽有区别，但并不是本质区别，只是从图像显示内容类别的角度加以区分，与内容形式有直接关系。一般来说，数字图像所表现的显示内容是自然界的真

微课视频

实景物或利用计算机技术绘制出的带有光照、阴影等特性的自然界景物。而数字图形实际上是对图像的抽象，组成数字图形的画面元素主要是点、线、面或简单文本图形等。

2. 图像的数字化

要在计算机中处理图像，必须先把真实的图像（照片、画报、图书、图纸等）通过数字化转变成计算机能够接受的显示和存储格式，然后用计算机进行分析与处理。图像的数字化过程主要分采样、量化与压缩编码 3 个步骤。

（1）采样

采样的实质就是要用多少点来描述一幅图像，采样结果质量的高低用前面所说的图像分辨率来衡量。简单来讲，对二维空间上连续的图像在水平方向和垂直方向上等间距地分割成矩形网状结构，所形成的微小方格称为像素点。一幅图像就被采样成由有限个像素点构成的集合，例如，一幅 640×480 像素分辨率的图像，表示这幅图像是由 640×480=307200 个像素点组成。

采样频率是指一秒内采样的次数，其反映了采样点之间的间隔大小。采样频率越高，得到的图像样本越逼真，图像的质量越高，但要求的存储量也越大。

在进行采样时，采样点间隔大小的选取很重要。采样点间隔决定了采样后的图像能真实地反映原图像的程度。一般来说，原图像中的画面越复杂，色彩越丰富，则采样间隔应越小。

（2）量化

量化是在图像离散化后，将表示图像色彩浓淡的连续变化值离散化为整数值的过程。量化需要确定要使用多大范围的数值来表示图像采样之后的每一个点，其结果是图像能够容纳的颜色总数，反映了采样的质量。例如，如果以 4 位存储一个点，就表示图像只能有 16 种颜色；若采用 16 位存储一个点，则有 2^{16}=65536 种颜色。所以量化位数越大，表示图像可以拥有越多的颜色，自然可以产生更为细致的图像效果。但是，也会占用更大的存储空间。两者的基本问题都是视觉效果和存储空间的取舍。

把量化时所确定的整数值取值个数称为量化级数；表示量化的色彩值（或亮度）所需的二进制位数称为量化字长。一般可用 8 位、16 位、24 位、32 位等来表示图像的颜色。24 位可以表示 2^{24}=16777216 种颜色，24 位颜色称为真彩色。

（3）压缩编码

数字化后得到的图像数据量十分巨大，必须采用编码技术来压缩其信息量。在一定意义上讲，编码压缩技术是实现图像传输与存储的关键。现已有许多成熟的编码算法应用于图像压缩，常见的有图像的预测编码、变换编码、分形编码、小波变换图像压缩编码等。

当需要对所传输或存储的图像信息进行高比率压缩时，必须采取复杂的图像编码技术。但是，如果没有一个共同的标准做基础，则不同系统间不能兼容，除非每一编码方法的各个细节完全相同。

第2章 计算机系统

计算机系统由硬件（Hardware）系统和软件（Software）系统两大部分组成。本章分别介绍组成计算机系统的硬件系统和软件系统，以及微型计算机硬件系统，帮助读者从整体上了解计算机系统的组成和一般工作原理，以及微型计算机硬件系统的各组成部件的有关知识。

学习目标

- 了解计算机的基本结构及硬件组成，理解计算机的工作原理。
- 了解微型计算机硬件系统的各组成部分及常用的微型计算机外围设备。
- 掌握计算机软件系统的分类，了解常用的系统软件与应用软件。

2.1　计算机系统构成

一个完整的计算机系统由硬件系统和软件系统两大部分组成，它们是计算机系统中相互依存、相互联系的组成部分。硬件系统是指组成计算机的物理装置，它是由各种有形的物理器件组成的，是计算机进行工作的物质基础。软件系统运行在硬件系统之上，并且是管理、控制和维护计算机及外围设备的各种程序、数据和相关资料的总称。

微课视频

通常，把不装备任何软件的计算机称为裸机，裸机是执行不了任务的。普通用户接触的一般都是在裸机之上配置若干软件之后所构成的计算机系统。计算机硬件是支撑软件工作的基础，没有足够的硬件支持，软件也就无法正常地工作。硬件的性能决定了软件的运行速度、显示效果等，而软件则决定了计算机可进行的工作种类。只有将这两者有效地结合起来，才能得到计算机系统。计算机系统的组成如图 2-1 所示。

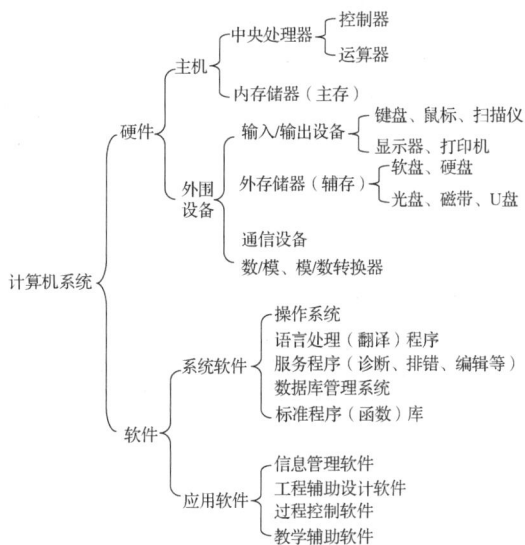

2.2　计算机硬件系统

硬件是指肉眼看得见的机器部件，就像是计算机的"躯体"，是计算机工作的物质基础。不

图 2-1　计算机系统的组成

同种类计算机的硬件组成各不相同，但无论什么类型的计算机，其硬件都可以划分为功能相近的几大部分。

2.2.1　计算机硬件的组成

根据冯·诺依曼设计思想，计算机硬件由运算器、存储器、控制器、输入设备和输出设备5个基本部件组成，如图2-2所示。图2-2中空心的箭头代表数据信号流向，实心的单线箭头代表控制信号流向。从图2-2中可以看出，计算机通过输入设备输入数据，通过运算器处理数据，通过存储器存取有用的数据，通过输出设备输出运算结果，整个运算过程由控制器进行控制协调。这种结构的计算机称为冯·诺依曼结构计算机。计算机诞生以来，虽然计算机系统在性能指标、运算速度、工作方式和应用领域等方面都发生了巨大的变化，但其仍然延续着冯·诺依曼的计算机体系结构。

微课视频

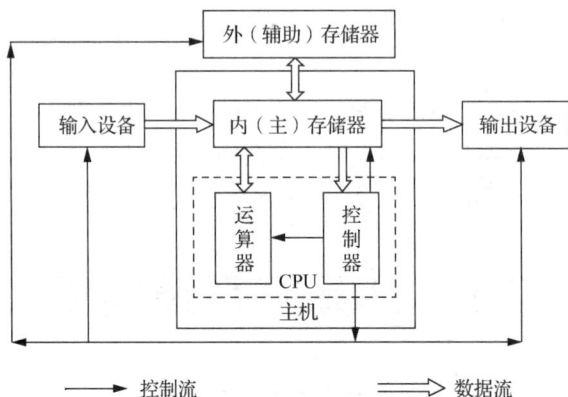

图 2-2　计算机硬件的组成

1. 输入设备

输入设备（Input Unit）的主要作用是把准备好的数据、程序等信息转变为计算机能接收的电信号送入计算机中。例如，用键盘输入信息时，敲击键盘的每个键位都能产生相应的电信号送入计算机；又如模/数转换装置把控制现场采集到的温度、压力、流量、电压、电流等模拟量转换成计算机能接收的数字信号，然后传入计算机。目前常用的输入设备有键盘、鼠标、扫描仪等。

2. 输出设备

输出设备（Output Unit）的主要功能是把计算机处理后的数据、计算结果或工作过程等内部信息，转换成人们习惯接受的信息形式（如字符、曲线、图像、表格、声音等）或能为其他机器所接受的形式输出。例如，在纸上打印出印刷符号或在屏幕上显示字符、图形等。常见的输出设备有显示器、打印机、绘图仪等，它们能把信息直观地显示在屏幕上或打印出来。

3. 存储器

存储器（Memory Unit）是计算机的记忆装置，其基本功能是存储二进制形式的数据和程序，所以存储器应该具备存数和取数的功能。存数是指往存储器里"写入"数据，取数则是指从存储器里"读出"数据。对存储单元进行存入操作时，即将一个数存入或写入一个存储单元时，先删去其原来存储的内容，再写入新数据；从存储单元中读取数据时，其内容保持不变。读/写操作统称为对存储器的访问。

衡量一个存储器的指标通常有存储容量、存取周期。存储容量是指存储器能够存储信息的总字节数，其基本单位是B（字节）。此外，常用的存储容量单位还有KB（千字节）、MB（兆字节）、

GB（吉字节）和 TB（太字节）等。存取周期则是存储器的存取时间，即从启动一次存储器操作到完成该操作所经历的时间，一般从发出读信号开始，到发出通知 CPU 读出数据已经可用的信号为止。存取周期越短越好。

（1）内存

内存是内存储器的简称，它可以与 CPU 直接进行信息交换，用于存放当前 CPU 要用的数据和程序，存取速度快、价格高、存储容量较小。内存又分为 RAM（Random Access Memory，随机存储器）和 ROM（Read Only Memory，只读存储器）两类。

① 随机存储器：也叫随机存取存储器。目前，计算机大都使用半导体 RAM。半导体 RAM 是一种集成电路，其中有成千上万的存储元件。依据存储元件结构的不同，RAM 又可分为静态 RAM（Static RAM，SRAM）和动态 RAM（Dynamic RAM，DRAM）。静态 RAM 集成度低、价格高，但存取速度快，常用作高速缓冲存储器（cache）；动态 RAM 集成度高、价格低，但存取速度慢，常用作主存。

RAM 存储当前 CPU 使用的程序、数据、中间结果和与外存交换的数据，CPU 根据需要可以直接读/写 RAM 中的内容。RAM 有两个主要特点：一是其中的信息随时可以读出或写入；二是通电使用时其中的信息会完好无缺，但是一旦断电（关机或意外掉电），RAM 中存储的数据就会消失，而且无法恢复。

② 只读存储器：顾名思义，对只读存储器只能进行读出操作而不能进行写入操作。ROM 中的信息是在制造时用专门设备一次写入的。只读存储器常用来存放固定不变、重复执行的程序，如各种专用设备的控制程序等。ROM 中存储的内容是永久性的，即使关机或断电也不会消失。

（2）外存

外存是外存储器的简称，它用来存放要长期保存的程序和数据，属于永久性存储器；需要时应先将相应的信息调入内存。相对内存而言，外存的容量大、价格低，但存取速度慢。它连在主机之外，故称外存。常用的外存有硬盘、光盘、磁带、移动硬盘、U 盘等。

4. 运算器

运算器（Arithmetic Unit）是计算机的核心部件，是对信息进行加工和处理的部件，其速度几乎决定了计算机的计算速度。它的主要功能是对二进制数码进行算术运算或逻辑运算。所以也称它为算术逻辑部件（Arithmetic and Logic Unit，ALU）。参加运算的数（称为操作数）全部是在控制器的统一指挥下从内存中取到运算器里，绝大多数运算任务都由运算器完成。

由于在计算机内，各种运算均可归结为相加和移位这两个基本操作，因此运算器的核心是加法器（Adder）。为了能将操作数暂时存放及能将每次运算的中间结果暂时保留，运算器还需要若干个寄存数据的寄存器（Register）。若一个寄存器既保存本次运算的结果又参与下次的运算，那它的内容就是多次累加的和，这样的寄存器又叫作累加器（Accumulator，AL）。

运算器主要由一个加法器、若干个寄存器和一些控制线路组成。

5. 控制器

控制器（Control Unit）是指挥和协调计算机各部件有条不紊工作的核心部件，可控制计算机的全部动作。控制器主要由指令寄存器、译码器、时序节拍发生器、操作控制部件和程序计数器等组成，基本功能是从存储器中读取指令、分析指令、确定指令类型并对指令进行译码，产生控制信号去控制各个部件完成各种操作。

控制器各组成部件的功能如下。

① 指令寄存器：存放由存储器取得的指令。

② 译码器：将指令中的操作码翻译成相应的控制信号。

③ 时序节拍发生器：产生一定的时序脉冲和节拍电位，使得计算机有节奏、有次序地工作。

④ 操作控制部件：将脉冲、电位和译码器的控制信号组合起来，有时间性地、有顺序地去控制各个部件完成相应的操作。

⑤ 程序计数器：指出下一条指令的地址。当顺序执行程序中的指令时，每取出一条指令，程序计数器就自动加"1"得到下一条指令的地址；当程序开始运行或改变依次执行的顺序时，就直接把初始地址或转移地址送入程序计数器。

控制器和运算器合在一起就是我们所说的 CPU，它是计算机的核心部件。

在计算机硬件系统的 5 个组成部件中，CPU 和内存（通常安放在机箱里）统称为主机，是计算机系统的主体；输入设备和输出设备统称为 I/O 设备；通常把 I/O 设备和外存一起称为外围设备，外围设备是人与主机沟通的"桥梁"。

2.2.2　计算机的工作原理

计算机能自动且连续地工作主要是因为在内存中装入了程序，计算机可以通过控制器从内存中逐一取出程序中的每一条指令，分析指令并执行相应的操作。

1. 指令系统和程序的概念

（1）指令和指令系统

指令是计算机硬件可执行的、完成一个基本操作所需的命令。全部指令的集合就称为该计算机的指令系统。不同类型的计算机，由于其硬件结构不同，指令系统也不同。一台计算机的指令系统丰富完备程度，在很大程度上说明了该计算机对数据信息的运算和处理能力的高低。

一条计算机指令是用一串二进制代码表示的，它由操作码和操作数两部分组成。操作码指明该指令要完成的操作，如加、减、传送、输入等。操作数是指参加运算的数或者数所在的单元地址。不同的指令，其长度一般不同。例如，有单字节地址和双字节地址。

由于各种中央处理器都有自己的指令系统，因此为某种计算机编写的程序有可能无法在另一种计算机上运行。例如，为苹果机编写的程序就无法在 IBM PC 上运行。如果为一种计算机编写的程序可以在另一种计算机上运行，则称两种计算机是相互兼容的。中央处理器制造商一般都遵循这样一个原则：新推出的中央处理器能够执行以前生产的产品上的程序，一般称为向下兼容。

（2）程序

计算机为完成一个完整的任务必须执行的一系列指令的集合，称为程序。用高级程序语言编写的程序称为源程序；能被计算机识别并执行的程序称为目标程序。

2. 指令和程序在计算机中的执行过程

通常，一条指令的执行过程包括取指令、分析指令、执行指令。

（1）取指令

根据 CPU 中的程序计数器所指出的地址，从内存中取出指令送到指令寄存器中，同时使程序计数器指向下一条指令的地址。

（2）分析指令

将保存在指令寄存器中的指令进行译码，判断该条指令将要完成的操作。

（3）执行指令

CPU 向各部件发出完成该操作的控制信号，并完成该指令的相应操作。

取指令→分析指令→执行指令→取下一条指令……像这样周而复始地执行指令序列的过程就是进行程序控制的过程。程序的执行就是程序中所有指令执行的全过程。

2.3 微型计算机及其硬件系统

由于大规模和超大规模集成电路技术的发展，微型计算机性能大幅提高，价格不断降低，PC（Personal Computer，个人计算机）全面普及。它从实验室来到家庭，成了计算机市场的主流。

2.3.1 微型计算机概述

微课视频

1. 微型计算机的硬件结构

微型计算机简称微机，它的硬件结构亦遵循冯·诺依曼结构计算机的基本思想，但其硬件组成也有自身的特点。微型计算机采用总线结构，其结构如图 2-3 所示。由图 2-3 可以看出，微型计算机硬件系统由 CPU、内存、外存、I/O 设备等组成。核心部件 CPU 通过总线连接内存构成微型计算机的主机，主机通过 I/O 接口配上 I/O 设备就构成了微型计算机系统的基本硬件结构。I/O设备、外存、内存按照一定的方式连接在主机板上，通过总线交换信息。

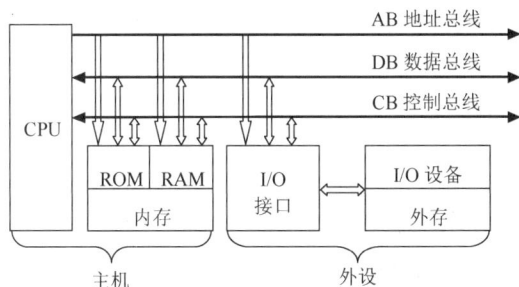

图 2-3 微型计算机硬件系统结构

总线就是一组公共信息传输线路，它由 3 个部分组成：数据总线（Data Bus，DB）、地址总线（Address Bus，AB）、控制总线（Control Bus，CB）。三者在物理上排在一起，工作时各司其职。总线可以单向传输数据，也可以双向传输数据，并能在多个设备之间选择出唯一的源地址和目的地址。早期的微型计算机采用单总线结构，当前较先进的微型计算机是采用面向 CPU 或面向主存的双总线结构。

2. 微型计算机的基本硬件配置

现在常用微型机硬件系统的基本配置通常包含 CPU、主板、内存、硬盘、光驱、显示器、显卡、声卡、键盘、鼠标、机箱、电源等。根据需要还可以配置音箱、打印机、扫描仪和绘图仪等。

主机箱是微型计算机主要设备的封装设备，其有卧式和立式两种。卧式主机箱的主板水平安装在主机箱的底部；而立式主机箱的主板垂直安装在主机箱的右侧。立式主机箱具有更多的优势。

在主机箱内安装有 CPU、内存、主板、硬盘及硬盘驱动器、光盘驱动器、软盘驱动器、机箱电源和各种接口卡等部件，如图 2-4 所示。主机箱面板上有一个电源开关（Power）和一个重启动开关（Reset）。按电源开关可启动计算机；当计算机在使用过程中无法正常运行，如死机时，按重启动开关可重新启动计算机。计算机主机箱的背面有许多专用接口，主机通过专用接口可以与

显示器、键盘、鼠标、打印机等 I/O 设备连接。

主板也称系统板，它是一块多层印制电路：外两层印制信号电路，内层印制电源和地线。来自电源部件的直流（Direct Current, DC）电压和一个电源正常信号一般通过两个 6 线插头接入主板中。

主板上插有 CPU，还有用于插内存条的插槽等。另外，主板上还有 6～8 个长条形插槽，它们是扩展插槽，是主机通过系统总线与外围设备连接的通道，用来扩展系统功能的各种接口卡都插在扩展插槽上，如显卡、声卡、网卡、防病毒卡等。主板外形如图 2-5 所示。

图 2-4　机箱内部结构图

图 2-5　主板外形

微课视频

2.3.2　微型计算机的主机

随着集成电路制作工艺的不断进步，出现了大规模集成电路和超大规模集成电路。这时可以把计算机的核心部件运算器和控制器集成在一块集成电路芯片内，它被称为微处理器（Micro Processor Unit，MPU），也即 CPU。CPU、内存、总线、I/O 接口和主板构成了微型计算机的主机，被封装在主机箱内。

1. CPU

CPU 主要包括运算器和控制器两大部件，它是计算机的核心部件。CPU 是一个体积不大而元件集成度非常高、功能强大的芯片，一般由逻辑运算单元、控制单元和存储单元组成。在逻辑运算单元和控制单元中包括一些寄存器，这些寄存器用于 CPU 在处理数据的过程中暂时保存数据。简单地讲，CPU 由控制器和运算器两个部分组成。图 2-6 为 PC 的 CPU。

CPU 主要的性能指标有以下几个。

图 2-6　PC 的 CPU

（1）主频

主频也叫时钟频率，单位是 MHz。主频表示在 CPU 内数字脉冲信号振荡的速度，CPU 的主频=外频×倍频系数。

主频和实际的运算速度是有关的，但主频仅是 CPU 性能表现的一个方面，而不代表 CPU 的整体性能。CPU 的运算速度还要看 CPU 的流水线各方面的性能指标。

（2）外频

外频是 CPU 的基准频率，单位也是 MHz。CPU 的外频决定着整块主板的运行速度。前面说到 CPU 决定着主板的运行速度，两者是同步运行的。在目前的绝大部分计算机系统中，外频也是内存与主板之间同步运行的速度。在这种情况下，CPU 的外频直接与内存相连通，实现两者间的同步运行。

（3）前端总线频率

前端总线频率（即总线频率）直接影响 CPU 与内存直接交换数据的速度。数据传输的最大带宽取决于所有同时传输的数据位宽度和总线频率，即：数据带宽=(总线频率×数据位宽)/8。

（4）CPU 字长

CPU 的字长表示 CPU 一次可以同时处理的二进制数据的位数，它是 CPU 最重要的一个性能标志。人们通常所说的 16 位机、32 位机、64 位机就分别是指微型计算机中的 CPU 可以同时处理 16 位、32 位、64 位的二进制数据。

CPU 的字长取决于 CPU 中寄存器、加法器和数据总线的位数。字长的长短直接影响计算机的计算精度、功能和速度。字长越长，CPU 性能越好、速度越快。

（5）倍频系数

倍频系数是指 CPU 主频与外频之间的相对比例关系。在相同的外频下，倍频系数越高，CPU 的主频率也越高。但实际上，在相同外频的前提下，过高倍频系数的意义并不大。这是因为 CPU 与系统之间的数据传输速度是有限的，一味追求高倍频而得到高主频的 CPU 会出现明显的"瓶颈"效应——CPU 从系统中得到数据的极限速度不能够满足 CPU 运算的速度。

（6）cache（高速缓存）大小

cache 的大小也是 CPU 的重要指标之一，而且缓存的结构和大小对 CPU 速度的影响也非常大。CPU 的速度在不断提高，已极大超过了内存的速度，使得 CPU 在进行数据存取时都需要进行等待，从而降低了整个计算机系统的运行速度，为解决这一问题人们引入了 cache 技术。

cache 就是一个容量小、速度快的特殊存储器。系统按照一定的方式对 CPU 访问的内存数据进行统计，将内存中被 CPU 频繁存取的数据存入 cache。当 CPU 要读取这些数据时，则直接从 cache 中读取，这样就加快了 CPU 访问这些数据的速度，从而提高了 CPU 的整体运行速度。

cache 分为一级 cache、二级 cache 和三级 cache，每级 cache 比前一级 cache 速度慢且容量大。cache 最重要的技术指标是命中率。这里的命中率是指 CPU 在 cache 中找到的有用数据占数据总量的比率。

2. 内存

在微型计算机系统内部，内存是仅次于 CPU 的最重要器件之一，是影响微型计算机整体性能的重要部分。内存一般按字节分成许许多多的存储单元，每个存储单元均有一个编号，其被称为地址。CPU 通过地址查找所需的存储单元，此操作称为读操作。把数据写入指定存储单元的操作称为写操作。读、写操作通常又称为"访问"或"存取"操作。

存储容量和存取时间是内存性能优劣的两个重要指标。存储容量是指内存可容纳的二进制信息量，如在计算机的性能指标中，常说的 2GB、4GB 等即是指内存的容量。通常情况下，内存容量越大，程序运行速度相对就越快。存取时间即指内存收到有效地址到其输出端出现有效数据的时间间隔，存取时间越短则性能越好。

根据功能，内存又可分为 RAM、ROM 和 cache。此外，还有 CMOS 存储器和虚拟存储器。

（1）RAM

RAM 中的信息可以随时读出和写入，RAM 是计算机对程序和数据进行操作的工作区域。我们通常所说的微型计算机的内存指的也是 RAM。在计算机工作时，只有将要执行的程序和数据放入 RAM 中，才能被 CPU 执行。由于 RAM 中存储的程序和数据在关机或断电后会丢失，不能长期存储，因此通常要将程序和数据存储在外存中（如硬盘）；当要执行该程序时，再将其从硬盘中读入 RAM 中，然后才能运行。目前计算机中使用的内存均为半导体存储器，它由一组存储芯片焊制在一条印制电路板上，因此它通常又被称为内存条，如图 2-7 所示。

对于 RAM，人们总是希望其存储容量大一些、存取速度快一些，所以 RAM 的容量和存取时间是内存的一个重要指标。RAM 的容量越大、存取速度越快，其价格也会随之上升。选

图 2-7　内存条

配内存时，在满足容量要求的前提下，应尽量挑选与 CPU 时钟周期相匹配的内存条，这样将有利于最大限度地发挥内存条的效率。

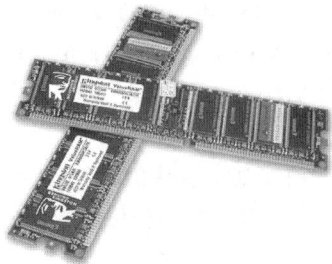

（2）ROM

ROM 中的内容只能读出、不能写入，其内容是由芯片厂商在生产过程中写入的，并且断电后 ROM 中的信息也不会丢失，因此常用 ROM 来存放重要的、固定的且反复使用的程序和数据。

众所周知，在计算机通电后，CPU 就开始准备执行指令。但由于刚开机，RAM 中还是空的，没有那些需要执行的指令，因此就需要在 ROM 中保存一个叫作 BIOS（基本输入/输出系统）的小型指令集。BIOS 非常小，却非常重要。当打开计算机时，CPU 执行 ROM 中的 BIOS 指令，首先对计算机进行自检，如果自检通过，便开始引导计算机从磁盘上读入、执行操作系统，最后把对计算机的控制权交给操作系统。ROM 的只读性保证了存于其中的程序、数据不遭到破坏。由此可见，ROM 是计算机系统中不可缺少的部分。

（3）CMOS 存储器

除了 ROM 之外，在计算机中还有一个叫作 CMOS 的 "小内存"。它保存着计算机当前的配置信息，如日期和时间、硬盘格式和容量、内存容量等，这些也是计算机调入操作系统之前需要的信息。如果将这些文件保存在 ROM 中，这些信息就不能被修改，因而也就不能将硬盘升级，或者修改日期等信息。所以计算机必须使用一种灵活的方式来保存这些引导数据：保存的时间要比 RAM 长，但又不像 ROM 那样不能修改。当计算机系统设置发生变化时，用户可以在启动计算机时按【Delete】键进入 CMOS 设置程序来修改其中的信息，这就是 CMOS 存储器的功能。

（4）虚拟存储器

任何一个程序都要调入内存才能执行。为了能够运行更大的程序、为了同时运行多道程序，就需要配置较大的内存或对已有的计算机扩大内存。然而，内存的扩充终归有限，目前广泛采用的是虚拟存储技术。该技术可以通过软件将内存和一部分外存空间构成一个整体，为用户提供一个比实际物理存储器大得多的存储器，它被称为虚拟存储器。

通常在一个程序运行时，某一时间段内并不会涉及全部指令，而仅仅是局限在一段程序代码之内。当一个程序需要执行时，只要将其调入虚拟存储器就可以了，而不必全部调入内存。程序进入虚拟存储器后，系统会根据一定的算法，将实际执行到的那段程序代码调入物理内存（称为页进）。如果内存已满，系统会将目前暂时不执行的代码送回到作为虚拟存储器的外存区域（称为页出）中，再将当前要执行的代码调入内存。这样，操作系统会通过页进、页出，保证要执行的程序段都在内存。

虚拟存储器的技术有效地解决了内存不足的问题。但是，程序执行过程中的页进、页出实际上是内外存数据的交换，而访问外存的时间比访问内存的时间要慢得多，所以虚拟存储器实际上是用时间换取了空间。

3. 总线

总线（Bus）是连接 CPU、存储器和外围设备的公共信息通道，各部件均通过总线连接在一起进行通信。CPU 与各部件的连接线路如图 2-8 所示。总线的性能主要由总线宽度和总线频率来表示。总线宽度为一次能并行传输的二进制位数，总线越宽，速度越快。总线频率即总线中数据传输的速度，单位用 MHz 表示。总线频率越高，数据传输越快。根据总线连接的部件不同，总线又分为内部总线、系统总线和外部总线。

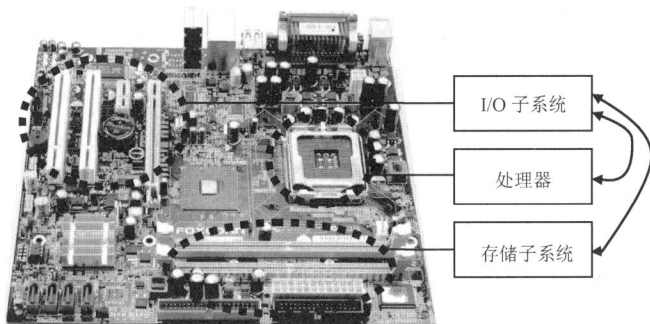

图 2-8　CPU 与各部件的连接线路

（1）内部总线

内部总线用于同一部件内部的连接，如 CPU 内部连接各内部寄存器和运算器的总线。

（2）系统总线

系统总线用于连接同一计算机的各部件，如 CPU、内存、I/O 设备等接口之间的互相连接的总线。系统总线按功能可分为控制总线、数据总线和地址总线，分别用来传送控制信号、数据信息和地址信息。

（3）外部总线

外部总线与外围设备接口相连，实际上是一种外围设备的接口标准。外部总线负责 CPU 与外围设备之间的通信，例如目前计算机上流行的接口标准 IDE（Integrated Drive Electronics，电子集成驱动器）和 SCSI（Small Computer System Interface，小型计算机系统接口）等。

总线连接的方式使机器各部件之间联系规整，减少了连线，也使部件的增减方便易行。目前使用的微型计算机都是采用总线连接的。当需要增加一些部件时，只要这些部件发送与接收信息的方式能够满足总线规定的要求就可以与总线直接挂接。

4. 接口

CPU 与外围设备、存储器的连接和数据交换都需要通过接口来实现，前者被称为 I/O 接口，而后者则被称为存储器接口。存储器通常在 CPU 的同步控制下工作，接口电路比较简单；而 I/O 设备品种繁多，其相应的接口电路也各不相同，因此，习惯上说到接口只是指 I/O 接口。I/O 接口也称适配器或设备控制器。由于这些 I/O 接口一般被制作成电路板的形式，因此，人们常把它们称为××卡，如声卡、显卡、网卡等。

5. 主板

主板是一个提供了各种插槽、系统总线及扩展总线的电路板，它又叫主机板或系统板。主板上的插槽用来安装组成微型计算机的各部件，而主板上的总线可实现各部件之间的通信，所以说主板是微型计算机各部件的连接载体。

主板主要包括控制芯片组、CPU 插座、内存条插槽、BIOS、CMOS 电池、各种 I/O 接口、

AGP/PCI 扩展插槽、外存接口和电源插座等元器件，如图 2-9 所示。有些主板还集成了显卡、声卡和网卡等适配器。

图 2-9　主板

主板在整个微型计算机系统中起着很重要的作用，主板的类型和性能决定了系统可安装的各部件的类型和性能，从而影响整个系统的性能。

2.3.3　微型计算机的外存

外存属于外围设备。它既是输入设备，又是输出设备，是内存的后备与补充。与内存相比，外存容量较大，关机后信息不会丢失，但存取速度较慢，一般用来存放暂时不用的程序和数据。它只能与内存交换信息，不能被计算机系统中的其他部件直接访问。当 CPU 需要访问外存的数据时，需要先将数据读入到内存中，然后 CPU 从内存中访问该数据。当 CPU 要输出数据时，也是将数据先写入内存，然后由内存写入外存中。

在计算机发展过程中曾出现过许多种外存，目前微型计算机中最常用的外存有磁盘存储器、光盘存储器和移动存储设备等。

1. 磁盘存储器

磁盘存储器是目前各类计算机中应用最广泛的外存。它以铝合金或塑料为基体，两面涂有一层磁性胶体材料。通过电子方法可以控制磁盘表面的磁化，以达到记录信息（0 和 1）的目的。

磁盘存储器的读写是通过磁盘驱动器完成的。磁盘驱动器是一个电子机械设备。它的主要部件包括：一个安装盘片的转轴、一个使盘片旋转的驱动电机、一个或多个读写头、一个定位读写头位置的电机，以及控制读写操作并与主机进行数据传输的控制电路。

关于磁盘存储器有如下几个常用术语。

* 磁道（Track）：每个盘片的每一面都要划分为若干条形如同心圆的磁道，这些磁道就是磁头读写数据的路径。磁盘的最外层是第 0 道，最内层为第 n 道。每个磁道上记录的信息一样多，因此内圈磁道上记录的密度比外圈磁道上记录的密度大。

* 柱面（Cylinder）：一个磁盘存储器由几个盘片组成，每个盘片又有两个盘面，每个盘面都有相同数量的磁道。所有盘面上相同位置的磁道组合在一起，叫作一个柱面。例如，有一个盘片组，一个盘片的盘面上有 256 个磁道，那它就是有 256 个柱面。

* 扇区（Sector）：为了方便记录信息，每个磁道又划分为许多叫作扇区的小区段。每个磁道上的扇区数是一样的。通常扇区是磁盘地址的最小单位，磁盘存储器与主机交换数据是以扇区为单位的。磁道上每一扇区记录等量的数据，一般为 512B。512B 以内的文件放在一个扇区内，大于 512B 的文件存放于多个扇区。

磁道、柱面、扇区在磁盘存储器上的位置如图 2-10 所示。

在磁盘存储器的历史上，软盘曾经扮演过重要的角色。但是其存储容量小，数据保存不可靠，目前已被淘汰。现在提到的磁盘存储器一般是指硬盘存储器（简称硬盘），硬盘及硬盘内部结构如图 2-11 所示。硬盘安装在主机箱内，盘片与读写驱动器均组合在一起，成为一个整体。硬盘的指标主要体现在容量和转速上。硬盘转速越快，存取速度也就越快，但对硬盘读写性能的要求也就越高。微型计算机中的大量程序、数据和文件通常都保存在硬盘上，一般的计算机可配置不同数量的硬盘且都有扩充硬盘的余地。

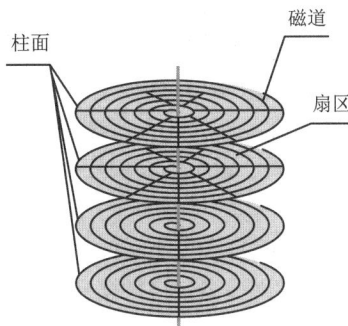

图 2-10　磁盘存储器上的磁道、柱面和扇区

图 2-11　硬盘及硬盘内部结构

2. 光盘存储器

光盘存储器（简称光盘）是利用激光原理进行读、写的设备，是近代发展起来不同于完全磁性载体的光学存储介质。光盘凭借大容量得到了广泛应用，其可以存放各种文字、声音、图形、图像和动画等多媒体数字信息，如图 2-12 所示。光盘需要配合光盘驱动器使用，如图 2-13 所示。

图 2-12　光盘

图 2-13　光盘驱动器

光盘可分成两类：一类是只读型光盘，其包括 CD-Audio、CD-Video、CD-ROM、DVD-Audio、DVD-Video、DVD-ROM 等；另一类是可记录型光盘，其包括 CD-R、CD-RW、DVD-R、DVD+R、DVD+RW、DVD-RAM、双层 DVD+R 等。

根据光盘结构，光盘主要分为 CD、DVD、BD 等几种类型。这几种类型的光盘在结构上有所区别，但主要结构原理是一致的。只读型 CD 或 DVD 与可记录型 CD 或 DVD 在结构上没有区别，主要区别在于材料的应用和某些制造工序。BD 是 DVD 之后的下一代光盘格式之一，用以存储高品质的影音及高容量的数据。

3. 移动存储设备

随着通用串行总线（USB）开始在 PC 上出现并逐渐盛行，借助 USB 接口，移动存储设备已经逐步成为存储设备的主要成员，并作为随身携带的存储设备被广泛使用。常用移动存储设备如图 2-14 所示。

（a）U盘　　　　　　　　（b）移动硬盘　　　　　　　　（c）存储卡

图 2-14　移动存储设备

① U盘：U盘是一种基于 USB 接口的移动存储设备，它可在不同的硬件平台上被使用。目前，U盘的容量一般为几十吉字节，也可达到上百吉字节。U盘价格便宜，体积很小，使用极其方便，是非常适宜随身携带的存储设备。

② 移动硬盘：移动硬盘也是基于 USB 接口的移动存储设备。它可以在任何不同硬件平台上使用，容量为几百吉字节，甚至达到太字节级别；与刻录机、光盘相比，其有体积小，质量小，携带方便等优点。同时它具有极强的抗震性，称得上是一款实用、稳定的移动存储设备，故得到了越来越广泛的应用。

③ 存储卡：随着计算机的应用越来越广泛，很多人都喜欢随身携带小巧的 IT 产品，例如数码相机、数码摄像机或平板电脑等。数码相机采用存储卡作为存储设备。将数据保存在存储卡中，借助数据线可以方便地在数码相机与计算机之间进行数据交换。

2.3.4　微型计算机的输入设备

键盘和鼠标是计算机最常用的输入设备，其他输入设备还有扫描仪、磁卡读入机等。这里重点介绍键盘和鼠标。

1. 键盘

键盘（Keyboard）是人机对话的最基本设备，它用于输入数据、命令和程序，如图 2-15 所示。键盘内部有专门的控制电路，用户按下键盘上的某一个按钮时，键盘内部的控制电路就会产生一个相应的二进制代码，并将此代码输入计算机内部。现在的主流键盘大都采用 USB 接口。键盘的主键盘区设置与英文打字机相同，另外还设置了一些专门键和功能键，以便用户操作和使用。

按各类按键的功能和位置可将键盘划分为 4 个部分：主键盘区、数字小键盘区、功能键区及编辑和光标控制键区。

功能键区　　　　　　　　　　　　　　　　　　编辑和光标控制键区
主键盘区　　　　　　　　　　　　　　　　　　数字小键盘区

图 2-15　键盘

除标准键盘外，还有各类专用键盘，它们是专门为某种特殊应用而设计的。例如，银行计算机管理系统中供储户使用的键盘，其按键数不多，只供输入储户标识码、口令和选择操作之用。专用键盘的主要优点是简单，即使没有受过训练的人也能使用。

2. 鼠标

随着 Windows 操作系统的普及，鼠标（Mouse）也成为微型计算机必不可少的输入设备。鼠标是一种计算机的输入设备，是计算机显示系统纵横坐标定位的指示器，因形似老鼠而得名"鼠标"。鼠标的使用使计算机的操作更加简便。

鼠标按其工作原理及其内部结构的不同可以分为机械式鼠标和光电式鼠标。

鼠标按接口类型可分为串行鼠标、PS/2 鼠标、总线鼠标、USB 鼠标（多为光电式鼠标）4 种。USB 鼠标通过一个 USB 接口可直接接入计算机，目前鼠标基本上都是 USB 接口的鼠标。

鼠标按使用的形式又分为有线鼠标和无线鼠标两种。

有线鼠标通过连线将鼠标插在 USB 接口上。有线鼠标由于直接用线与计算机连接，受外界干扰非常小，因此在稳定性方面有着巨大的优势，比较适用于对鼠标操作要求较高的游戏与设计场景。

无线鼠标是指无线缆直接连接到主机的鼠标。无线鼠标简单，无线的束缚，可以实现较远距离的计算机操作。无线鼠标如图 2-16 所示。

图 2-16　无线鼠标

3. 其他输入设备

除键盘和鼠标外，还有一些微型计算机中常用的输入设备。下面简要说明这些输入设备的功能和基本原理。

扫描仪是一种图形、图像输入设备，如图 2-17 所示。随着多媒体技术的发展，扫描仪的应用将会更为广泛。

条形码阅读器是一种能够识别条形码的扫描装置，它需连接在计算机上使用。当条形码阅读器从左向右扫描条形码时，就会把不同宽窄的黑白条纹翻译成相应的编码供计算机使用。许多自选商场和图书馆都用它管理商品和图书。

图 2-17　扫描仪

汉字语音输入设备和手写输入设备可以直接将人的声音或手写的文字输入计算机中，使文字输入变得更为便捷。

2.3.5　微型计算机的输出设备

显示器和打印机是微型计算机中常用的输出设备。

1. 显示系统

计算机的显示系统由显示器、显卡和相应的驱动软件组成。

（1）显示器

显示器用来显示计算机输出的文字、图形或影像等，如图 2-18 所示。早期主流的显示器是阴极射线管显示器（Cathode Ray Tube，CRT），但是目前阴极射线管显示器已经被液晶显示器（Liquid Crystal Display，LCD）所取代。液晶显示器的特点是轻、薄、耗电少，并且无辐射，目前台式机和笔记本电脑大部分以液晶显示器作为基本的配置。信号反应时间（即响应时间）是指系统接收键盘或鼠标的指示，经 CPU 计算处理后，显示器做出反应的时间。信号反应时间关系到用液晶显示器观看文本以及视频（例如 VCD/DVD）时，画面是否会出现拖尾现象。大多数液晶显示器的真正色彩为 26 万色左右，彼此之间差距不大。色彩越多，则图像色彩还原度就越高。

除了液晶显示器，目前触摸屏显示器（Touch Screen）也得到了很多应用。触摸屏显示器可以让使用者只要用手指轻轻地触碰计算机显示屏上的图符或文字就能实现对主机的操作，摆脱了键盘和鼠标操作，使人机交互更为直截了当。触摸屏显示器主要应用于公共场所大厅信息查询、领导办公、电子游戏、点歌点菜、多媒体教学、机票/火车票预售等场景。随着iPad的流行及触摸屏手机的广泛使用，触摸屏显示器的应用得到了拓展。

（a）液晶显示器 　　　　　　　　　　　（b）触摸屏显示器

图2-18　显示器

（2）显卡

显卡也称为显示适配器，它是微型计算机最基本的组成部分之一。显卡的用途是将计算机系统所需要的显示信息进行转换。显卡驱动显示器，并向显示器提供行扫描信号，控制显示器的正确显示，它是连接显示器与微型计算机主板的重要组件。显卡外观如图2-19所示。

图2-19　显卡外观

显示器的效果如何，不仅要看显示器的质量，还要看显卡的质量。决定显卡性能的主要因素包括显示芯片、显存带宽及显存容量。

显示芯片是显卡的核心芯片，其性能直接决定了显卡的性能。它的主要任务就是处理系统输入的视频信息并对其进行构建、渲染等工作。

显存带宽取决于显存位宽和显存频率。显存位宽是显存在单位时间内所能传送数据的位数，它是显存的重要参数之一。目前市场上的显存位宽有64位、128位、256位3种。显存位宽越高，性能越好，价格也就越高。256位宽的显存更多应用于高端显卡，而主流显卡基本都采用128位宽的显存。显存频率是指默认情况下，该显存在显卡上工作时的频率，以MHz（兆赫兹）为单位。显存频率一定程度上反映着该显存的速度。不同显存能提供的显存频率也差异很大，一般为5000～8000MHz，高端产品可达10000～12000MHz。

显存容量是显卡上本地显存的容量，显存容量的大小决定着显存临时存储数据的能力，在一定程度上也会影响显卡的性能。目前主流的显存容量是2～4GB，高端显卡的显存容量可达6～12GB。

值得注意的是，显存容量越大并不一定意味着显卡的性能就越高。一款显卡究竟应该配备多大的显存容量是由其所采用的显示芯片所决定的。也就是说，显存容量应该与显示芯片的性能相匹配才合理：显示芯片的性能越高，其处理能力越高，所配备的显存容量相应也应该越大，而低性能的显示芯片配备大容量显存对其性能提升是没有任何帮助的。

2. 打印机

打印机是计算机目前最常用的输出设备之一，也是品种、型号最多的输出设备之一。

打印机分为击打式打印机和非击打式打印机两种。击打式打印机利用机械动作将印刷活字压向打印纸和色带进行打印，工作速度不高，并且工作时噪声较大。非击打式打印机种类繁多，其有点阵打印机（见图2-20）、热敏式打印机、喷墨式打印机和激光打印机（见图2-21）等，打印过程无机械击打动作，速度快，无噪声，这类打印机会被越来越广泛地使用。

图 2-20　点阵打印机　　　　　　图 2-21　激光打印机

2.3.6　微型计算机的主要性能指标

微型计算机的性能指标标志着微型计算机（以下简称微机）的性能及应用范围的广度。在实际应用中，常见的微型计算机性能指标主要有如下几种。

1. 速度

不同配置的微机按相同算法执行相同任务所需要的时间可能不同，这与微机的速度有关。微机的速度可用主频和运算速度两个指标来衡量。

主频是指 CPU 在单位时间内的平均操作次数。它在很大程度上决定了计算机的运行速度，主频越高，计算机的运算速度相应地也就越快。

运算速度是指计算机每秒能执行的指令数，以每秒百万条指令（MIPS）为单位，此指标能更客观地反映微机的运算速度。

微机的速度是一个综合指标，影响微机速度的因素很多，如存储器的存取速度、内存大小、字长、系统总线的时钟频率等。

2. 字长

字长是计算机运算部件一次能同时处理的二进制数据的位数。字长越长，计算机的处理能力就越强。微机的字长总是 8 的倍数。早期的微机字长为 16 位（如 Intel 8086、80286 等），从 80386、80486 到 Pentium Ⅱ、Pentium Ⅲ 和 Pentium Ⅳ，芯片字长均为 32 位，酷睿系列可以支持 64 位字长。字长越长，数据的运算精度也就越高，计算机的运算功能也就越强，可寻址的空间也越大。因此，微机的字长是一个很重要的技术性能指标。

3. 存储容量

存储容量是指计算机能存储的信息总字节量，其包括内存容量和外存容量，主要指内存的容量。显然，内存容量越大，计算机所能运行的程序就越大，处理能力就越强。尤其是当前微机应用多涉及图像信息处理，要求存储容量会越来越大，甚至没有足够大的内存容量就无法运行某些软件。目前，主流微机的内存容量一般都在 2GB 以上，外存容量在几百吉字节以上。

4. 存取周期

存储器完成一次读（或写）操作所需的时间称为存储器的存取时间或者访问时间。连续两次读（或写）所需的最短时间称为存储周期。内存的存取周期也是影响整个计算机系统性能的主要性能指标之一。

5. 可靠性

计算机的可靠性是以平均无故障时间（Mean Time Between Failures，MTBF）来表示的。平均无故障时间越大，系统性能就越好。

6. 可维护性

计算机的可维护性以平均修复时间（Mean Time To Repair，MTTR）表示，平均修复时间越小越好。

7. 性能价格比

性能价格比也是一种衡量计算机产品性能优劣的概括性技术指标。性能代表系统的使用价值，可用专门的公式计算出性能指数；价格是指计算机的售价。性能价格比越高，表明计算机越物有所值。

评价计算机性能的技术指标还有兼容性、汉字处理能力和网络功能等。

2.4 计算机软件系统

软件是指为方便使用计算机和提高计算机使用效率而组织的程序和相关数据。软件系统可分为系统软件和应用软件两大类，如图 2-22 所示。

从用户的角度看，对计算机的使用不是直接对硬件进行操作，而是通过应用软件对计算机进行操作。应用软件也不能直接对硬件进行操作，要通过系统软件对硬件进行操作。

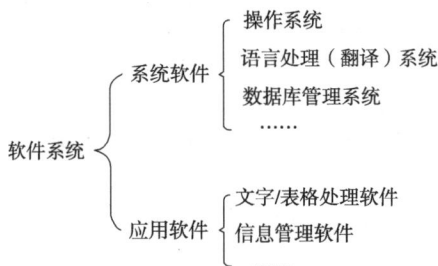

图 2-22　软件系统分类

2.4.1 系统软件

系统软件是计算机必须具备的支撑软件，负责管理、控制和维护计算机的各种软硬件资源，并为用户提供一个友好的操作界面，帮助用户编写、调试、装配、编译和运行程序。它包括操作系统（Operating System，OS）、语言处理程序、数据库管理系统和各类服务程序等。下面分别介绍它们的功能。

1. 操作系统

操作系统是对计算机全部软件、硬件资源进行控制和管理的大型程序，是直接运行在裸机上的最基本的系统软件，其他软件必须在操作系统的支持下才能运行。它是软件系统的核心。

2. 语言处理系统

计算机只能直接识别和执行机器语言。除了机器语言外，其他用任何软件语言书写的程序都不能直接在计算机上执行。要在计算机中运行由其他软件语言书写的程序，都需要对这些语言进行适当的处理。语言处理系统的作用就是把用软件语言书写的各种程序处理成可在计算机上执行的程序、最终的计算结果或其他中间形式。程序设计语言的相关知识可参阅 9.3.1 小节。

3. 工具软件

工具软件也称为服务程序，它包括协助用户进行软件开发或硬件维护的软件，如编辑程序、连接装配程序、纠错程序、诊断程序和防病毒程序等。

4. 数据库系统

在信息社会里，人们的社会和生产活动产生了更多的信息，以至于人工管理难以应对，人们希望借助计算机对信息进行搜集、存储、处理和使用。数据库系统（Database System，DBS）就是在这种需求背景下产生和发展的。

数据库是指按照一定数据模型存储的数据集合，如学生的成绩信息、工厂仓库物资的信息、医院的病历、人事部门的档案等都可分别组成数据库。

数据库管理系统（Database Management System，DBMS）则是能够对数据库进行加工、管理的系统软件，其主要功能是建立、删除、维护数据库及对库中数据进行各种操作，从而得到有用的结果。数据库管理系统通常自带语言进行数据操作。

数据库系统由数据库、数据库管理系统及相应的应用程序组成。数据库系统不但能够存放大量的数据，更重要的是能迅速地、自动地对数据进行增删、检索、修改、统计、排序、合并、挖掘等操作，为人们提供有用的信息。这一点是传统的文件系统无法做到的。

5. 网络软件

20 世纪 60 年代出现的网络技术在 20 世纪 90 年代得到了飞速发展和广泛应用。计算机网络将分布在不同地点的、多个独立的计算机系统用通信线路连接起来，在网络通信协议和网络软件的控制下，实现互连互通、资源共享、分布式处理，提高计算机的可靠性及可用性。计算机网络是计算机技术与通信技术相结合的产物。

计算机网络由网络硬件、网络软件及网络信息构成。其中，网络软件包括网络操作系统、网络协议和各种网络应用软件。

2.4.2　应用软件

在系统软件的支持下，用户为了解决特定的问题而开发、研制或购买的各种计算机程序称为应用软件，例如文字处理软件、图形图像处理软件、计算机辅助设计软件和工程计算软件等。同时，各个软件公司也在不断开发各种应用软件来满足各行各业的信息处理需求，如铁路部门的售票系统、教学辅助系统等。应用软件的种类很多，根据其服务对象，又可分为通用软件和专用软件两类。

1. 通用软件

这类软件通常是为解决某一类问题而设计的，而这类问题是很多人都会遇到和需要解决的。

● 文字处理软件：用计算机撰写文章、书信、公文并进行编辑、修改、排版和保存的过程称为文字处理。目前，广泛流行的 Word 2016 就是典型的文字处理软件。

● 电子表格软件：电子表格可以用来记录数值数据，也可以很方便地对数据进行常规计算。它有许多比传统账簿和计算工具先进的功能，如快速计算、自动统计等。Excel 2016 软件就属此类软件的典型代表。

● 绘图软件：在工程设计中，计算机辅助设计（Computer Aided Design，CAD）已逐渐代替人工设计，完成了人工设计无法完成的巨大而烦琐的任务，极大地提高了设计质量和效率。绘图软件现广泛用于半导体、飞机、汽车、船舶、建筑及其他机械、电子行业。日常通用的绘图软件有 AutoCAD、3ds Max、Protel、OrCAD、高华 CAD 软件等。

2. 专用软件

上述的通用软件或软件包在市场上可以被买到，但有些有特殊要求的软件是无法买到的。比如，某个用户希望对其单位保密档案进行管理，另一个用户希望有一个程序能自动控制车间里的车床，同时将其与上层事务性工作集成起来统一管理等。因为它们相对于一般用户来说过于特殊，所以只能组织人力到现场调研后开发软件，当然开发出的这种软件也只适用于这种特定的情况。

2.4.3 办公软件概述

办公软件属于应用软件中的通用软件。广义上讲，在日常工作中所使用的应用软件都可以称为办公软件，但我们平时所指的办公软件多为"字处理软件""阅读软件""管理软件"等。典型的办公软件有 Microsoft 公司的 Office、金山公司的 WPS、Adobe 公司的 Acrobat 阅读器等。

目前，全球用户最多的办公软件当数 Microsoft 公司的套装软件 Office。Microsoft 公司从 20 世纪 80 年代开始推出自己的文字处理软件 Word，进而推出套装软件 Office。经过几十年的发展，经历了多个版本，最新版本是 Office 2022（截至 2022 年 9 月）。

我国办公软件中最知名的当数 WPS，它是由金山软件公司开发的一套办公软件，最初出现于 1988 年。在 Microsoft 公司 Windows 系统出现以前，DOS 系统盛行的年代，WPS 曾是中国流行的文字处理软件。在 20 世纪 90 年代初期，WPS 占领了中文文字处理 90%的市场。但是，随着 Microsoft 公司 Windows 操作系统的普及，通过各种渠道传播的 Word 6.0 和 Word 97 将大部分 WPS 用户过渡为 Microsoft 公司 Office 的用户，WPS 的发展进入历史最低点。

随着我国加入世贸组织，我国大力提倡发展自己的软件产业，使用国产的软件。在这样的背景下，金山公司的发展出现了转机，在中央和地方政府的办公软件采购中，金山公司多次击败 Microsoft 公司。现在我国很多地方的政府机关部门都采用 WPS 办公软件办公。

第3章
操作系统

操作系统是协调和控制计算机各部分有序工作的一个系统软件，是计算机所有软、硬件资源的管理者和组织者。Windows 10 是 Microsoft 公司开发的基于图形用户界面的操作系统，也是目前流行的微机操作系统。本章首先介绍了操作系统的基本知识，然后介绍 Windows 10 的功能与操作方法。

学习目标

- 理解操作系统的基本概念，了解操作系统的功能与种类。
- 了解 Windows 10 的文件管理功能，熟练掌握 Windows 的文件操作方法。
- 了解 Windows 10 的程序管理功能，掌握常用程序的操作方法。
- 了解 Windows 10 对工作环境的自定义方法。
- 了解 Windows 10 的计算机管理功能。

3.1 操作系统知识

微课视频

3.1.1 操作系统的概念

操作系统是管理、控制和监督计算机软、硬件资源协调运行的软件系统，由一系列具有不同控制和管理功能的程序组成。它是系统软件的核心，是计算机软件系统的核心。操作系统是计算机发展过程中的产物，其主要功能有两个：一是方便用户使用计算机，例如，用户输入一条简单的命令，计算机就能自动完成复杂的功能（这就是操作系统启动相应程序、调度恰当资源执行命令的结果）；二是统一管理计算机系统的软、硬件资源，合理组织计算机工作流程，以便保障计算机的工作效率。

操作系统是用户与计算机之间的"桥梁"，用户、应用软件、其他系统软件、操作系统、硬件之间的关系如图 3-1 所示。

图 3-1 用户、应用软件、其他系统软件、操作系统、硬件之间的关系

3.1.2 操作系统的功能

操作系统的主要功能是管理计算机资源，所以其大部分程序都属于资源管理程序。计算机系统中的资源可以分为 4 类，即处理器、主存储器、外围设备和信息（程序和数据）。管理上述资源

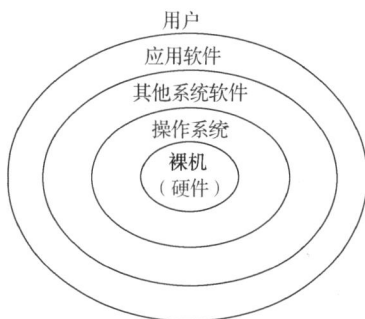

的操作系统也包含4个模块，即进程管理、存储管理、设备管理和文件管理。操作系统的其他功能是合理地组织工作流程和为用户提供便利，操作系统提供的作业管理模块能对作业进行控制和管理。由此可以看出，操作系统应包括五大基本功能模块：进程管理模块、存储管理模块、设备管理模块、文件管理模块、作业管理模块。

1. 进程管理模块

进程是可与其他程序共同执行的程序的一次执行过程，也是系统进行资源分配和调度的一个独立单位。程序和进程不同，程序是指令的集合，是静态的概念；进程则是指令的执行，是一个动态的过程。

进程管理是操作系统中最主要又最复杂的管理，它描述和管理程序的动态执行过程。计算机的多个程序分时执行、机器各部件并行工作及系统资源共享等特点，使进程管理变得更为复杂，也显得更为重要。进程管理模块主要包括进程的组织、进程的控制、进程的调度和进程的通信等控制管理功能。

2. 存储管理模块

存储管理模块是操作系统中用户与主存储器之间的接口，其目的是合理利用主存储器空间并为用户提供便利。存储管理模块主要包括分配存储空间、扩充存储空间、实现虚拟操作，以及实现共享、保护和重定位等功能。

3. 设备管理模块

设备管理模块是操作系统中用户与外围设备之间的接口，其目的是合理地使用外围设备并为用户提供便利。设备管理模块主要包括管理设备的缓冲区、I/O调度、实现中断处理及虚拟设备等功能。

4. 文件管理模块

文件是指具有符号名的一组关联元素的有序序列，计算机是以文件的形式来存放程序和数据的。文件管理模块是操作系统中用户与存储设备之间的接口，负责管理和存取文件信息。文件共享（不同用户共同使用一个文件）和文件保护（防止其他用户对文件有意或无意的破坏）等也是文件管理要考虑的。

5. 作业管理模块

作业是用户程序及其所需的数据和命令的集合，任何一种操作系统都要用到作业这一概念。作业管理模块是对作业的执行情况进行系统管理的程序集合，其功能主要包括作业的组织、作业的控制、作业的状况管理及作业的调动等。

3.1.3　操作系统的分类

按照操作系统的发展过程通常可以将操作系统进行以下分类。

（1）单用户操作系统

单用户操作系统在同一时刻只能支持运行一个用户程序。这类系统管理起来比较简单，但最大的缺点是计算机系统的资源不能得到充分利用。

（2）批处理操作系统

批处理操作系统是20世纪70年代运行于中、大型计算机上的操作系统。它能使多个程序或多个作业同时存在和运行，能充分使用各类硬件资源，故也称为多任务操作系统。

（3）分时操作系统

分时操作系统是支持多用户同时使用计算机的操作系统。它将CPU时间资源划分成极短的时间片，轮流分给每个终端用户使用；当一个用户的时间片用完后，CPU就转给另一个用户使用。由于轮换的时间很快，虽然各用户使用的是同一台计算机，但却能给用户一种"独占计算机"的感觉。分时操作系统是多用户多任务操作系统，UNIX 操作系统是国际上流行的分时操作系统，也是操作系统的标准。

（4）实时操作系统

在某些应用领域，要求计算机对数据能进行迅速处理。例如，在自动驾驶仪控制下飞行的飞机、导弹的自动控制系统中，计算机必须对传感系统测得的数据及时、快速地进行处理和响应。这种有响应时间要求的计算机操作系统就是实时操作系统。

（5）网络操作系统

计算机网络是通过通信线路将地理上分散且独立的计算机连接起来实现资源共享的一种系统。能进行计算机网络管理、提供网络通信和网络资源共享功能的操作系统称为网络操作系统。

3.1.4　常用的操作系统

1. DOS

DOS（Disk Operating System，磁盘操作系统）是 Microsoft 公司开发的操作系统，它于 1981 年问世，在 20 世纪 90 年代初成了流行的微机操作系统，在当时几乎垄断了 PC 操作系统市场。DOS 是单用户单任务操作系统，对 PC 硬件要求低，常用操作是利用键盘输入程序或命令。由于 DOS 命令均由若干字符构成，因此枯燥难记。

2. Windows 操作系统

Windows 操作系统是由 Microsoft 公司开发的基于图形用户界面（Graphic User Interface，GUI）的单用户多任务操作系统。20 世纪 90 年代，Windows 操作系统一出现，即成为当时流行的微机操作系统，并逐渐取代了 DOS。之后历经 Windows 95、Windows 98、Windows 2000、Windows XP、Windows 7 和 Windows 8 等版本，到今天已经发展到 Windows 10 版本。

Windows 操作系统支持多线程、多任务与多处理，它的即插即用特性使得安装各种支持即插即用的设备变得非常容易。此外，它还具有出色的多媒体和图像处理功能及方便、安全的网络管理功能。Windows 操作系统是目前流行的微机操作系统。

3. UNIX 操作系统

UNIX 操作系统是一个多任务、多用户的分时操作系统，一般用于大型机、小型机等较大规模的计算机中。它是 20 世纪 60 年代末由美国电话电报（AT&T）公司贝尔实验室研制的。

UNIX 操作系统提供可编程的命令语言，具有输入/输出缓冲技术，还提供了许多程序包。UNIX 操作系统中有一系列通信工具和协议，因此网络通信功能强、可移植性强。因特网的 TCP/IP 就是在 UNIX 操作系统下开发的。

4. Linux 操作系统

Linux 操作系统来源于 UNIX 操作系统的精简版本 Minix。1991 年，芬兰赫尔辛基大学学生林纳斯·托瓦兹（Linus Torvalds）修改完善 Minix，开发出 Linux 操作系统的第一个版本。其源代码在因特网上公开后，世界各地的编程爱好者不断地对其进行完善。正因为这个特点，Linux 操作系统被认为是一个开放代码的操作系统；同时，由于它是在网络环境下开发、完善的，因此它有着与生俱来的、强大的网络功能。Linux 操作系统具备性能高及开发成本低的特性，也让人们对它寄予厚望，期望它能够替换其他昂贵的操作系统软件。Linux 操作系统主要的版本有 Red Hat Linux、Turbo Linux，我国自行开发的有红旗 Linux 操作系统、蓝点 Linux 操作系统等。

5. 嵌入式操作系统

嵌入式操作系统（Embedded Operating System，EOS）是指用于嵌入式系统的操作系统。该操作系统是一种用途广泛的系统软件，通常包括与硬件相关的底层驱动软件、系统内核、设备驱动接口、通信协议、图形界面、标准化浏览器等。嵌入式操作系统负责嵌入式系统的全部软、硬件资源的分配和任务调度，以及并发活动的控制和协调。它必须体现其所在系统的特征，能够通过装卸某些模块来实现系统所要求的功能。嵌入式操作系统通常具有系统内核小、专用性强、系统精简、高实时性、多任务操作及需要开发工具和环境等特点。嵌入式领域广泛使用的操作系统有嵌入式 Linux 操作系统、Windows Embedded 操作系统、VxWorks 操作系统等，以及应用在智能手机和平板电脑上的 Android 操作系统、iOS 等。

6. 平板电脑操作系统

2010 年，苹果 iPad 在全世界掀起了平板电脑热潮。第一代 iPad 上市以来，平板电脑以惊人的速度发展起来，其对传统 PC 产业，甚至是整个 3C 产业都带来了革命性的影响。随着平板电脑的快速发展，平板电脑在 PC 产业的地位也愈发重要，其在 PC 产业的占比也得到大幅提升。目前市场上的平板电脑大多数使用 3 种操作系统，分别是 iOS、Android 操作系统、Windows 操作系统。

iOS 是由苹果公司开发的手持设备操作系统。iOS 最初是为 iPhone 设计的，后来陆续套用到 iPod touch、iPad 及 Apple TV 等苹果产品上。苹果的 iOS 是封闭的，并不开放，所以使用 iOS 的平板电脑也只有苹果公司的 iPad 系列。

Android 操作系统是 Google 公司推出的基于 Linux 核心的软件平台和操作系统，它主要用于移动设备。Android 操作系统最初都是应用于手机的，Google 公司以免费开源许可证的授权方式发布了 Android 操作系统的源代码，并允许智能手机生产商搭载 Android 操作系统，也正是因为这样，Android 操作系统很快占有了市场的份额。Android 操作系统后来逐渐拓展到平板电脑及其他领域，目前 Android 操作系统已成为 iOS 最强劲的竞争对手之一。Android 操作系统是国内平板电脑最主要的操作系统。

Windows 操作系统最初是专门为 PC 而非平板电脑设计的，而且 Windows 操作系统的平板电脑虽然以平板电脑模式开发，但其功能与 Android 操作系统和 iOS 的平板电脑相比少了很多，再加上用户在使用习惯上的惯性思维，Windows 操作系统的平板电脑在使用感受等多个方面与 Android 操作系统和 iOS 的平板电脑相比会相对逊色。但是 Windows 操作系统在平板电脑领域也有它的长处，得益于完整版版的 Windows 操作系统；它在办公和桌面级应用上可以说是极大超越了 Android 操作系统和 iOS，因此 Windows 操作系统的平板电脑更能胜任传统的办公需求，而且也比较符合用户的办公习惯。这也形成了一种普遍的认知，即 Android 操作系统和 iOS 的平板电脑主打娱乐影音，而 Windows 操作系统平板电脑更能胜任办公需求。

3.2　Windows 10 操作系统概述

Windows 10 操作系统是由美国 Mircosoft 公司开发的应用于计算机和平板电脑的操作系统，它于 2015 年 7 月 29 日发布正式版。Windows 10 操作系统在易用性和安全性方面有了极大的提升，除了针对云服务、移动智能、自然人机交互等新技术进行融合外，还对固态硬盘、生物识别、高分辨率屏幕等硬件进行了优化完善与支持。

3.2.1　Windows 10 操作系统的启动与退出

1. Windows 10 操作系统的启动

开启计算机电源之后，Windows 10 操作系统被装载入计算机内存，并开始检测、控制和管理计算机的各种设备，这一过程叫作系统启动。启动成功后，

微课视频

将进入 Windows 10 操作系统的工作界面。

2. Windows 10 操作系统的退出

在计算机数据处理工作完成以后，需要退出 Windows 10 操作系统，才能切断计算机的电源。直接切断计算机电源的做法对计算机及 Windows 10 操作系统都有损害。

（1）关闭计算机

在关闭计算机之前，首先要保存正在做的工作并关闭所有打开的应用程序，然后单击"开始"按钮，弹出"开始"菜单，在"开始"菜单的左下角有"电源"按钮 ⏻，单击该按钮，弹出图 3-2 （a）所示的"电源"菜单。在该菜单中选择"关机"命令，此时，系统首先会关闭所有运行中的程序，然后关闭后台服务，退出 Windows 操作系统，接着切断对所有设备的供电，即关闭了计算机。

在桌面状态下按【Alt+F4】组合键，弹出图 3-2（b）所示的"关闭 Windows"对话框，选择其中的"关机"选项，同样可以关闭计算机。

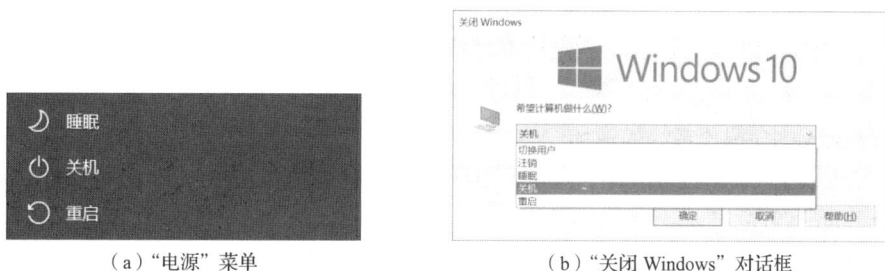

（a）"电源"菜单　　　　　　　　（b）"关闭 Windows"对话框

图 3-2　Windows 操作系统关机

> 关机时请注意保存好运行的程序或修改的文件，Windows 10 操作系统的关机操作没有再次确认的界面，一旦单击"关机"按钮，系统会立刻进行关机操作。此外，在单击"关机"按钮关闭计算机后，不要再去按主机上的电源按钮，因为此时计算机主机已经关闭，再按电源按钮相当于又开启了计算机。

（2）其他关机项

在上述"电源"菜单或"关闭 Windows"对话框中都会列出其他关机项，用户可以选择其中的某一项进行与关机有关的操作。

① 切换用户：若计算机上有多个用户账户，用户可使用"切换用户"命令在各用户之间进行切换而不影响每个账户正在使用的程序。

② 注销：Windows 10 操作系统允许多个用户登录计算机，注销就是向系统发出请求，清除现在登录的用户，以便使用其他用户来登录系统。注销不可以代替重新启动，只可以清空当前用户的缓存空间和注册表等信息。

③ 睡眠：选择"睡眠"命令，计算机就处于低耗能状态，显示器将关闭，而且计算机的风扇通常也会停止。此时计算机只需维持内存中的工作，操作系统会自动保存当前打开的文档和程序，所以在使计算机睡眠前不需要关闭用户的程序和文件。

④ 重启：选择"重启"命令，计算机将关闭所有打开的程序，重新启动操作系统。

3.2.2　Windows 10 操作系统的桌面

桌面是指 Windows 10 操作系统的主界面。在正常启动 Windows 10 操作系

微课视频

统后，首先看到的就是 Windows 10 操作系统的桌面，如图 3-3 所示。

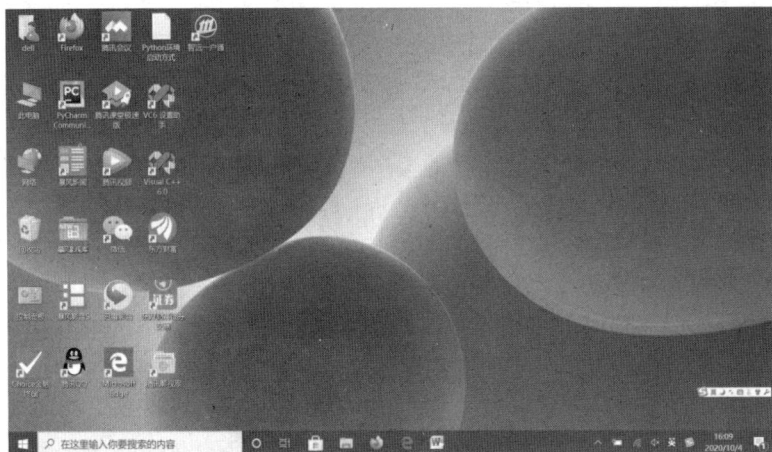

图 3-3　Windows 10 操作系统的桌面

1. Windows 10 操作系统的图标

桌面上显示了一系列常用项目的程序图标，如"此电脑""网络""控制面板""回收站""Microsoft Edge"等。

在 Windows 10 操作系统中，图标扮演着极为重要的角色，它可以代表一个文档、一段程序、一张网页或是一段命令。双击一个图标时，就可以执行图标所对应的程序或打开对应的文档。

左下角带有弧形箭头的图标称为快捷方式。快捷方式是一种特殊的文件类型，它提供了对系统中一些资源对象的快速访问入口。快捷方式图标是原对象的"替身"图标，它是快速访问经常使用的应用程序和文档的最主要方法。

2. Windows 10 的任务栏

任务栏（taskbar）是指位于桌面最下方的小长条，如图 3-4 所示。任务栏的最左端是"开始"按钮，之后依次有应用程序区、通知区和输入法指示器等，在任务栏的最右端是"显示桌面"按钮。

图 3-4　Windows 10 的任务栏

（1）任务栏的组成部分

① "开始"按钮："开始"按钮是 Windows 10 操作系统的一个关键元件。单击"开始"按钮会打开"开始"菜单，Windows 10 操作系统的所有功能设置项都可以从"开始"菜单内找到。

② 应用程序区：Windows 10 操作系统中正在运行的程序图标会出现在任务栏的应用程序区。默认情况下，任务栏采用大图标显示这些正在运行的程序，单击任务栏中的程序图标可以方便地预览各个程序窗口内容，并进行窗口切换。最常用的一些程序（如文件资源管理器、浏览器等）图标还会被固定在该区域，执行时只要单击即可。当然，用户如果需要将该区域中的程序快捷方式移除，只要右击程序图标，在弹出的快捷菜单中选择"从任务栏取消固定"命令即可。

③ 通知区：默认情况下，在通知区会显示计算机电池用电状况、联网状态、音量大小等信息，还有其他的一些程序运行状态（如蓝牙设备、Windows 安全中心、显卡设置等）会隐藏起来。单击⌃图标（显示隐藏的图标），此时这些隐藏的程序图标就会显示出来。

④ 输入法指示器：单击此处可以在英文及各种中文输入法之间切换，其右侧显示系统日期和时间。

⑤ "显示桌面"按钮：单击该按钮会快速地切换到桌面。

（2）定制任务栏

任务栏在默认情况下总是位于 Windows 10 操作系统桌面的底部，而且不被其他窗口覆盖。用户也可以对任务栏的状况进行调整或改变，即定制任务栏。右击任务栏，弹出图 3-5（a）所示的任务栏快捷菜单，选择"任务栏设置"命令，打开图 3-5（b）所示的任务栏"设置"窗口，在任务栏快捷菜单和任务栏"设置"窗口中有若干命令或选项，通过这些命令的选择或选项的设置可以对任务栏进行定制。

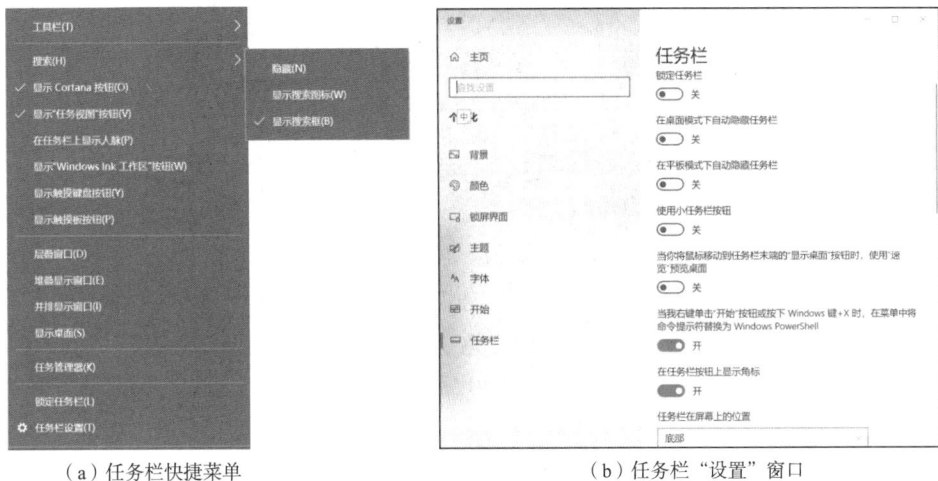

（a）任务栏快捷菜单　　　　　　　　　　　（b）任务栏"设置"窗口

图 3-5　定制"任务栏"

① 显示/隐藏操作按钮：在任务栏快捷菜单中可以选择显示或隐藏一些特色的操作按钮，如显示 Cortana 按钮、显示"任务视图"按钮等，还可以在"搜索"级联菜单下选择"显示搜索框"，方便在任务栏中直接进行搜索操作。当然，这些操作按钮和搜索框也可以通过取消显示的操作，实现不在任务栏中出现。

② 锁定任务栏：在任务栏快捷菜单中选择"锁定任务栏"，即可将任务栏固定在桌面底部，此时不能通过鼠标拖动的方式改变任务栏的大小或移动任务栏的位置。如果取消了锁定，我们可以用鼠标左键拖动任务栏的边框线来改变任务栏的大小，也可以用鼠标左键拖动任务栏到桌面的4 个边上来移动任务栏的位置。

③ 在桌面模式下自动隐藏任务栏：在任务栏"设置"窗口中通过对"在桌面模式下自动隐藏任务栏"的开关按钮进行设置，可以将任务栏隐藏起来。此时，如果想看到任务栏，只要将鼠标指针移到任务栏的位置，任务栏就会显示出来。移走鼠标指针后，任务栏又会重新隐藏起来。隐藏起任务栏后可以为其他窗口腾出更多的空间。

④ 任务栏在屏幕上的位置：任务栏在屏幕上的位置默认是底部，单击"任务栏在屏幕上的位置"下拉列表右侧的按钮，选择"顶部""靠左"或"靠右"，可以将任务栏放置在桌面的上方、左侧或右侧。

> **小知识**　Windows 10 操作系统允许用户把程序图标固定在任务栏上。启动应用程序，右击位于任务栏的该程序图标，然后在弹出的快捷菜单中选择"固定到任务栏"命令，完成上述操作之后，即使关闭该程序，任务栏上仍显示该程序图标。另外，也可以直接从桌面上拖动快捷方式到任务栏上进行固定。

3. Windows 10 操作系统的"开始"菜单

单击任务栏左端的"开始"按钮会弹出"开始"菜单，如图 3-6 所示。"开始"菜单集成了 Windows 10 操作系统中大部分的应用程序和系统设置工具，是启动应用程序最直接的方式。Windows 10 操作系统的几乎所有功能设置项都可以从"开始"菜单内找到。通过"开始"菜单，用户可以打开计算机中安装的大部分应用程序，还可以打开特定的文档、图片等。

图 3-6　Windows 10 操作系统的"开始"菜单

（1）"开始"菜单的一般使用

Windows 10 操作系统的"开始"菜单整体可以分成两个部分，左侧为应用程序列表、常用项目和最近添加使用过的项目，称为"应用区"；右侧则是用来固定图标的开始屏幕，称为"磁贴区"。

单击"开始"按钮，在"开始"菜单的"应用区"中会列出目前系统中已安装的应用清单，其中，最上部分是最近最常使用的应用程序和最近添加的程序。之后，按照数字 0～9、英文字母 A～Z 等的顺序依次排列各应用程序。单击某项应用程序图标，即可启动该应用程序。

（2）定制"开始"菜单

Windows 10 操作系统的"开始"菜单也可以进行一些自定义的设置。通过对"开始"菜单的定制，可以更方便、灵活地使用 Windows 10 操作系统。

如果某些应用程序需要经常使用，用户就可以将这些程序固定到右侧的"磁贴区"中，以方便快速查找和使用。具体方法是在"开始"菜单左侧的"应用区"中找到需要设置的应用程序，右击后，在弹出的快捷菜单中选择"固定到'开始'屏幕"。

在将应用程序图标固定到"磁贴区"中后，还可以将其从"磁贴区"中取消。具体方法是在"磁贴区"中选中需要取消的程序图标，右击后，在弹出的快捷菜单中选择"从'开始'屏幕取消固定"命令。

用户还可以将"开始"菜单中的应用程序固定到任务栏的应用程序区中。具体方法是在"开始"菜单的"应用区"或"磁贴区"中，右击需要固定到任务栏的应用程序图标，在弹出的快捷菜单中选择"更多"命令，然后在级联菜单中继续选择"固定到任务栏"命令。

（3）通过"开始"菜单快速进行常用操作

在"开始"菜单的最左侧依次排列着"电源"按钮、"设置"按钮、"图片"按钮和"文档"按钮，单击这些按钮，可以很方便地进行一些常用的操作。

单击"电源"按钮，可以进行之前介绍过的关机或重启的操作；单击"设置"按钮，会弹出"设置"窗口，该窗口作用与"控制面板"类似，但是操作上比控制面板要清晰、简洁一些；单击"图片"按钮，将直接定位到 Windows 10 操作系统的图片文件夹下，对图片文件进行操作；单击"文档"按钮，将直接定位到 Windows 10 操作系统的文档文件夹下，对文档文件进行操作。

3.2.3　Windows 10 操作系统的窗口

运行一个程序或打开一个文档，Windows 10 操作系统就会在桌面上开辟一块矩形区域用来查看相应的程序或文档。在这个矩形区域内集成了诸多的元素，而这些元素根据各自的功能又被赋予不同名称，这个集成诸多元素的矩形区域就叫作窗口。窗口具有通用性，大多数窗口的基本元素都是相同的。窗口可以打开、关闭、移动和缩放。

微课视频

1. Windows 10 操作系统窗口的组成

图 3-7 所示为一个典型的 Windows 10 操作系统窗口，它由标题栏、地址栏、功能选项卡、工作区、导航窗格、预览窗格、状态栏等部分组成。

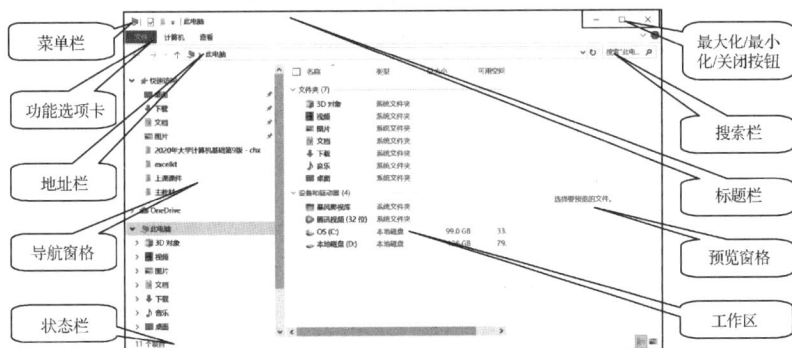

图 3-7　Windows 10 操作系统窗口的组成

2. Windows 10 操作系统窗口的操作

（1）窗口的最大化/还原、最小化、关闭操作

单击"最大化"按钮，使窗口充满桌面，此时按钮变成"向下还原"按钮，单击后可使窗口还原；单击"最小化"按钮，将使窗口缩小为任务栏上的按钮；单击"关闭"按钮，将使窗口关闭，即关闭了窗口对应的应用程序。

（2）改变窗口的大小

用鼠标指针拖动窗口的边框，即可改变窗口的大小。

（3）移动窗口

用鼠标指针直接拖动窗口的标题栏，即可将窗口移动到指定的位置。

（4）窗口之间切换

当多个窗口同时打开时，单击要切换到的窗口中的某一点或单击要切换到的窗口中的标题栏，可以切换到该窗口；在任务栏上单击某窗口对应的按钮，也可切换到该按钮对应的窗口。利用【Alt+Tab】组合键和【Alt+Esc】组合键也可以在不同窗口间切换。

根据窗口的状态，窗口还可以分为活动窗口和非活动窗口。当多个应用程序窗口同时打开时，处于顶层的那个窗口拥有焦点，即该窗口可以与用户进行信息交流，这个窗口称为活动窗口（或前台程序）；其他的所有窗口都是非活动窗口（后台程序）。在任务栏中，活动窗口所对应的按钮是被选中的状态。

（5）在桌面上排列窗口

当同时打开多个窗口时，如何在桌面上排列窗口就显得尤为重要。好的排列方式有利于提高工作效率，减少工作量。Windows 10 操作系统提供了排列窗口的命令，可使窗口在桌面上有序排列。

在任务栏空白处右击，在弹出的快捷菜单中会出现"层叠窗口""堆叠显示窗口"和"并排显示窗口"3 个与排列窗口有关的命令。

① 层叠窗口：将窗口按照一个叠一个的方式，一层一层地叠放，每个窗口的标题栏均可见，但只有最上面窗口的内容可见。

② 堆叠显示窗口：将窗口按照横向两个，纵向平均分布的方式堆叠排列起来。

③ 并排显示窗口：将窗口按照纵向两个，横向平均分布的方式并排排列起来。

堆叠和并排的方式可以使每个打开的窗口均可见且均匀地分布在桌面上。

3. Windows 10 操作系统的对话框

在 Windows 10 操作系统中，对话框是人机交互的一种重要手段。当系统需要进一步的信息才能继续运行时，就会在屏幕上弹出一个特殊的窗口，在该窗口中列出了所需的各种参数、项目名称、提示信息及参数的可选项，让用户输入信息或进行选择，这种窗口叫对话框，如图 3-8 所示。

对话框没有控制菜单图标、"最大化"按钮和最小化按钮，对话框的大小不能改变，但可以用鼠标指针拖动移动它或关闭它。

Windows 10 操作系统对话框中通常有以下几种控件。

（1）文本框（输入框）：接收用户输入信息的区域。

（2）列表框：列表框中列出可供用户选择的各种选项，这些选项叫作条目；用户单击某个条目即可选中它。

（3）下拉列表框：与文本框相似，右端带有一个指向下的按钮，单击该下拉按钮会展开一个列表，在列表中选中某一条目会使文本框中的内容发生变化。

（4）单选按钮：一组相关的选项。在这组选项中，必须选中一个且只能选中一个选项。

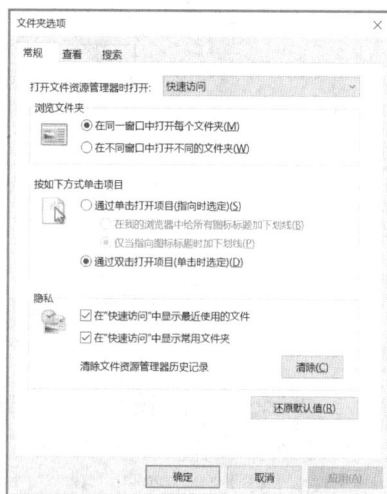

图 3-8 "文件夹选项"对话框

（5）复选框：在复选框组中，给出了一些具有开关状态的设置项，可选定其中一个或多个，也可一个都不选。

（6）微调框（旋转框）：一般用来接收数字。用户可以直接输入数字，也可以单击微调按钮来增大数字或减小数字。

（7）命令按钮：当在对话框中进行各种设置后，单击命令按钮，即可执行相应命令或取消命令。

3.2.4 Windows 10 操作系统的菜单

在 Windows 10 操作系统中，菜单是一种用结构化方式组织的操作命令的集合，是执行命令最常用的方法之一。Windows 10 操作系统中共有如下几种形式的菜单。

（1）控制菜单：单击标题栏最左侧的图标可以打开控制菜单，其中包含对窗口本身的控制与操作。

（2）"开始"菜单：单击任务栏最左端的"开始"按钮即可打开"开始"菜单，它集成了 Windows 10 操作系统中大部分的应用程序和系统设置工具，是启动应用程序最直接的方式。前面已经做了介绍，这里不再重复。

（3）下拉菜单：单击应用程序窗口的菜单栏，就会出现下拉菜单，如图 3-9 所示。

（4）快捷菜单：在某一对象上右击，会弹出对应的快捷菜单，如图 3-10 所示。对不同的对象，所弹出快捷菜单的内容也不尽相同。

在 Windows 10 操作系统中，由于逐渐放弃了菜单栏的使用，所以除了"开始"菜单，很大一部分的菜单操作都是右键快捷菜单的操作，即通过右击待操作的对象并利用弹出快捷菜单进行的操作。

图 3-9　Windows 10 操作系统下拉菜单　　　　图 3-10　Windows 10 操作系统快捷菜单

在 Windows 10 操作系统的菜单命令中有一些约定的标记，表 3-1 给出了这些标记的含义。

表 3-1　　　　　　　　　　　　　　菜单命令的约定标记及含义

表示方法	含义
快捷键	直接按键执行的命令。快捷键可以是单个的按键（如【F4】键），也可以是组合键（如【Ctrl+C】组合键、【Alt+F4】组合键）
暗淡（或看不见）	当前不能使用的菜单项
前有"✓"	类似开关，具有打开或关闭程序的功能，它也叫作选中标记。它是控制某些功能的开关，启用该标记后，再选择一次表示取消
前有"●"	选项标记，用于切换选择程序的不同状态。若选择其他状态，则取消此前选择的状态
组合键	在菜单命令的后面带有括号的单个字母，打开菜单后同时按【Shift】键和该字母键可以执行此命令
后有"〉"或"▼"	下级菜单箭头，表示该菜单命令有级联菜单

3.2.5　Windows 10 操作系统中文输入

Windows 10 操作系统提供有多种中文输入方法，如微软拼音输入法、智能 ABC 输入法、郑码输入法等。除了 Windows 10 操作系统自带的输入法外，还有许多第三方开发的中文输入法，比较知名的有搜狗拼音输入法、QQ 拼音输入法、谷歌拼音输入法等。这些输入法通常词库量大、组词准确并兼容各种输入习惯，因此得到广泛的应用。一般这类第三方开发的中文输入法软件可以通过免费软件的方式得到，使用前需要安装。

无论是使用何种输入法，当需要输入中文时都要先调出一种自己熟悉的中文输入法，然后按照该中文输入法的规则输入汉字。在输入汉字时，只要输入相应的英文字符或数字，即可调出并输入对应的汉字。输入汉字时输入的英文字符或数字叫作汉字的外码。学习汉字输入方法的关键，就是掌握汉字输入法的调用方法、汉字的编码规则及输入汉字的操作步骤。

当需要输入中文时，用户可以利用键盘或鼠标随时调用任意一种中文输入法进行中文输入，并可以在不同的输入法之间切换。

① 利用键盘：使用【Ctrl+Space】组合键，可以启动或关闭中文输入法。

② 利用组合键：使用【Alt+Shift】组合键或【Ctrl+Shift】组合键，可以在英文及各种中文输入法之间切换。

③ 利用鼠标：单击任务栏中的输入法指示器，屏幕上会弹出选择输入法菜单，在选择输入法菜单中列出了当前系统已安装的所有中文输入法。选择某种要使用的中文输入法，即可切换到该中文输入法状态下，并且任务栏上输入法指示器的图标将随输入法的不同而发生相应变化。

3.2.6 Windows 10 操作系统的帮助系统

在使用 Windows 10 操作系统的过程中，经常会遇到一些计算机故障或疑难问题。Windows 10 操作系统具有一个方便、简洁、信息量大的帮助系统。使用 Windows 10 操作系统内置的"Windows 帮助和支持"功能，用户可以方便、快捷地查找到有关软件的使用方法及疑难问题的解决方法，从而更好地解决所遇到的计算机问题。在 Windows 10 操作系统中通常可以采用以下 3 种方法获取帮助。

1. 按【F1】键获取帮助

按【F1】键是在 Windows 10 操作系统中寻找帮助时最原始的方式。在应用程序中按下【F1】键通常会打开该程序的帮助菜单；在 Windows 10 操作系统下，利用该按键会在用户的默认浏览器中执行 Bing 搜索以获取 Windows 10 操作系统的帮助信息。

2. 在"使用技巧"窗口中获取帮助

Windows 10 操作系统内置了一个"使用技巧"应用，通过它可以获取系统各方面的帮助和配置信息。在"开始"菜单中选择"使用技巧"命令，可打开图 3-11 所示的"使用技巧"窗口。"使用技巧"窗口的上方有搜索提示输入框，用户可以通过输入搜索关键词快速找到相关帮助信息。

图 3-11 "使用技巧"窗口

3. 向 Cortana 寻求帮助

Cortana 是 Windows 10 操作系统中自带的虚拟助理，它不仅可以帮助用户安排会议、搜索文件，回答用户问题也是其功能之一。在任务栏上单击"与 Cortana 交流"按钮，则可打开 Cortana 寻求帮助。如果当前任务栏上没有该按钮，则可以右击任务栏空白处，在打开的快捷菜单中选择"显示 Cortana 按钮"命令，这样就可以在任务栏中显示 Cortana 按钮了。

3.3　Windows 10 操作系统的文件管理

文件管理是操作系统中的一项重要功能，Windows 10 操作系统具有很强的文件组织与管理功能。借助 Windows 10 操作系统，用户可以方便地对文件进行管理和控制。

3.3.1　文件管理的基本概念

1. 文件

文件是计算机中一个非常重要的概念，它是操作系统用来存储和管理信息的基本单位。在文件中可以保存各种信息，它是具有名称的一组相关信息的集合。编制的程序、编辑的文档以及用计算机处理的图像、声音信息等，都要以文件的形式存放在磁盘中。

微课视频

每个文件都必须有一个确定的名称，这样才能对文件进行按名存取的操作。通常文件名称由文件名和扩展名两个部分组成，文件名与扩展名之间用"."分隔。在 Windows 10 操作系统中，文件的扩展名由 1~4 个合法字符组成，而文件名称（包括扩展名）可由最多 255 个字符组成。

2. 文件的类型

计算机中所有的信息都是以文件的形式进行存储的，如程序、文档、图像、声音信息等。由于不同类型的信息有不同的存储格式与要求，相应的就会有多种不同的文件类型，这些不同的文件类型一般通过扩展名来标明。表 3-2 列出了常见的文件扩展名及其含义。

表 3-2　　　　　　　　　　　常见的文件扩展名及其含义

扩展名	含义	扩展名	含义
.com	系统命令文件	.exe	可执行文件
.sys	系统文件	.rtf	带格式的文本文件
.doc、.docx	Word 文档	.obj	目标文件
.txt	文本文件	.swf	Flash 动画发布文件
.bas	BASIC 源程序文件	.zip	ZIP 格式的压缩文件
.c	C 语言源程序文件	.rar	RAR 格式的压缩文件
.html	网页文件	.cpp	C++语言源程序文件
.bak	备份文件	.java	Java 语言源程序文件

3. 文件属性

文件属性用于反映该文件的一些特征信息。常见的文件属性一般分为以下几类。

（1）时间属性

① 文件的创建时间：该属性记录了文件被创建的时间。

② 文件的修改时间：文件可能经常被修改，文件的修改时间属性会记录下文件最近一次被修改的时间。

③ 文件的访问时间：文件会经常被访问，文件的访问时间属性则记录了文件最近一次被访问的时间。

（2）空间属性

① 文件的位置：文件所在位置，一般包含盘符、文件夹。

② 文件的大小：文件实际的大小。

③ 文件所占的磁盘空间：文件实际所占的磁盘空间。由于文件存储以磁盘簇为单位，因此文件的实际大小与文件所占磁盘空间很多情况下是不同的。

（3）操作属性

① 文件的只读属性：为防止文件被意外修改，用户可以将文件设置为只读属性。只读属性的文件可以被打开，但除非将文件另存为新的文件，否则不能将修改的内容保存下来。

② 文件的隐藏属性：对重要文件可以将其设置为隐藏属性。一般情况下，隐藏属性的文件是不显示的，这样可以防止文件被误删除、被破坏等。

③ 文件的存档属性：当建立一个新文件或修改旧文件时，系统会把存档属性赋予这个文件；当用备份程序备份文件时，会取消存档属性；这时，如果又修改了这个文件，则它又获得了存档属性。所以备份程序可以通过文件的存档属性识别出该文件是否备份过或做过修改；需要时可以对该文件再进行备份。

4. 文件目录/文件夹

为了便于对文件的管理，Windows 10 操作系统采用类似图书馆管理图书的方法，即按照一定的层次目录结构对文件进行管理，这种结构叫树状目录结构。

树状目录结构就像一棵倒挂的树，树根在顶层（该级目录称为根目录），根目录下可有若干个（第一级）子目录或文件，在子目录下还可以有若干个子目录或文件，一直可嵌套若干级。

在 Windows 10 操作系统中，这些子目录称为文件夹，文件夹用于存放文件和子文件夹。用户可以根据需要，把文件分成不同的组并存放在不同的文件夹中。实际上，在 Windows 10 操作系统的文件夹中，不仅能存放文件和子文件夹，还能存放其他内容，如某一程序的快捷方式等。

在对文件夹中的文件进行操作时，系统应该知道这个文件的位置，即它在哪个磁盘的哪个文件夹中。对文件位置的描述称为路径，如 "D:\chai\练习\student.docx" 就指示了 student.docx 文件的位置在 D 盘的 chai 文件夹下的 "练习" 文件夹中。

5. 文件通配符

在文件操作中，有时需要一次处理多个文件。当需要成批处理文件时，有两个特殊的符号非常有用，它们就是文件的通配符 "*" 和 "?"。

（1）*：在文件操作中用它代表任意多个 ASCII 码字符。

（2）?：在文件操作中用它代表任意一个字符。

例如，*.docx 表示所有扩展名为.docx 的文件；lx*.bas 表示文件名的前两个字符是 lx，扩展名为.bas 的所有文件；a?e?x.*表示文件名由 5 个字符组成，其中第 1、第 3、第 5 个字符是 a、e、x，第 2 和第 4 个为任意字符，扩展名为任意符号的一批文件；而 a?e?x*.*则表示文件名的前 5 个字符中，第 1、第 3、第 5 个字符是 a、e、x，第 2 和第 4 个为任意字符，扩展名为任意符号的一批文件（文件名不一定是 5 个字符）。当需要对所有文件进行操作时，可以使用*.*。

在文件搜索等操作中，通过灵活使用通配符可以很快匹配出含有某些特征的多个文件。

3.3.2　Windows 10 操作系统的文件管理和操作

在 Windows 10 操作系统中通过"文件资源管理器"来对文件进行管理和操作。"文件资源管理器"是一个用于查看和管理系统中的所有资源的管理工具，它在一个窗口中集成了系统的所有资源。利用它可以很方便地在不同的资源（文件夹）之间进行切换并实施操作。

微课视频

1. 打开"文件资源管理器"窗口

打开"文件资源管理器"窗口可以采用以下 3 种方法。

（1）单击"开始"按钮，在打开的"开始"菜单的最左侧单击"文档"，可以打开"文件资源管理器"窗口，此时窗口中显示的是"文档"文件夹中的内容（即定位在"文档"文件夹上）。

（2）在桌面上双击"此电脑"图标，可以启动"文件资源管理器"。

（3）右击"开始"按钮，在弹出的快捷菜单中选择"文件资源管理器"。

图 3-12 所示为"文件资源管理器"窗口。

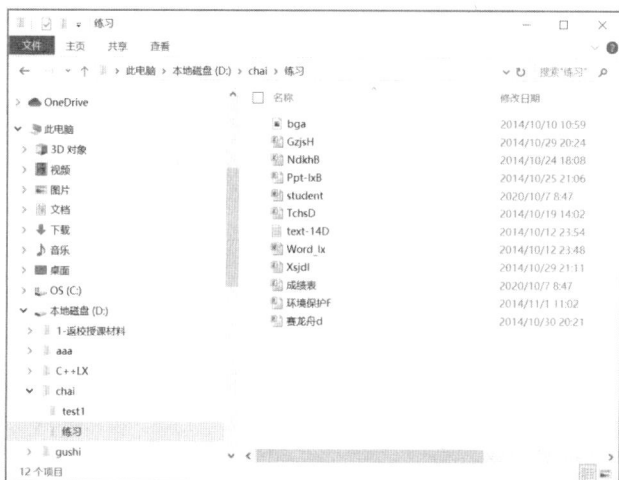

图 3-12　"文件资源管理器"窗口

2. 在"文件资源管理器"窗口查看文件夹和文件

"文件资源管理器"窗口左侧的导航窗格中以树的形式列出了系统中的所有资源，如"此电脑""视频""图片""桌面"等，其中"此电脑"用来管理所有磁盘、文件夹和文件。在导航窗格中选中"此电脑"图标，主窗口中会显示出所有硬盘和移动盘的图标。

（1）进入不同的文件夹

在文件资源管理器中对文件进行管理和操作，最常见的操作就是逐层地打开文件夹，直至找到需要操作的文件。通常的操作方法是在导航窗格中选中"此电脑"，然后在主窗口中双击需要操作的盘符（如 D 盘），此时主窗口中会显示出 D 盘中所有的文件夹和文件；继续找到需要操作的文件夹并双击，此时主窗口中会显示该文件夹下的所有子文件夹和文件，然后依此类推，直至找到需要操作的文件。

（2）导航窗格项目的展开和折叠

从图 3-12 中可以看出，文件资源管理器左侧的导航窗格中有些项目图标前带有标记"＞"，如图 3-12 中的"图片""桌面""C++LX"文件夹等，该标记说明在这些项目（磁盘或文件夹）下，还有其他子项目（子文件夹）。单击该"＞"标记（或双击项目图标）可以将其展开（如图 3-12 中

D 盘下的"chai"文件夹即为展开的项目），展开其下级项目后，该项目之前的标记变为"✓"了。如果不再关注某个项目（文件夹），可将其折叠起来，以节省显示空间，此时单击该项目（文件夹）之前的标记"✓"即可。

在进行文件夹操作时，也可以在导航窗格中逐层打开盘区→文件夹→子文件夹……，此时文件夹会按照层次关系依次展开。用户可以根据需要，在导航窗格中展开需要的文件夹，折叠目前不需要的文件夹，然后根据需要，在不同的文件夹之间方便地进行切换，以实现对文件夹和文件的操作。

（3）通过地址栏方便地切换文件夹

通过 Windows 10 操作系统中文件资源管理器的地址栏也可以方便地在不同文件夹之间进行切换。Windows 10 操作系统中文件资源管理器的地址栏与 IE 浏览器很相像，有"←"（后退）按钮、"→"（前进）按钮和"↑"（返回上一级）按钮，单击"←"按钮或"→"按钮，可以回退或返回到之前的某步操作；单击"↑"按钮，可以返回到上一级文件夹。在"→"按钮的旁边还有一个"✓"下拉按钮，单击该按钮，会弹出一个历史记录下拉菜单，其中列出了最近操作过的文件夹，选中其中一个便可切换到该文件夹。

当在 Windows 10 操作系统的文件资源管理器中查看一个文件夹时，在地址栏处会显示出当前文件夹的目录层次（例如图 3-12 的地址栏中显示的是"此电脑〉本地磁盘(D:)〉chai〉练习"），目录层次由符号"〉"分隔；当用户单击该分隔符号"〉"时，该符号会变为"✓"，并显示该目录下所有的文件夹名称。此时单击其中任一文件夹，即可快速切换至该文件夹访问页面，非常方便用户快速切换目录。

如果用户想要查看和复制当前的文件路径，只要在地址栏空白处单击，即可让地址栏以传统的方式显示文件路径（例如在图 3-12 的地址栏中单击，将显示"D:\chai\练习"）。

（4）通过"预览窗格"预览文件内容

Windows 10 操作系统中文件资源管理器的"预览窗格"可以在不打开文件的情况下直接预览文件内容，这个功能对预览及查找文本、图片和视频等文件特别有用。

在图 3-12 所示的文件资源管理器中选中"D:\chai\练习"文件夹下的 Word_lx.docx 文件，在右侧的"预览窗格"中即可预览该文档的内容，如图 3-13 所示。

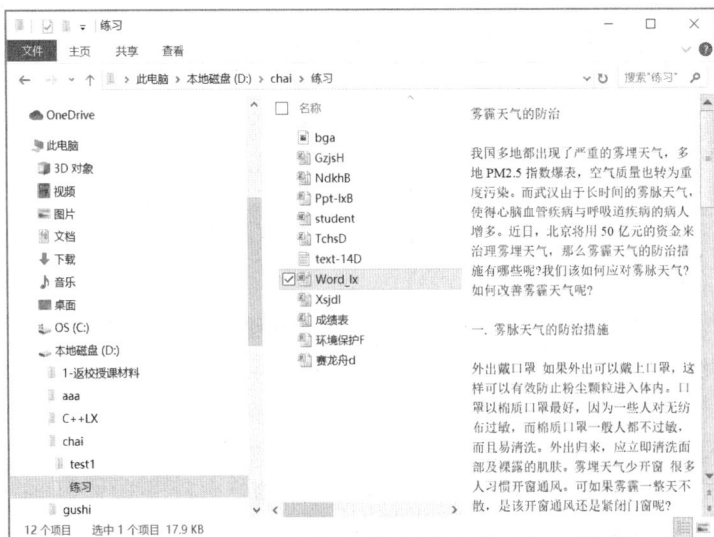

图 3-13　Windows 10 操作系统中文件资源管理器的"预览窗格"

3. 设置文件夹或文件的显示选项

Windows 10 操作系统的文件资源管理器提供了多种方式来显示文件或文件夹的内容,用户还可以通过设置来排序显示文件或文件夹的内容。Windows 10 操作系统下文件资源管理器的"查看"选项卡中涵盖了文件和文件夹显示的大部分功能,图 3-14 为 Windows 10 操作系统下文件资源管理器的"查看"选项卡。

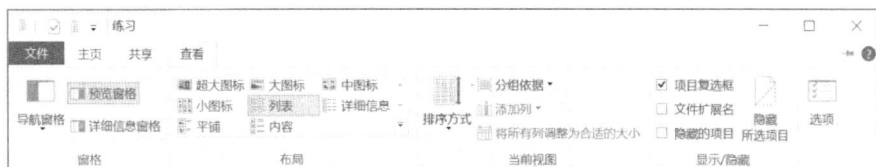

图 3-14　Windows 10 操作系统下文件资源管理器的"查看"选项卡

（1）文件夹内容的几种显示方式

Windows 10 操作系统的文件资源管理器提供了非常丰富的视图模式,在文件资源管理器中单击"查看"选项卡下"布局"选项组中的相应按钮,即可设置文件的显示方式,如图 3-14 所示。用户可以从中选择自己需要的视图模式来显示文件和文件夹。

（2）文件夹内容的排列方式

在 Windows 10 操作系统的文件资源管理器中,可以按照文件的名称、修改时间、类型、大小、创建时间、作者、类别、标记等一系列信息对文件进行排列后显示,以方便对文件的管理。在图 3-14"查看"选项卡的"当前视图"选项组中单击"排序方式"按钮,然后在下拉菜单中从提供的若干排列方式中选择一种方式来排列显示文件和文件夹。其中,最常用的 4 种排列方式的含义如下。

① 按名称排列:按照文件和文件夹名称的英文首字母顺序排列。
② 按类型排列:按照文件的扩展名将同类型的文件放在一起显示。
③ 按大小排列:根据各文件的字节大小进行排列。
④ 按修改时间排列:根据最后修改文件或文件夹的时间进行排列。

> 这些排列方式是多选一的,即当选择某一排列方式后,以前的排列方式自动取消。如果当前"文件资源管理器"窗口处在详细信息的视图模式,也可以直接单击表头对窗口中的内容进行排列。

Windows 10 操作系统的文件资源管理器还可以依据上述的排列方式,进一步按组排列。在图 3-14 所示"查看"选项卡的"当前视图"选项组中单击"分组依据"按钮,然后在"名称""修改日期""类型"和"大小"等若干分组依据中选择一种,系统就会根据选择的分组依据进行分组排列显示,使排列效果更加明显。

4. 设置文件夹或文件的显示方式

（1）显示所有文件

在文件夹窗口下看到的可能并不是全部的内容,有些内容当前可能没有显示出来,这是因为 Windows 10 操作系统在默认情况下,会将某些文件(如隐藏文件等)隐藏起来不让它们显示。为了能够显示所有文件,用户可进行设置。

在图 3-14 所示"查看"选项卡的"显示/隐藏"选项组中有"隐藏的项目"复选框。默认情况下,该复选框是不被选中的,即属性为隐藏的文件和文件夹是不显示的。单击该复选框(使之出现对钩☑），此时，属性为隐藏的文件和文件夹也将显示出来。

如果不希望显示属性为隐藏的文件和文件夹，则再次单击"隐藏的项目"复选框（去掉对钩）即可。

> **注意** 上述设置是对整个系统而言的，即如果在任何一个文件夹窗口中进行了上述设置后，在其他所有文件夹窗口下都能看到隐藏的文件和文件夹。

（2）显示文件的扩展名

通常情况下，在文件夹窗口中看到的大部分文件只显示了文件名的信息，而其扩展名并没有显示。这是因为在默认情况下，Windows 10 操作系统对于已在注册表中登记的文件只显示文件名信息，而不显示扩展名。也就是说，Windows 10 操作系统是通过文件的图标来区分不同类型的文件的，只有那些未被登记的文件才能在文件夹窗口中显示其扩展名。

在图 3-14 所示"查看"选项卡的"显示/隐藏"选项组中有"文件扩展名"复选框。默认情况下，该复选框是不被选中的，即文件的扩展名不显示。单击选中该复选框（使之出现对钩☑），此时，文件扩展名也会同时显示出来；若再单击取消"文件扩展名"复选框（去掉对钩），则文件扩展名又被隐藏了起来，不再显示。

> **注意** 该项设置也是对整个系统而言的，而不是仅仅对当前文件夹窗口生效。

3.3.3 文件和文件夹操作

文件和文件夹操作包括文件和文件夹的新建、选定、复制、移动、删除及重命名等，该操作是日常工作中最经常进行的操作。Windows 10 操作系统下文件资源管理器的"主页"选项卡中涵盖了文件操作的大部分功能，图 3-15 为 Windows 10 操作系统下文件资源管理器的"主页"选项卡。

微课视频

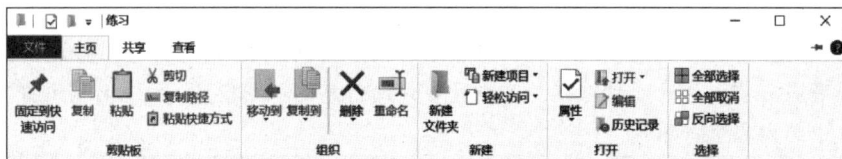

图 3-15　Windows 10 操作系统下文件资源管理器的"主页"选项卡

1. 选定文件和文件夹

在 Windows 10 操作系统中进行操作，通常都遵循这样一个原则：先选定对象，再对选定的对象进行操作。下面介绍选定对象的操作。

（1）选定单个文件对象的操作

① 单击文件或文件夹图标，则选定被单击的对象。

② 依次输入要选定文件的前几个字母，此时具有这一特征的某个文件被选定，继续按【↓】键直至找到欲选定的文件。

（2）同时选定多个文件对象的操作

① 按住【Ctrl】键后，依次单击要选定的文件图标，则这些文件均被选定。

② 按住鼠标左键拖动形成矩形区域，区域内文件或文件夹均被选定。

③ 如要选定连续排列的文件，先单击第一个文件，然后按住【Shift】键的同时单击最后一个文件，则从第一个文件到最后一个文件之间的所有文件均被选定。

④ 按【Ctrl+A】组合键，则将当前窗口中的文件全部选定。

2. 创建文件夹

在图 3-15 所示的文件资源管理器"主页"选项卡的"新建"选项组中，直接单击"新建文件夹"按钮；或者右击想要创建文件夹的窗口或桌面，在弹出的快捷菜单中选择"新建"命令，在出现的级联菜单中选择"文件夹"命令，此时新的文件夹图标会出现并允许为新文件夹命名（系统默认文件名为"新建文件夹"）。

3. 移动或复制文件/文件夹

有多种方法可以完成移动或复制文件/文件夹的操作：按住鼠标右键或左键拖动以及利用 Windows 10 操作系统的剪贴板。

（1）鼠标右键操作

首先选定要移动或复制的文件夹/文件，然后按住鼠标右键拖动至目的地，释放按键后，会弹出一个菜单，其包含以下选项：复制到当前位置、移动到当前位置、在当前位置创建快捷方式。用户根据实际需求进行选择即可。

（2）鼠标左键操作

首先选定要移动或复制的文件夹/文件，然后按住鼠标左键直接拖动至目的地即可。左键拖动不会出现菜单，但根据不同的情况，完成的操作可能是移动或复制。

① 如果在同一盘区拖动（如从 D 盘的一个文件夹拖到 D 盘的另一个文件夹），则为移动；如果在不同盘区拖动（如从 D 盘的一个文件夹拖到 C 盘的一个文件夹），则为复制。在拖动过程中，会出现"移动到×××文件夹"或"复制到×××文件夹"的提示。

② 在拖动的同时按住【Ctrl】键，则一定为复制，此时拖动过程中会出现"复制到×××文件夹"的提示。在拖动的同时按住【Shift】键，则一定为移动，此时拖动过程中会出现"移动到×××文件夹"的提示。

（3）利用 Windows 10 操作系统的剪贴板操作

为了在应用程序之间交换信息，Windows 10 操作系统提供了剪贴板的机制。剪贴板是内存中一个临时的数据存储区。进行剪贴板的操作时，系统总是通过"复制"或"剪切"命令将选定的对象送入剪贴板，然后在需要接收信息的窗口内通过"粘贴"命令从剪贴板中取出信息。

虽然"复制"和"剪切"命令都是将选定的对象送入剪贴板，但这两个命令是有区别的。"复制"命令是将选定的对象复制到剪贴板，因此执行完"复制"命令后，原来的信息仍然保留，同时剪贴板中也具有了该信息；"剪切"命令是将选定的对象移动到剪贴板，执行完"剪切"命令后，剪贴板中具有了信息，而原来的信息就被删除了。

如果进行多次的"复制"或"剪切"操作，剪贴板总是保留最后一次操作时送入的内容。注意一旦向剪贴板中送入信息，在下一次"复制"或"剪切"操作之前，剪贴板中的内容将保持不变。这也意味着可以反复使用"粘贴"命令，将剪贴板中的信息送至不同的程序或同一程序的不同地方。

由剪贴板的上述特性，可以得出以下利用剪贴板进行文件移动或复制的常规操作步骤。

① 选定要移动或复制的文件/文件夹。

② 如果是复制，按【Ctrl+C】组合键、右击后在弹出的快捷菜单中选择"复制"命令或在图 3-15 文件资源管理器下"主页"选项卡的"剪贴板"选项组中直接单击"复制"按钮；如果是移动，按【Ctrl+X】组合键、右击后在弹出的快捷菜单中选择"剪切"命令或在图 3-15 文件资源管

理器下"主页"选项卡的"剪贴板"选项组中直接单击"剪切"按钮。

③ 选定接收文件的位置，即打开目标位置的文件夹。

④ 按【Ctrl+V】组合键、右击后在弹出的快捷菜单中选择"粘贴"命令或在图 3-15 文件资源管理器下"主页"选项卡的"剪贴板"选项组中直接单击"粘贴"按钮。

4. 为文件或文件夹重命名

在进行文件或文件夹的操作时，有时需要更改文件或文件夹的名称，这时可以按照下述方法之一进行操作。

① 选定要重命名的对象，然后单击对象的名称。

② 选定要重命名的对象，然后按【F2】键。

③ 右击要重命名的对象，在弹出的快捷菜单中选择"重命名"命令。

④ 选定要重命名的对象，然后在图 3-15 所示文件资源管理器下"主页"选项卡的"组织"选项组中直接单击"重命名"按钮。

注意 如果当前的显示状态为不显示文件扩展名，用户在为文件更名时不要输入扩展名。如将文件 boy.docx 改为"男孩.docx"时，只要输入"男孩"即可；如果输入了"男孩.docx"，由于当前的扩展名不显示，因此实际的文件名称就为"男孩.docx.docx"了，显然这是不对的。

---

5. 撤销刚刚做过的操作

在执行了如移动、复制、更名等操作后，用户如果又改变了主意，可以选择撤销操作。在刚刚进行了某项操作后，右击窗口，在弹出的快捷菜单中会出现"撤销××"命令（其中××就是刚才的操作名称），选择该命令即可撤销刚刚的操作，或直接按【Ctrl+Z】组合键进行撤销操作。

6. 删除文件或文件夹

删除文件最快的方法就是用【Delete】键，即先选定要删除的对象，然后按该键即可。此外，还可以用以下方法删除。

① 右击要删除的对象，在弹出的快捷菜单中选择"删除"命令。

② 选定要删除的对象，然后在图 3-15 文件资源管理器下"主页"选项卡的"组织"选项组中直接单击"删除"按钮。

需要说明的是，在一般情况下，Windows 10 操作系统并不真正删除文件，而是将要被删除的项目暂时放在一个称为回收站的地方。实际上，回收站是硬盘上的一块区域，被删除的文件会被暂时存放在这里，以便发现删除有误时可以通过回收站恢复。

删除文件时，如果是在按住【Shift】键的同时按【Delete】键删除，则被删除的文件不进入回收站，而是真的从物理上被删除了。做这个操作时，请一定要慎重。

7. 恢复删除的文件夹、文件和快捷方式

如果删除后立即改变了主意，可执行"撤销"命令来恢复删除。但是对于已经删除一段时间的文件或文件夹，需要到回收站查找并进行恢复。

（1）恢复删除文件的操作

双击"回收站"图标，打开"回收站"窗口，如图 3-16 所示。在"回收站"窗口中会显示最近删除项目的名称、原位置、删除日期、大小、项目类型等信息。单击"回收站工具"，在打开的"回收站工具"选项卡中包含了回收站的所有操作。

选定需恢复的对象，在图 3-16 中的"回收站工具"选项卡中单击"还原选定的项目"按钮，或者右击，在弹出的快捷菜单中选择"还原"命令，即可将选定的项目恢复至原来的位置。如果

在恢复过程中原来的文件夹已不存在，Windows 10 操作系统会要求重新创建文件夹。

图 3-16　"回收站"窗口

需要说明的是，从移动盘或网络服务器删除的项目不保存在回收站中。此外，当回收站的内容过多时，最先进入回收站的项目会被真正地从硬盘删除，因此，回收站中只能保存最近删除的项目。

（2）删除回收站中的文件或清空回收站

如果回收站中的文件过多，也会占用磁盘空间。因此，如果文件确实不需要了，应该将其从回收站清除（真正删除），这样可以释放一些磁盘空间。

在"回收站"窗口中选定需要删除的文件，按【Delete】键，或者右击，在弹出的快捷菜单中选择"删除"命令，在回答了确认信息后，真正删除。

如果要清空回收站，在图 3-16 所示的"回收站工具"选项卡中单击"清空回收站"按钮即可。

8. 设置文件或文件夹属性

设置文件或文件夹属性的具体操作步骤如下。

① 选定要设置属性的对象。

② 右击对象，在弹出的快捷菜单中选择"属性"命令，打开文件属性对话框；或者在图 3-15 文件资源管理器下"主页"选项卡的"打开"选项组中直接单击"属性"按钮，也可打开文件属性对话框，如图 3-17 所示。

③ 在属性对话框中选择需要设置的属性即可。

从图 3-16 可以看出，在属性对话框中还显示了文件或文件夹相关的许多重要统计信息，如文件的打开方式、位置、大小、创建时间、修改时间等。

3.3.4　文件的搜索

在实际操作中，经常需要查找文件，但文件夹可能要嵌套很多层，尤其是在不太清楚文件在什么位置或对文件的准确名称不太清楚的

微课视频

图 3-17　文件属性对话框

时候，找到一个文件可能会很麻烦。此时，就需要对文件进行搜索，以便尽快找到所需文件。

在 Windows 10 操作系统中文件资源管理器的右上方有搜索栏，借助搜索栏可以快速搜索当

前地址栏所指定的地址（文件夹）中的文档、图片、程序、Windows 帮助，甚至网络等信息。当在 Windows 10 操作系统下文件资源管理器的搜索栏中输入内容进行搜索时，窗口即显示已经搜索到的内容，如图 3-18 所示。

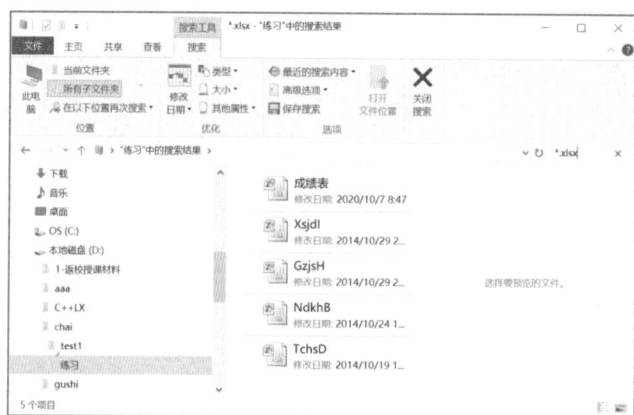

图 3-18　文件搜索

Windows 10 操作系统的搜索是动态的，用户在搜索栏中输入第一个字符的时刻，Windows 10 操作系统的搜索工作就已经开始；随着用户不断输入搜索的文字，Windows 10 操作系统会不断缩小搜索范围，直至搜索到用户所需的结果，由此极大提高了搜索效率。

在搜索栏中输入待搜索的文件时，可以使用通配符"*"和"？"。借助通配符，用户可以很快找到符合指定特征的文件。

在进行搜索时，Windows 10 操作系统的文件资源管理器会出现"搜索"选项卡，该选项卡为用户提供了大量的搜索筛选器，使用户可以设置条件限定搜索的范围。

① 在"位置"选项组中，可以指定在"当前文件夹"或"所有文件夹"中进行搜索。

② 在"优化"选项组中，可以对指定"修改日期""类型""大小"及"其他属性"的文件进行搜索。

③ 在"选项"选项组中，可以通过下拉列表查看最近的搜索记录，也可以通过"高级选项"下拉菜单，对文件内容或对系统文件、压缩文件进行搜索。

在实际的应用中，有时需要经常指定某一个条件进行搜索，这时可以将该搜索条件保存起来。在一个搜索完成之后，在"选项"选项组中单击"保存搜索"按钮，此时会弹出"另存为"对话框，在对话框中为该搜索条件起一个名称，并指定保存的位置（通常可以将其保存到"收藏夹"下）。

在保存搜索条件之后，下一次需要再次用同样条件进行搜索时，只要在保存的位置（收藏夹）下单击之前保存好的搜索条件，Windows 10 操作系统就可以马上按指定条件进行新的搜索了。

搜索完成后，在"搜索"选项卡中单击"关闭搜索"按钮，Windows 10 操作系统的文件资源管理器又恢复到文件夹和文件显示状态。

3.3.5　Windows 10 操作系统中的快速访问和库

1. 快速访问

Windows 10 操作系统提供了一个快速访问的功能，用户可将常用的应用及近期访问过的文件夹和文件放到"快速访问"区域。在 Windows 10 操作系统中"文件资源管理器"窗口左侧导航窗格的最上端，就可以看到"快速访问"区域，如图 3-19 所示。

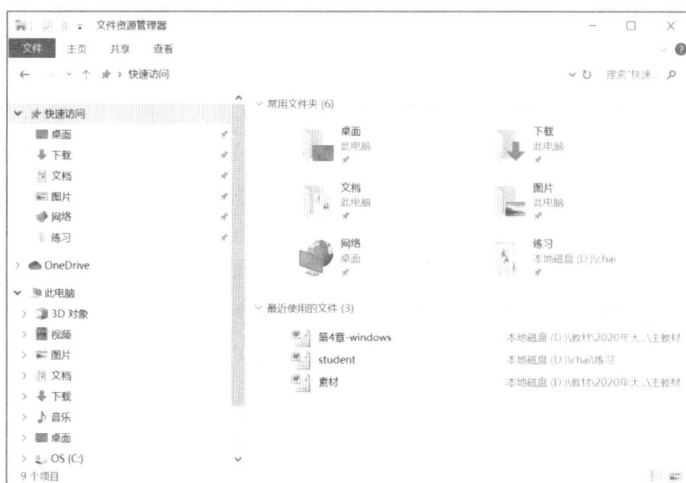

图 3-19 "快速访问"区域

默认情况下，Windows 10 操作系统的"快速访问"区域中仅有"桌面""下载""文档""图片"和"网络"这几个项目。根据用户的操作情况，Windows 10 操作系统会将最近访问过的文件夹和文件放到"快速访问"区域。待用户下次再操作时，可以直接在"快速访问"区域中打开最近操作过的文件。这样，可以轻松跳转到最近访问过的文件夹或文件中，方便用户的操作。

如果需要将某个文件夹固定到"快速访问"区域中以方便后续操作，用户可以右击该文件夹，在弹出的快捷菜单中选择"固定到快速访问"命令。

对于已经固定在"快速访问"区域的文件夹，如果想要取消固定，可以右击该文件夹，在弹出的快捷菜单中选择"从'快速访问'取消固定"命令，该文件夹将不会出现在"快速访问"区域。

对于因为近期的操作而出现在"快速访问"区域中的文件夹和文件，用户也可以将其从"快速访问"区域中删除。具体方法是右击需要从"快速访问"区域中删除的文件夹或文件，在弹出的快捷菜单中选择"从'快速访问'中删除"命令，该文件夹或文件将不会出现在"快速访问"区域。

有些用户出于隐私的考虑，不希望自己操作过的文件或文件夹出现在"快速访问"区域中，这时，就需要在"文件夹选项"对话框中进行设置。具体方法是在图 3-14 所示"查看"选项卡的"显示/隐藏"选项组中单击"选项"按钮，可以打开"文件夹选项"对话框，如图 3-20 所示，在对话框的"隐私"选项区中将"在'快速访问'中显示最近使用的文件"和"在'快速访问'中显示常用文件夹"两个选项取消，这样用户在操作文件或文件夹后，操作记录将不会出现在"快速访问"区域中。

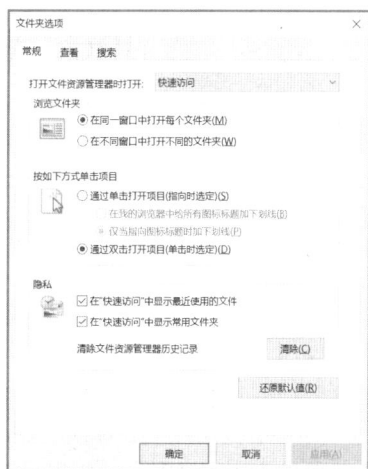

图 3-20 "文件夹选项"对话框

2. 库

库用于管理文档、音乐、图片和其他文件的位置，它可以用与在文件夹中浏览文件相同的方式浏览文件，也可以查看按属性（如日期、类型和作者）排列的文件。

在某些方面，库类似于文件夹，例如，打开库时将看到一个或多个文件。但与文件夹不同的是，库可以收集存储在多个位置中的文件。库实际上不存储项目，它只是监视包含项目的文件夹，并允许以不同的方式访问和排列这些项目。例如，如果在硬盘和外部驱动器的文件夹中都有音乐文件，则可以使用音乐库同时访问所有的音乐文件。

库的管理方式更加接近于快捷方式，用户可以不用关心文件或者文件夹的具体存储位置，只要用户事先把这些文件或者文件夹加入库中，在库中就可以看到用户所需要了解的全部文件。如用户有一些工作文档主要存在计算机上的 D 盘和移动硬盘中，为了以后工作的方便，用户可以将 D 盘与移动硬盘中的文件都放置到库中。在需要使用的时候，只要直接打开库即可（前提是移动硬盘已经连接到用户主机上了），而不需要再去定位到移动硬盘上。

库是一个虚拟的概念，把文件和文件夹加入库中并不是将这些文件和文件夹真正复制到库这个位置，而是在库这个功能中登记了这些文件和文件夹的位置而已。也就是说，库中并不真正存储文件，库中的对象只是各种文件和文件夹的一个指向。因此，收入到库中的内容除了它们各自占用的磁盘空间之外，几乎不会再额外占用磁盘空间，并且删除库及其内容时，也并不会影响到那些真实的文件和文件夹，这点与快捷方式非常相像。

在 Windows 10 操作系统中自带"文档""音乐""图片""本机照片"等几个默认的库。此外，用户还可以根据自己的需要，随意创建新库，操作方法是在 Windows 10 操作系统的文件资源管理器中右击"库"图标，在弹出的快捷菜单中选择"新建"命令，然后选择"库"命令，此时系统就新建了一个库并默认名称为"新建库"，用户根据需要为这个库起个名称，这样就可以在 Windows 10 操作系统的库中创建自己的一个库了。

在创建好自己的库之后，用户可以随意把常用的文件和文件夹都放到自己创建的库中来，这样，在工作中找到自己需要的文件和文件夹就变得简单、容易，而且这是在非系统盘符下生成的快捷链接，既保证了高效的文件管理，也不占用系统盘的空间和影响 Windows 10 操作系统运行速度。当用户不再需要某个库时，只要在 Windows 10 操作系统的文件资源管理器中选中这个库，然后按【Delete】键即可将其删除，且不会影响库中的文件和文件夹。

3.4　Windows 10 操作系统中程序的运行

每一个程序都是以文件的形式存放在磁盘上的。运行程序，实际上就是将对应的文件调入内存并执行。在 Windows 10 操作系统中，提供了多种方法来运行程序或打开文档。

3.4.1　"开始"菜单中运行程序

1. 使用"开始"菜单运行程序

使用"开始"菜单运行程序是最直接，也是最基本的方法，因为在"开始"菜单中有系统中已安装的所有应用程序的列表，从这里可以启动 Windows 10 操作系统中几乎所有的应用程序。

在"开始"菜单左侧的"应用区"中，依次列出了最常使用的应用程序列表以及按照字母索引排序的应用程序列表。用户只要从中选择某项应用，单击即可启动该应用程序。

用户在应用列表中查找需要的应用程序时，可以单击排序的某个字母（见图 3-21（a），单击排序字母 B），此时显示出排序索引，单击要查找应用程序的首字母（见图 3-21（b），单击应用程序的首字母 W），就可以快速找到对应的应用程序（见图 3-21（c），"开始"菜单应用区定位在字母 W 所对应的应用程序）。

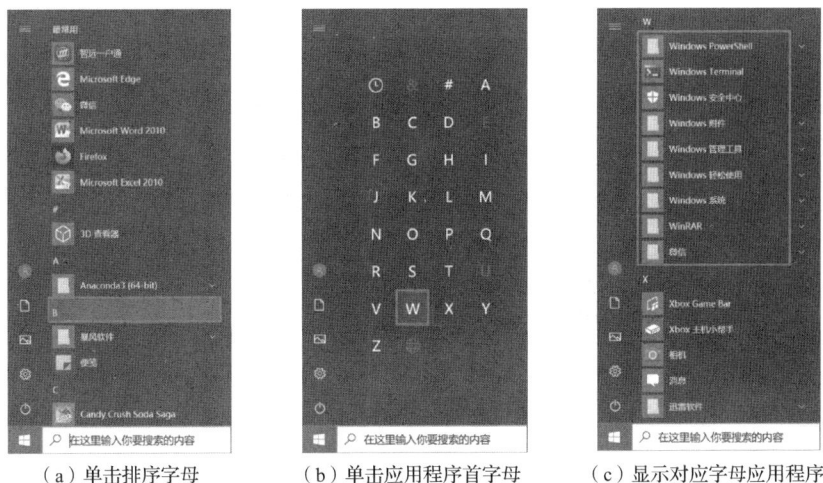

| （a）单击排序字母 | （b）单击应用程序首字母 | （c）显示对应字母应用程序 |

图 3-21　"开始"菜单中快速查找所需应用程序

2. 使用"运行"命令来运行程序

右击"开始"菜单，在弹出的快捷菜单中有一个"运行"命令，选中该命令可以打开"运行"对话框，如图 3-22 所示。在"打开"文本框中输入要运行的程序或文档的完整路径及文件名，单击"确定"按钮后，即可运行程序或打开文件。

通过【Windows+R】组合键可以很方便地打开"运行"对话框，这样也是打开"运行"对话框最简便的方法。

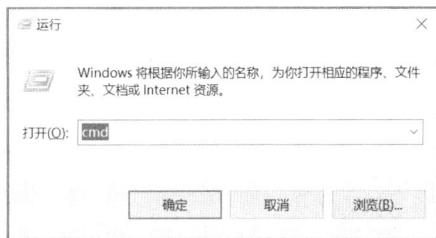

图 3-22　"运行"对话框

3. 通过"命令提示符"方式执行程序

DOS 是一个基于磁盘管理的操作系统。在 Microsoft 公司的 Windows 操作系统之前，DOS 基本占据着计算机操作系统世界。即便是 Windows 操作系统的部分早期版本也是建立在 DOS 平台之上的大型 GUI 界面应用程序。随着 Windows 操作系统的风行，DOS 已逐渐成为一种历史，失去了往日辉煌。但有一些问题在 Windows 操作系统中很难解决或者无法解决，这个时候 DOS 反而可以大显身手。为了方便熟悉 DOS 命令的用户通过 DOS 命令使用计算机，Windows 操作系统通过"命令提示符"窗口保留了 DOS 的使用方法。

在 Windows 操作系统之前的版本中，都是通过"命令提示符"窗口来运行 DOS 命令的；在 Windows 10 操作系统中默认以 Windows PowerShell 代替了"命令提示符"窗口。两者使用上没什么差异，也可以通过设置，让 Windows 10 操作系统仍以"命令提示符"的形式呈现 DOS 命令窗口。

打开 DOS 命令窗口最简便的方法是在"运行"对话框中输入"cmd"命令（见图 3-22），也可以右击"开始"菜单，在弹出的快捷菜单中选择"Windows PowerShell"命令。DOS 命令窗口如图 3-23 所示。

在"命令提示符"窗口中输入 DOS 命令，窗口中会出现命令对应的结果。如在"命令提示符"窗口中输入"ipconfig"命令后会显示出当前系统的 IP 配置结果（见图 3-23（a））。

（a）运行"cmd"打开的窗口　　　　　　　　（b）选择"Windows PowerShell"命令打开的窗口

图 3-23　DOS 命令窗口

3.4.2　在文件资源管理器中直接运行程序或打开文档

1. 通过双击文件图标或名称来运行程序或打开文档

在 Windows 10 操作系统的文件资源管理器中按照文件路径依次打开文件夹，找到需要运行的程序或文件，双击文件图标或直接双击文件名，将运行相应程序或打开文件。这也是运行程序或打开文件的一种常见方式。打开文件就是指运行应用程序并在该程序中调入文件。可见，打开文件的本质仍然是运行程序。

2. Windows 注册表及相关内容的介绍

当在 Windows 10 操作系统的文件资源管理器中双击一个文件图标时，将运行相应的应用程序并调入该文件。系统之所以能判断该文件与哪个应用程序相对应，Windows 注册表起到了重要的作用。

Windows 注册表是由 Windows 10 操作系统维护着的一份系统信息存储表。该表中除了包括许多重要信息外，还包括当前系统中安装的应用程序列表及每个应用程序所对应的文件类型的有关信息。在 Windows 10 操作系统中，文件类型是通过文档的扩展名来加以区分的。当在 Windows 10 操作系统中安装一个应用程序时，该应用程序即在 Windows 注册表中进行登记，并告知该应用程序所对应文件使用的默认扩展名。

3. 为文件建立关联

在 Windows 10 操作系统中，某一类文件与一个应用程序之间的对应关系称为关联。例如，以.docx 为扩展名的文档与 Word 相关联，以.xlsx 为扩展名的文档与 Excel 相关联。实际上，在 Windows 10 操作系统中，大多数文档都与某些应用程序相关联。但是，也有些用户会用自己定义的扩展名来命名文件，这样的文件由于没有在注册表中与某个应用程序相对应（即没有与某个应用程序建立关联），当双击这些文档时，系统将无法判断应该运行什么应用程序。为此，需要将这样的文件与某个应用程序建立关联。

例如，在某一个文件夹下双击"TchsD.abc"文件时，由于系统中未安装对应的应用程序，Windows 10 操作系统无法判断用哪个程序打开该文件，因此系统弹出"你要如何打开这个文件？"的提示对话框，如图 3-24（a）所示。此时可以单击"更多应用"，从更多的应用程序中找到一个来打开该文件，即自己建立该文件与某个应用程序间的关联，如图3-24（b）所示。当指定一个应用程序并单击"确定"按钮，则指定的应用程序与该文件建立了关联，同时，系统运行该应用程序并调入文件。

如果在这些应用程序列表中仍没有找到需要的程序，可以继续选择"在这台电脑上查找其他应用"，此时系统会弹出"打开方式"对话框，并定位到 Windows 10 操作系统的应用程序安装目录，用户可以根据需要，从 Windows 10 操作系统安装的应用程序中来指定一个应用程序打开该文件，即建立了与该文件的关联。

（a）Windows 提示不能打开文件　　　　（b）从应用程序列表中选定打开的程序

图 3-24　文件关联

需要说明的是，关联是指一个应用程序与某类文件之间的关联。虽然上述操作是通过双击一个文件与指定的应用程序建立了关联，但经过上述操作后，与这个文件同类的文件（具有相同扩展名）均与指定的应用程序建立了关联。此外，在为文件建立关联时，在对话框的下端有一个"始终使用此应用打开.xxx 文件"的复选框。如果没有选中此复选框，则只是在这个文件和指定的应用程序之间创建一次性关联，即只在当前启动应用程序并调入文件，操作完成后，文件与应用程序之间仍没有关联关系。

3.4.3　创建和使用快捷方式

快捷方式是一种特殊类型的文件，它仅包含与程序、文件或文件夹相链接的位置信息，而并不包含这些对象本身的信息。因此，快捷方式是指向对象的指针。当双击快捷方式（图标）时，相当于双击了快捷方式所指向的对象（程序、文件、文件夹等）并执行相应的对象。

微课视频

由于快捷方式是指向对象的指针，而非对象本身，因此创建或删除快捷方式并不影响相应的对象。用户可以将某个经常使用的程序以快捷方式的形式，置于桌面上或某个文件夹中，这样每次执行时会很方便。当不需要该快捷方式时，将其删除，也不会影响到程序本身。

创建快捷方式可以通过鼠标拖动的方法或利用 Windows 10 操作系统提供的向导，还可以通过剪贴板来粘贴快捷方式。

1. 通过鼠标右键拖动的方法创建快捷方式

在找到需要创建快捷方式的程序文件后，用鼠标右键拖动至目标位置（桌面或某个文件夹中），将弹出一个菜单，如图3-25 所示，在菜单中选择"在当前位置创建快捷方式"命令，则在目标位置创建了以文件名为名称的快捷方式。

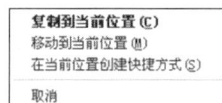

图 3-25　右键拖动创建快捷方式

2. 利用向导创建快捷方式

利用向导创建快捷方式的具体操作步骤如下。

① 在需要创建快捷方式的位置（桌面或某个文件夹中）右击，在弹出的快捷菜单中选择"新建"下的"快捷方式"命令，打开"创建快捷方式"向导，如图 3-26（a）所示。

② 在"请键入对象的位置"文本框中输入对应的程序文件名（包括文件的完整路径），如果不太清楚程序文件准确的文件名或程序文件所在的文件夹，可以单击"浏览"按钮，在打开的浏览窗口中找到相应文件并返回后，该文件的完整路径名及文件名就会出现在文本框中。

（a）"创建快捷方式"向导之一　　　　　　（b）"创建快捷方式"向导之二

图 3-26　"创建快捷方式"向导

③ 单击"下一步"按钮，创建快捷方式向导将进一步提示用户输入快捷方式的名称，如图 3-26（b）所示。输入一个适当的名称后，单击"完成"按钮，就完成了快捷方式的创建。

3. 利用剪贴板粘贴快捷方式

首先选定要创建快捷方式的文件，然后在"组织"菜单中选择"复制"命令或直接按【Ctrl+C】组合键，将其复制到剪贴板；之后在需要创建快捷方式的位置上（桌面或某个文件夹中）右击，在弹出的快捷菜单中选择"粘贴快捷方式"命令，则在该处创建了以文件名为名称的快捷方式。

3.4.4　Windows 10 操作系统提供的附件程序

Windows 10 操作系统提供了若干实用的小程序，这些实用程序大都在"附件"中，通常简称为附件程序，如使用"画图"工具可以创建和编辑图画以及显示和编辑扫描获得的图片、使用"计算器"可以进行基本的算术运算、使用"记事本"可以进行简单的文本编辑工作。进行以上工作虽然也可以使用专门的应用软件，但是运行程序要占用大量的系统资源，而附件中的工具都是非常小的程序，运行速度比较快，可以帮助用户节省很多的时间和系统资源，有效地提高工作效率。

1. 画图

画图是一个简单的图像绘画程序，是 Windows 操作系统的预装软件之一。"画图"程序是一款位图编辑器，用户利用它可以对各种位图格式的图画进行编辑，如用户可以自己绘制图画，也可以对扫描的图片进行编辑修改。编辑完成后，可以以 BMP、JPG、GIF 等格式存档，还可以将其发送到桌面或其他文档中。

在"开始"菜单的"Windows 附件"中选择"画图"命令，打开"画图"程序窗口，如图 3-27 所示。窗口的正中是绘图区，这里是用户绘制图形或编辑图片的主要区域。在绘图区的上方有菜单和画图工具功能区，它们是画图工具的主体。菜单栏包含"文件"菜单项和两个选项卡（主页和查看）。

2. 计算器

计算器是 Windows 10 操作系统内置的一款应用程序，其既可以进行简单的四则运算，也可以完成函数计算、编程计算、统计计算等高级计算功能，还可以进行专业换算、日期计算、工作表计算等工作。它是一款非常有用的附件程序。

在"开始"菜单的程序列表中即可找到"计算器"，默认情况下打开的计算器是"标准"型的，如图 3-28（a）所示。"标准"型计算器相当于日常生活中所用的普通计算器，它能完成十进制数的加、减、乘、除及倒数、平方根等基本运算功能。

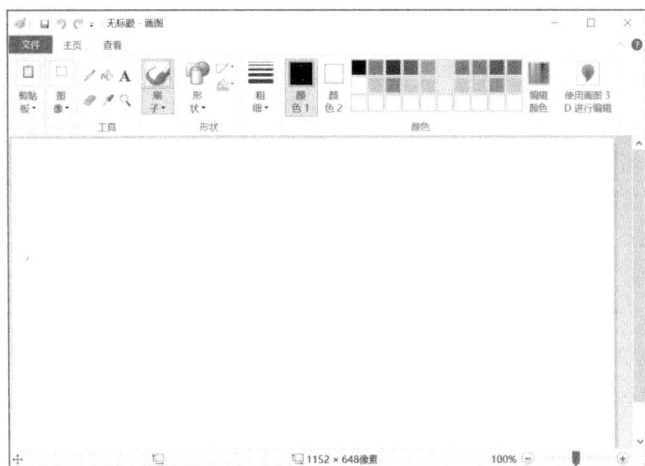

图 3-27　"画图"程序窗口

通过在"导航"菜单中选择"标准""科学""程序员""日期计算"命令，用户可以实现不同功能计算器之间的切换。此外，"导航"菜单还提供有转换器的功能，可以在各种单位之间进行换算。图 3-28（b）为"科学"型计算器的界面。

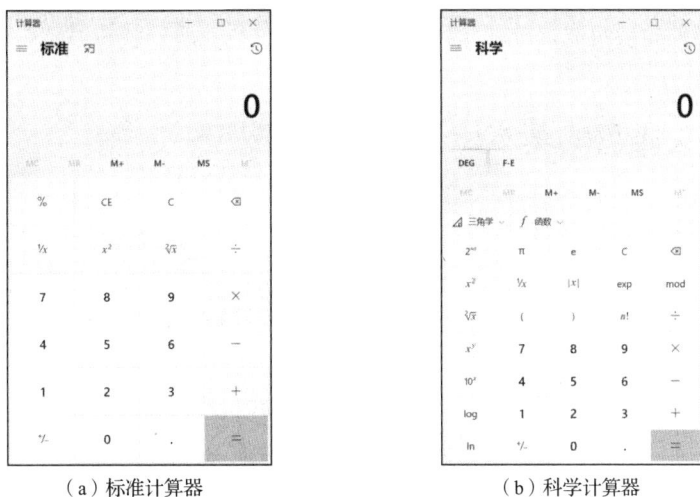

（a）标准计算器　　　　　　（b）科学计算器

图 3-28　"计算器"窗口

3. 记事本

记事本是 Windows 10 操作系统自带的一款文本编辑程序，其可以用于创建并编辑纯文本文档（扩展名为.txt）。纯文本文件格式简单，它可以被很多程序调用。Windows 10 操作系统的记事本虽然功能并不是很强大，仅仅适于编写一些篇幅短小的文本文件，但由于它使用方便、快捷，因此在实际中应用也是比较多的。例如，一些程序的 ReadMe 文件通常是以记事本的形式提供的。

在"开始"菜单的"Windows 附件"中选择"记事本"命令，即可打开"记事本"窗口，如图 3-29 所示。

图 3-29 "记事本"窗口

在"记事本"窗口的"格式"菜单中可以选择"字体"命令，在打开的"字体"对话框中设置记事本中文字的字体、字形和字号。

> 在"记事本"中只能对所有文本进行格式设置，而不能对选中的部分文本进行设置。

3.5 磁盘管理

磁盘是计算机的重要组成部分。计算机中的所有文件以及所安装的操作系统、应用程序都保存在磁盘上。

3.5.1 有关磁盘的基本概念

1. 磁盘格式化

用于存储数据的磁盘可以看作是由多个坚硬的磁片构成的，它们围绕同一个轴旋转。格式化磁盘就是在磁盘上建立可以存放文件或数据信息的磁道和扇区。执行格式化操作后，每个磁片被格式化为多个同心圆，称为磁道（track）。磁道进一步分成扇区（sector），扇区是磁盘存储的最小单元。

> 这些只是虚拟的概念，并不会真正在软盘或磁盘上划出一道道痕迹。

一个新的没有格式化的磁盘，操作系统和应用程序将无法向其中写入文件或数据信息。所以新买来的磁盘在使用之前首先要格式化，才能存放文件。若要对使用过的磁盘进行重新格式化时一定要谨慎，因为格式化操作将清除磁盘上一切原有的信息。

2. 磁盘分区

在对新磁盘进行格式化操作时，常常会碰到一个对磁盘分区的操作。磁盘分区是指将磁盘的整体存储空间划分成多个独立的区域。在实际应用中，磁盘分区并非强制进行的工作，但是为了在实际应用时更加方便，人们通常还是要对磁盘进行分区操作。

3. 文件系统

文件系统是指在磁盘上存储信息的格式。它规定了计算机对文件和文件夹进行操作处理的各种标准和机制，所有对文件和文件夹的操作都是通过文件系统来完成的。不同的操作系统一般使用不同的文件系统，不同的操作系统能够支持的文件系统不一定相同。Windows 10 操作系统支持的文件系统有 FAT16、FAT32 和 NTFS。

3.5.2　磁盘的基本操作

1. 查看磁盘容量

在桌面上双击"此电脑"图标，打开"文件资源管理器"窗口，此时窗口中会显示该计算机的所有磁盘图标。在"查看"选项卡的"布局"选项组中选择"内容"，每个磁盘驱动器图标旁就会显示磁盘的总容量和可用的剩余空间信息，如图 3-30 所示。

此外，在 Windows 10 操作系统的"文件资源管理器"窗口中右击需要查看的磁盘驱动器图标，在弹出的快捷菜单中选择"属性"命令，打开该磁盘的属性对话框，如图 3-31 所示，在其中除了可以了解磁盘空间占用情况外，还可以了解更多的信息。

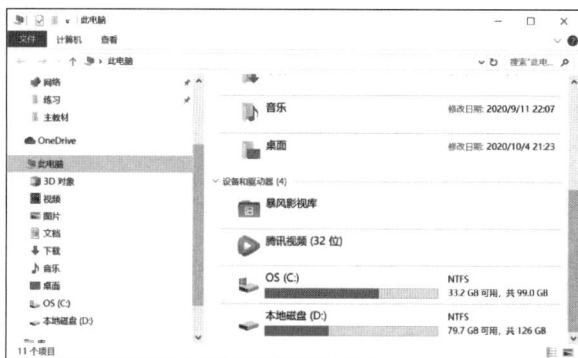

图 3-30　文件资源管理器查看磁盘容量信息

图 3-31　磁盘属性对话框

2. 格式化磁盘

格式化操作是分区管理中最重要的工作之一，用户可以在文件资源管理器中对选定的磁盘驱动器进行格式化操作。下面以格式化 D 盘为例，介绍具体的操作步骤。

在 Windows 10 操作系统的"文件资源管理器"窗口中右击 D 盘图标，在弹出的快捷菜单中选择"格式化"命令，打开格式化对话框，对话框标题栏中出现"格式化本地磁盘（D:）"，如图 3-32 所示。在该对话框中可进行以下选择。

（1）指定格式化分区采用的文件系统格式，系统默认是 NTFS。

（2）指定逻辑驱动器的分配单元大小。分配单元是存储文件的最小空间，分配单元越小，越能高效地使用磁盘空间，减少空间浪费。如果格式化时不指定分配单元的大小，系统将根据驱动器的容量大小使用默认配置大小，默认配置能够减少磁盘空间浪费、减少磁盘碎片的数量。

（3）为驱动器设置卷标名。

（4）如果选中"快速格式化"复选框，能够快速完成格式化工作，但这种格式化不检查磁盘的损坏情况，其实际功能相当于删除文件。

单击"开始"按钮进行格式化，此时对话框底部的格式化状态栏会显示格式化的进程。

图 3-32　格式化对话框

格式化将删除磁盘上的全部数据，操作时一定小心。确认磁盘上无有用数据后，才能进行格式化操作。

3.5.3 磁盘的高级操作

1. 磁盘清理

用户在使用计算机的过程中会进行大量的读写、安装、下载、删除等操作，这些操作会在磁盘上留存许多临时文件和已经没有用处的文件。这些临时文件和没用的文件不但会占用磁盘空间，还会降低系统的处理速度，降低系统的整体性能。因此，计算机要定期进行磁盘清理，以便释放磁盘空间。

在 Windows 10 操作系统的"文件资源管理器"窗口中右击某个磁盘，从弹出的快捷菜单中选择"属性"命令，打开磁盘属性对话框，单击"常规"选项卡中的"磁盘清理"按钮，此时系统会对指定磁盘进行扫描和计算工作；在完成扫描和计算工作之后，系统会打开相应的磁盘清理对话框，并在其中按分类列出指定磁盘上所有可删除文件的大小（字节数），如图 3-33 所示。

此时，用户根据需要，在"要删除的文件"列表中选择需要删除的某一类文件，单击"确定"按钮，即可完成磁盘清理工作。

图 3-33　相应的磁盘清理对话框

2. 磁盘碎片整理

在使用磁盘的过程中，由于不断地删除、添加文件，经过一段时间后，就会形成一些物理位置不连续的文件，这些就是磁盘碎片。

在磁盘上是如何产生碎片的呢？当在一个刚刚格式化过的磁盘上存储文件时，Windows 操作系统会把每个文件的数据写在一组相邻的磁盘簇中。例如，一个文件 A 可能占用了 5～22 的簇，下一个文件 B 可能顺序占用 23～31 的簇，再下一个文件 C 存储在 32～36 簇等，依此类推。但是，一旦删除文件，这种顺序简洁的模式就有可能被破坏。例如，删除文件 B，然后又创建了一个长 17 个簇的文件 D，保存文件时，Windows 就会把该文件的前 9 个簇存储在 23～31 的簇中，然后将剩下的 8 个簇存储在别的地方。这个新文件就占据了两个不连续的簇，成了"碎片"。随着时间的推移，增加和删除的文件越来越多，文件变得零碎的概率就越大。虽然碎片不影响数据的完整性，但却降低了磁盘的访问效率。对"零碎"的文件进行读/写的时间要比对"完整"的文件进行读/写的时间长很多。

Windows 10 操作系统具有对驱动器进行优化和碎片整理的功能,它可以定期清除磁盘上的碎片,优化磁盘空间,重新整理文件,将每个文件存储在连续的簇块中,并且将最常用的程序移到访问时间最短的磁盘位置,以加快程序的启动速度。

在 Windows 10 操作系统的"文件资源管理器"窗口中右击某个磁盘,从弹出的快捷菜单中选择"属性"命令,打开磁盘属性对话框,单击"工具"选项卡中的"优化"按钮,打开"优化驱动器"窗口,如图 3-34 所示。

图 3-34 "优化驱动器"窗口

在图 3-34 的"优化驱动器"窗口中,选定具体的磁盘驱动器,单击"优化"按钮,即可对选定磁盘进行优化并进行碎片整理。

实际上,Windows 10 操作系统对驱动器进行优化和碎片整理是定期自动进行的。在图 3-34 的"优化驱动器"窗口中单击"更改设置"按钮,可以对定期优化的频率进行设置。

3.6 Windows 10 操作系统控制面板

在 Windows 10 操作系统中有许多软、硬件资源,如系统、网络、显示、声音、打印机、键盘、鼠标、字体、日期和时间、卸载程序等,用户可以根据实际的需要,通过控制面板对这些软、硬件资源的参数进行调整和配置,以便更有效地使用它们。

微课视频

在 Windows 10 操作系统中有多种启动控制面板的方法,可以供用户在不同操作状态下灵活使用。通常启动 Windows 10 操作系统的控制面板可以采用以下方法。

(1)在桌面右击"此电脑",在弹出的快捷菜单中选择"属性"命令,打开系统窗口;在窗口的左上角单击"控制面板主页"链接,可以打开"控制面板"窗口。

(2)在"开始"菜单的"Windows 系统"中选择"控制面板"命令,可以打开"控制面板"窗口。

(3)通过【Windows+R】组合键打开"运行"对话框,输入"control"并运行,也可以打开"控制面板"窗口。

"控制面板"窗口默认的视图效果是"类别"视图，在"类别"视图中控制面板有 8 个大项目，如图 3-35（a）所示。单击"控制面板"窗口中查看方式的下拉按钮，选择"大图标"或"小图标"，可将"控制面板"窗口切换为控制面板经典视图，如图 3-35（b）所示。在经典视图的"控制面板"窗口中集成了若干个小项目的设置工具，这些工具的功能几乎涵盖了 Windows 操作系统的所有方面。

控制面板包含的内容非常丰富，由于篇幅限制，在此只讲解部分的功能。其余功能，读者可以查阅有关书籍进行学习。

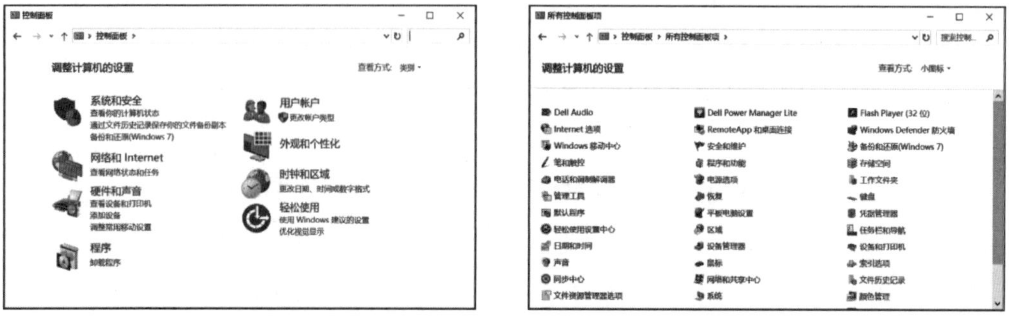

（a）控制面板的"类别"视图　　　　　　　　（b）控制面板的经典视图

图 3-35　Windows 10 操作系统的"控制面板"窗口

3.6.1　系统和安全

Windows 10 操作系统的系统和安全设置主要包括防火墙设置、系统信息查询、系统更新、计算机备份等一系列配置。

1. Windows Defender 防火墙

Windows Defender 防火墙能够检测来自因特网或网络的信息，然后根据防火墙设置来阻止或允许这些信息通过计算机。防火墙可以防止黑客攻击系统或防止恶意软件、病毒通过网络访问计算机，而且有助于提高计算机的性能。Windows Defender 防火墙的设置方法如下。

（1）在"控制面板"窗口中选择"系统和安全"，打开"系统和安全"窗口。

（2）单击"Windows Defender 防火墙"选项，打开"Windows Defender 防火墙"窗口，如图 3-36 所示。

图 3-36　"Windows Defender 防火墙"窗口

（3）单击窗口左侧"启用或关闭 Windows Defender 防火墙"链接，打开"自定义设置"对话框，可以对"专用网络"和"来宾或公用网络"启动或关闭 Windows Defender 防火墙，通常为了网络安全，不建议关闭防火墙。

（4）单击窗口左侧"允许应用或功能通过 Windows Defender 防火墙"链接，打开"允许的应用"窗口。在"允许的应用和功能"列表栏中，勾选信任的程序，单击"确定"按钮即可完成配置。如果要添加、更改或删除允许的应用和端口，可以单击"更改设置"按钮，进行进一步的设置。

2. 安全与维护

Windows 10 操作系统通过检查各个与计算机安全相关的项目来检查计算机是否处于优化状态，当被监视的项目发生改变时，操作中心会在任务栏的右侧发布一条信息来通知用户，相关项目状态颜色也会相应地改变以反映该消息的严重性，并且还会建议用户采取相应的措施。Windows 10 操作系统的安全与维护相关设置如下。

（1）在"控制面板"窗口中选择"安全和维护"选项，打开"安全和维护"窗口。

（2）单击"安全"右侧的下拉按钮，窗口显示与安全相关的信息和设置，如图 3-37（a）所示；单击"维护"右侧的下拉按钮，窗口显示与维护相关的信息和设置，如图 3-37（b）所示。

（3）单击窗口左侧的"更改安全和维护设置"链接，即可打开"更改安全和维护设置"对话框。勾选某个复选框可使操作中心检查相应项是否存在更改或问题，取消对某个复选框的勾选可以停止检查该项。

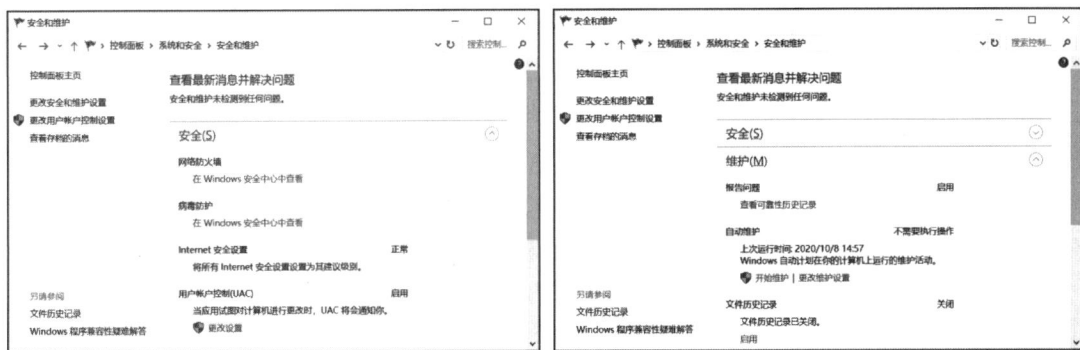

（a）"安全和维护"窗口—安全	（b）"安全和维护"窗口—维护

图 3-37　"安全和维护"窗口

3.6.2　外观和个性化

Windows 10 操作系统的外观和个性化设置包括对桌面、窗口、按钮、菜单等一系列系统组件的显示设置，系统外观是计算机用户接触最多的部分。

在"控制面板"窗口中选择"外观和个性化"，打开"外观和个性化"窗口，如图 3-38 所示。在该窗口中包含"任务栏和导航""轻松使用设置中心""文件资源管理器选项"和"字体"4 个选项，这里重点介绍"任务栏和导航"及"字体"选项。

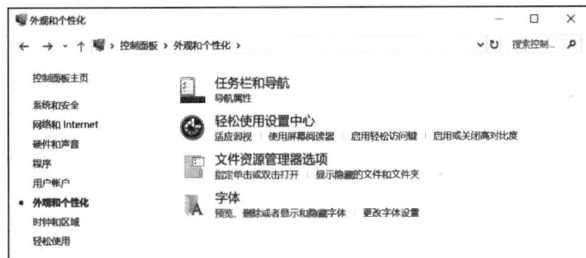

图 3-38　"外观和个性化"窗口

1．任务栏和导航

在"外观和个性化"窗口中单击"任务栏和导航"链接，会打开 Windows 10 操作系统的设置窗口，在该窗口的左侧，依次列出了可以进行个性化设置的项目，如"背景""颜色""锁屏界面""主题""字体""开始"菜单和"任务栏"等，这些个性化的设置项目可以对桌面背景、窗口颜色和外观、桌面主题、计算机锁屏时的屏幕保护程序等进行设置。选中某一项目，则右侧会显示出针对该项目的设置内容，用户依据需要依次设置即可。图 3-39 为进行背景设置的 Windows 10 操作系统设置窗口。

图 3-39　进行背景设置的 Windows 10 操作系统设置窗口

2．字体

字体是屏幕上看到的、文档中使用的、发送给打印机的各种字符的样式。在 Windows 10 操作系统的"C:\Windows\Fonts"文件夹中安装有多种字体文件，用户可以添加和删除字体。字体文件的操作方式和其他文件的操作方式相同，用户可以在"C:\Windows\Fonts"文件夹中移动、复制或删除字体文件。系统中使用最多的字体主要有宋体、楷体、黑体、仿宋等。字体个性化设置相关操作如下。

微课视频

（1）在"外观和个性化"窗口中单击"字体"链接，可以打开"字体"窗口，窗口中显示系统中所有的字体文件，如图 3-40 所示。

（2）选中某一字体，单击工具栏的"预览"按钮，可以显示该字体的样子。

（3）选中某一字体，单击"删除"按钮，可以删除该字体文件。

（4）选中某一字体，单击"隐藏"按钮，可以隐藏该字体文件，之后工具栏中会出现"显示"按钮，单击"显示"按钮，又可将该字体显示出来。

图 3-40　"字体"窗口

3.6.3　时钟和区域设置

在"控制面板"窗口中选择"时钟和区域",打开"时钟和区域"窗口,如图 3-41 所示。用户可以在该窗口中设置计算机的日期和时间、所在位置,也可以更改日期、时间或数字的格式等。

图 3-41　"时钟和区域"窗口

1. 日期和时间

Windows 10 操作系统默认的日期和时间格式是按照美国习惯设置的,用户可以根据自己国家的习惯来设置。

(1) 在"时钟和区域"窗口中单击"日期和时间"链接,打开"日期和时间"对话框,如图 3-42 所示。

(2) 在"日期和时间"选项卡中可以更改日期和时间,也可以更改时区。

(3) 在"附加时钟"选项卡中可以设置显示其他时区的时钟。

(4) 在"Internet 时间"选项卡中可以通过设置使计算机时间与因特网时间服务器同步。

2. 区域

Windows 10 操作系统默认的区域格式同样是按照美国习惯设置的,用户要将其设置成自己国家的习惯。

(1) 在"时钟和区域"窗口中单击"区域"链接,打开"区域"对话框,如图 3-43 所示。

(2) 在"格式"选项卡中可以设置日期和时间格式等。

(3) 单击"其他设置"按钮,在打开的"自定义格式"对话框中可以对数字、货币等的格式进行设置。

(4) 在"管理"选项卡中可以进行复制设置和更改系统区域设置。

图 3-42　"日期和时间"对话框

图 3-43　"区域"对话框

3.6.4　应用程序

在 Windows 10 操作系统中,大部分的应用程序都需要安装到 Windows 10 操作系统中才能使用。在应用程序的安装过程中会进行如解压缩程序、复制文件、在注册表中注册必要信息以及设置程序自动运行、注册系统服务等诸多工作。但是,一般用户并不关注这一过程。对一般用户来说，在 Windows 10 操作系统中安装应用程序很方便，用户只要直接运行应用程序的安装文件，即可将该应用程序安装到系统中。

与安装相反的一个操作就是卸载，卸载就是将不需要的应用程序从系统中去除。应用程序的安装会涉及复制文件、注册信息等诸多工作，因此不能简单地通过删除应用程序文件来达到卸载的目的。用户必须借助控制面板中的"程序和功能"工具来实现程序的卸载操作。

（1）在"控制面板"窗口中单击"程序"选项，在打开的"程序"窗口中继续单击"程序和功能"链接，打开"程序和功能"窗口，窗口列表中列出了系统中安装的所有程序，如图 3-44 所示。

（2）在列表中选中某个程序项目图标，此时工具栏中可能会出现"卸载""更改"和"修复"按钮，用户可以利用"更改"按钮重新启动安装程序，然后对安装配置进行修改，以及利用"修复"按钮对程序进行修复；此外，也可以利用"卸载"按钮卸载程序。若此时只显示"卸载"按钮，则只能对该程序进行卸载操作。

（3）在"程序和功能"窗口左侧单击"启用或关闭Windows 功能"链接，打开"Windows 功能"对话框。在对话框的"启用或关闭 Windows 功能"列表框中显示了可用的相关功能，当鼠标指针移到某一功能上时，会显示该功能的具体描述。选中某项功能的复选框，单击"确定"按钮即可进行添加；如果取消组件的复选框，单击"确定"按钮，则会将此组件从操作系统中删除。

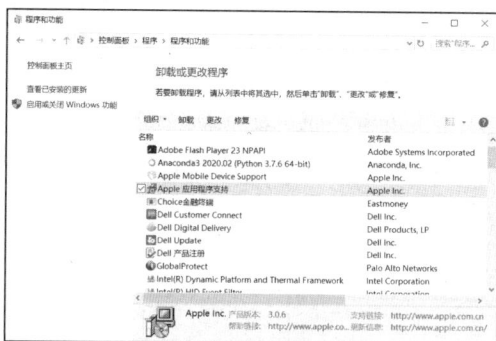

图 3-44　"程序和功能"窗口

3.6.5　硬件和声音

在"控制面板"窗口中选择"硬件和声音"选项，打开图 3-45 所示的"硬件和声音"窗口。在此窗口中可实现对"设备和打印机""自动播放""声音""电源选项""Windows 移动中心""笔和触控""平板电脑设置"等的操作。

图 3-45　"硬件和声音"窗口

1. 打印机的设置

在 Windows 10 操作系统中，通过"添加打印机"向导可以方便而迅速地安装新的打印机。在开始安装打印机之前，要先确认打印机是否与计算机正确连接，同时还要了解打印机的生产厂商和型号。如果要通过网络、无线或蓝牙使用共享打印机，应确保计算机已联网及无线或蓝牙打印已启用。

（1）在"硬件和声音"窗口的"设备和打印机"项目下单击"添加设备"链接，打开"添加设备"窗口。

（2）在"添加设备"窗口中选择需要添加的打印机，然后根据系统提示一步步操作，直至完成添加。

2. 鼠标

在"硬件和声音"窗口的"设备和打印机"项目下单击"鼠标"链接，打开"鼠标属性"对话框。在该对话框中可以对鼠标键、鼠标指针等进行设置。

（1）在"鼠标键"选项卡中可以设置鼠标的左右手使用、鼠标的双击速度、鼠标的单击锁定等。

（2）在"指针"选项卡中可以选择某种指针方案。

（3）在"指针选项"选项卡中可以设置鼠标指针移动速度等。

（4）在"滑轮"选项卡中可以设置鼠标滑轮垂直滚动和水平滚动的参量。

3. 键盘

在经典视图的"控制面板"窗口中（见图 3-35（b））单击"键盘"链接，打开"键盘属性"对话框。在该对话框中可以对键盘的字符重复、光标闪烁速度等进行设置。

（1）在"字符重复"中调整"重复延迟"的长短及"重复速度"的快慢。

（2）在"光标闪烁速度"中调整闪烁速度的快慢。

说明　"重复延迟"和"重复速度"分别表示按住某键后，计算机第一次重复这个按键之前的等待时间及之后重复该键的速度。"光标闪烁速度"可以改变文本窗口中出现的光标的闪烁速度。

3.6.6　用户账户

在"控制面板"窗口中单击"用户账户"链接，打开图 3-46 所示的"用户账户"窗口。在此窗口中可实现对用户账户、凭据管理器和邮件的设置。

图 3-46　"用户账户"窗口

Windows 10 操作系统作为一个多用户操作系统，它允许多个用户共同使用一台计算机。当多个用户共同使用一台计算机时，为了使每个用户可以保存自己的文件夹及系统设置，系统就为每个用户开设一个账号。账号就是用户进入系统的出入证，用户账号一方面为每个用户设置相应的密码、隶属的组并保存个人文件夹及系统设置，另一方面将每个用户的程序、数据等相互隔离，这样用户在不关闭计算机的情况下，不同的用户可以相互访问资源。另外，如果自己的系统设置、程序和文件夹不想让别人看到和修改，只要为其他的用户创建一个受限制的账号就可以了，还可以使用管理员账号来控制别的用户。

（1）在"用户账户"窗口中单击"用户账户"链接，打开"用户账户"窗口。

（2）在"用户账户"窗口中可以更改账户名称、更改账户类型。

（3）在"用户账户"窗口中还可以管理其他账户、更改用户账户控制设置。

3.7 Windows 10 操作系统任务管理器

Windows 10 操作系统任务管理器是一种专门管理任务进程的程序，是 Microsoft 公司为了应对系统问题而专为用户设计的应用程序，其操作简单、容易，在实际应用中非常有效。

3.7.1 Windows 10 操作系统任务管理器概述

Windows 10 操作系统任务管理器提供了有关计算机性能的信息，并显示了计算机上所运行的程序和进程的详细信息。它可以显示最常用的度量进程性能的单位，如果连接到网络，还可以用于查看网络状态并迅速了解网络是如何工作的。启动任务管理器有多种方法。

（1）直接按【Ctrl+Shift+Esc】组合键，即可打开"任务管理器"窗口。

（2）右击任务栏，在弹出的快捷菜单中选择"任务管理器"命令。

（3）右击"开始"菜单，在弹出的快捷菜单中选择"任务管理器"命令。

（4）按【Ctrl+Alt+Delete】组合键，进入计算机锁定界面，然后选择"启动任务管理器"选项。

任务管理器对应的程序文件是 Taskmgr.exe，一般可以在\WINDOWS\System32 文件夹下找到。在桌面上为该程序建立一个快捷方式，这样启动任务管理器就很方便了。"任务管理器"窗口如图 3-47 所示。

Windows 10 操作系统任务管理器的用户界面提供了文件、选项、查看等菜单项，其下还有"进程""性能""应用历史记录""启动""用户""详细信息""服务"7 个选项卡。默认设置下系统自动更新速度为正常（每隔 1 秒对系统当前的状态数据进行 1 次自动更新），也可以在"查看"→"更新速度"菜单中重新设置自动更新速度为"高"或"低"。

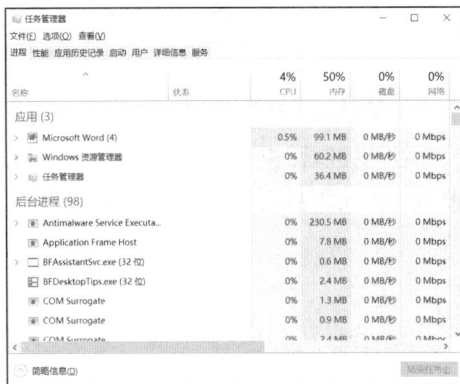

图 3-47 "任务管理器"窗口

3.7.2 Windows 10 操作系统任务管理器功能介绍

任务管理器可以对进程、服务进行管理，可以对计算机的性能等信息进行显示，还可以显示应用历史记录、启动及用户的信息。这些内容被分别安排在 7 个选项卡中。

1. "进程"选项卡

当运行一个程序时，就启动了一个进程。显然，程序是"死"的（静态的），进程是"活"的（动态的）。进程可以分为系统进程和用户进程，凡是用于完成操作系统各种功能的进程就是系统进程，它们就是处于运行状态下的操作系统本身；用户进程就是所有由用户启动的进程。

在"进程"选项卡中显示了所有当前正在运行的进程，如用户打开的应用程序（在任务管理器的"进程"选项卡中显示为"应用"）及执行操作系统各种功能的后台服务等（在任务管理器的"进程"选项卡中显示为"后台进程"）。在图 3-47 的"任务管理器"窗口中，应用有3 个，后台进程有 98 个。

2. "性能"选项卡

在任务管理器的"性能"选项卡中，动态地列出了该计算机的性能，如 CPU、内存、磁盘、Wi-Fi 和 GPU 0 的使用情况。用鼠标选中某一部件，就会列出该部件详细的动态信息，这样对用户了解当前计算机的使用状况非常有帮助。

3. "应用历史记录"选项卡

在任务管理器的"应用历史记录"选项卡中显示了自使用此系统以来，当前用户账户的资源使用情况。

4. "启动"选项卡

在任务管理器的"启动"选项卡中显示的就是登录时自动运行哪些程序。用户要禁用某一个自启动的项目，只需在"启动"选项卡中选择该启动项，然后单击"禁用"按钮即可。这样下次启动计算机时就不再自动加载该启动项。

5. "用户"选项卡

在任务管理器的"用户"选项卡中，显示当前登录的用户信息及连接到本机上的所有用户的信息。在"用户"选项卡中还可以进行用户的切换或注销，例如，在此窗口中选定一个用户，单击"断开连接"按钮，则可以切换用户；而右击后，在弹出的快捷菜单中选择"管理用户账户"命令，可以对该用户的名称、类型等进行相应的设置。

6. "详细信息"选项卡

在任务管理器的"详细信息"选项卡中，显示当前正在运行或已暂停进程的基础信息。

7. "服务"选项卡

在任务管理器的"服务"选项卡中显示了当前各个服务程序的状态。服务是系统中不可或缺的一项重要内容，很多内核程序、驱动程序需要通过服务项来加载。每个服务就是一个程序，旨在执行某种功能时不用用户干预，就可以被其他程序调用。

"服务"选项卡实际上是一种精简版的服务管理控制台，"服务"选项卡列出了服务名称、PID（进程号）、对服务性质或功能的描述、服务的当前状态以及工作组。单击"服务"选项卡底部的"打开服务"链接，在打开的"服务"窗口中列出了系统中的所有服务项目，用户可以从中访问某个服务。如果用户感觉哪个服务有问题，可以停止该服务，这样就能查看停止这个服务是否可以解决问题。如果这个服务没有问题，可以再重新启动。

用户要停止或启动服务，只需在"服务"选项卡选中该服务，右击鼠标，在弹出的快捷菜单中选择"开始""停止"或"打开服务"命令即可。

第4章
文字处理软件 Word 2016

人们在日常生活、学习、工作中经常要处理各种类型的文档、表格、数据等,而随着计算机应用的推广,越来越多的人选择使用办公软件来帮助自己处理这些信息。Office 办公套件是目前应用比较广泛的一类软件,其中包括文档处理、表格处理、幻灯片制作、网页制作及数据库管理等实用工具软件,几乎能够满足人们实现办公自动化所需要的所有功能。

本章主要介绍文字处理软件 Word 2016 的使用与操作,使用它帮助人们进行文档的编辑与处理。

学习目标
- 了解 Word 2016 的基本知识,如 Word 2016 的工作环境、功能区等。
- 掌握 Word 2016 文档的基本操作,如文档的创建与录入、文本的查找与替换、公式编辑器的操作。
- 掌握 Word 2016 文档版面设计操作,如字符、段落、页面格式的设置及文档页面修饰等。
- 掌握 Word 2016 表格的制作和处理操作。
- 掌握 Word 2016 图文处理的操作,如图片操作、文本框操作及图文混排操作。

4.1 Word 2016 的基本知识

启动 Word 2016 后就可以打开 Word 2016 窗口,其组成如图 4-1 所示。作为 Windows 的应用程序,Word 2016 窗口也包括标题栏、快速访问工具栏、"文件"选项卡、功能区、工作区、视图切换区、导航窗格及状态栏等窗口元素,Windows 中对窗口进行操作的各种方法同样适用于 Word 2016 窗口。下面对 Word 2016 的窗口元素进行介绍。

微课视频

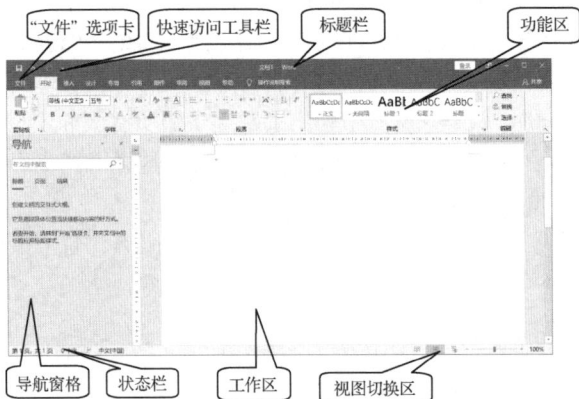

图 4-1 Word 2016 窗口的组成

（1）标题栏

标题栏是位于窗口最上方的长条区域，它用于显示应用程序名和当前正在编辑的文档名等信息。在其左侧显示控制图标和快速访问工具栏，在其右侧提供"最小化"按钮、"最大化/还原" 按钮和"关闭"按钮来管理界面。

（2）快速访问工具栏

快速访问工具栏中包含一些常用的命令按钮，单击某个按钮，可快速执行这个命令。默认情况下，只显示"保存"按钮、"撤销"按钮和"恢复"按钮。单击右侧的"自定义快速访问工具栏"按钮，在弹出的下拉列表中可根据需要进行命令按钮添加和更改，例如可以选择"新建""打开"等，此时这些按钮即添加到快速访问工具栏中。

（3）"文件"选项卡

单击"文件"选项卡可打开其下拉列表，该列表中包含对文件的一些基本操作命令，例如"新建""打开""保存""另存为""打印""共享""导出""关闭""账户""反馈""选项"等命令。使用"选项"命令可对在使用 Word 时的一些常规选项进行设置。单击顶部的 按钮或【Esc】键即可关闭其下拉列表，返回原窗口。

（4）功能区

Word 2016 的功能区由选项卡、选项组和一些命令按钮组成，其包含用于文档操作的命令集，几乎涵盖了所有的按钮和对话框。选项卡位于功能区的顶部，默认显示的选项卡有"开始""插入""设计""布局""引用""邮件""审阅""视图""帮助"和"操作说明搜索"。另外还有一些隐藏的选项卡，如"图片工具"的"格式"选项卡，只有当选中图片时该选项卡才会显示，以及"表格工具"的"设计"选项卡和"布局"选项卡，同样也是只有在编辑表格的时候才会显示出来。

根据功能的不同，每个选项卡下又包括若干个选项组。单击某个选项卡，在选项卡下面就显示其包含的各个选项组。默认选中的是"开始"选项卡，它包含"剪贴板""字体""段落""样式""编辑"等选项组。在各个选项组中又包含一些命令按钮和下拉列表等，用以完成对文档的各种操作。

（5）工作区

工作区是位于功能区下方的白色区域，它用于显示当前正在编辑的文档内容。文档的各种操作都是在工作区中完成的。

（6）视图切换区

视图是指文档的显示方式。Word 2016 提供了 5 种视图方式，即页面视图、阅读视图、Web 版式视图、大纲视图和草稿视图。视图切换区位于工作区的右下角，在这里显示了页面视图、阅读视图和 Web 版式视图 3 个按钮，单击这 3 个按钮可以方便地切换到相应的视图中。另外，通过"视图"选项卡下的"视图"选项组还可以切换到大纲视图和草稿视图。在视图切换区中还可以拖动缩放滑块以调整文档的缩放比例。

（7）导航窗格

导航窗格显示在工作区的左侧，其上方为搜索框，用于搜索文档中的内容。通过单击标题、页面和结果几个标签，分别可以浏览文档中的标题、页面和搜索结果。

（8）状态栏

状态栏位于工作区的左下方，它用于显示当前编辑文档的状态信息，如页码、字数统计、输入法状态、插入/改写状态等信息。

4.2 Word 2016 的基本操作

4.2.1 文档的创建、录入及保存

1. 文档的创建

在创建 Word 2016 文档时，用户既可以创建空白的新文档，也可以根据需要创建模板文档。

（1）空白文档的创建

Word 2016 在每次启动时都会自动创建一个新的空白文档，并暂时命名为"文档 1"；如果用户需要在 Word 2016 已启动的情况下创建一个新文档，可单击"文件"选项卡下的"新建"命令，而后单击右侧窗格中的"空白文档"按钮，如图 4-2 所示。

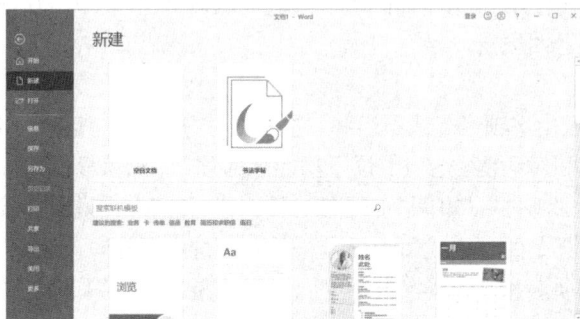

图 4-2 "新建"任务窗格

按【Ctrl+N】组合键，或单击快速访问工具栏上的"新建"按钮都可创建一个新的空白文档。新建文档的命名是由系统按顺序自动完成的。

（2）模板文档的创建

使用模板可以快速生成文档的基本结构，Word 2016 中内置了多种文档模板，如书法字帖、简历等。使用模板创建的文档，系统已经将其模式预设好，用户在使用的过程中，只需在指定的位置填写相关的文字即可。

单击"文件"选项卡下的"新建"命令，在打开的右侧窗格中的"Office"下（见图 4-3）选择所需的模板类型进行创建即可完成模板文档的创建。

图 4-3 Office 内置模板

微课视频

除了系统自带的模板外，Office 的模板网站还提供了许多精美的专业联机模板，如卡、传单、信函、简历和求职信等。在 Office 标签下的搜索框中输入感兴趣的模板，而后单击"开始搜索"按钮即可进行联机搜索。

2．特殊符号的输入

编辑文字过程中，经常要使用一些从键盘上无法直接输入的特殊符号，比如"☆""℃"等，可使用以下方法进行输入。

（1）使用"符号"对话框输入

单击"插入"选项卡，在"符号"选项组中单击"符号"按钮，在打开的下拉列表中列出了一些最常用的符号，单击所需要的符号即可将其插入文档中。若该列表中没有所需符号，可单击"其他符号"命令，打开"符号"对话框，如图 4-4 所示。

可插入符号的类型与字体有关，在"符号"对话框的"字体"下拉列表框中选择所需的字体，而后在下面的列表框中可选择要插入的符号，然后单击"插入"按钮即可将该符号插入文档中；已经插入的"符号"保存在该对话框的"近期使用过的符号"列表中，当再次需要插入这些符号时，可直接单击相应的符号。另外，还可以为符号指定快捷键，这样以后可以直接通过快捷键进行符号插入。在插入符号后，"符号"对话框中的"取消"按钮会变为"关闭"，单击"关闭"按钮即可关闭该对话框。

（2）使用输入法的软键盘输入

打开输入法，单击输入法提示条中的小键盘状按钮（见图 4-5），在弹出的快捷菜单中选择一种符号的类别，比如"特殊符号"，再在弹出的软键盘中单击所需的符号按钮，则该符号就会出现在当前的光标所在位置。完成符号的插入后，再单击输入法提示条上的小键盘状按钮，在弹出的快捷菜单中选择"关闭软键盘"命令即可关闭软键盘。

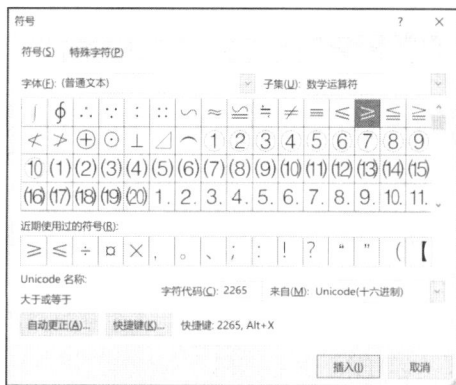

图 4-4　"符号"对话框　　　　图 4-5　软键盘的快捷菜单

3．插入日期和时间

Word 2016 文档中的日期和时间可以直接输入，也可以使用"插入"功能插入。具体步骤如下。

① 将光标移动到要插入日期或时间的位置。

② 单击"插入"选项卡，在"文本"选项组中选择"日期和时间"，打开"日期和时间"对话框，如图 4-6 所示。

③ 在"可用格式"列表框中选择所需格式，即可插入日期或时间。如果选中了"自动更新"复选框，则插入的日期和时间会随着打开该文档的时间变化而自动更新。

4. 插入其他文件的内容

Word 2016 允许在当前编辑的文档中插入其他文件的内容，利用该功能可以将几个文档合并成一个文档。具体步骤如下。

① 将光标放置在要插入另一文档的位置，单击"插入"选项卡，单击"文本"选项组中"对象"右侧的下拉按钮，在弹出的下拉列表中选择"文件中的文字"，弹出"插入文件"对话框，如图 4-7 所示。

图 4-6 "日期和时间"对话框　　　　　　图 4-7 "插入文件"对话框

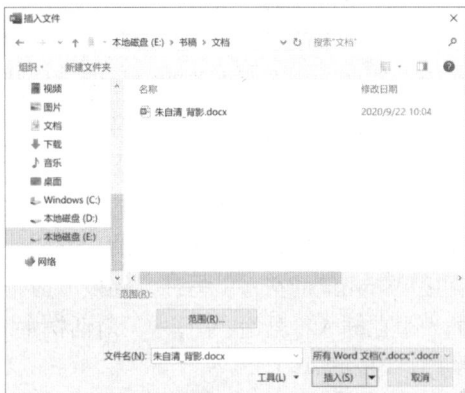

② 在"插入文件"对话框中选择需要插入的文件名。

③ 单击对话框中的"插入"按钮，完成被选文档内容的插入操作。

5. 文档的保存

文档编辑完成后要及时保存，以避免由于误操作或计算机故障造成数据丢失。根据文档的格式、有无确定的文档名等情况，文档可用以下多种方法保存。

（1）保存未命名的 Word 2016 文档

第一次保存文档时，可选择"文件"选项卡中的"保存"命令或"另存为"命令，也可通过单击快速访问工具栏中的"保存"按钮 来完成。此时会出现"另存为"窗口，单击"浏览"按钮，则会弹出"另存为"对话框，如图 4-8 所示，默认保存位置在"文档"文件夹中，如果要改变文档的存放位置，可重新进行选择。而后在"文件名"下拉列表框中输入要保存的文件名，在"保存类型"下拉列表框中选择所需要的文件类型，系统默认的类型是"Word 文档"，扩展名为.docx。

图 4-8 "另存为"对话框

（2）保存已命名的 Word 2016 文档

对于一个已存在的 Word 2016 文档，当对其进行再次编辑后，若不需修改文件名或文件的保存位置，可选择"文件"选项卡中的"保存"命令、单击快速访问工具栏中的"保存"按钮或按【Ctrl+S】组合键，完成原文件名保存操作。如果要修改文件保存位置，或者不想用原文件名或文件类型保存，可打开"另存为"对话框，在"另存为"对话框中重新选择保存位置，在"文件名"文本框中输入新的文件名，在"保存类型"下拉列表框中选择一种新类型，单击"保存"按钮，完成对已有文件的换名保存。

（3）保存为其他格式的文档

Word 2016 默认的文档格式类型是.docx，该类文件不能被其他软件所使用。为了便于不同软件之间传递文档，Word 2016 允许用户以其他格式保存文档，通过"保存类型"下拉列表框可实现文档不同格式的保存。

（4）修改文档自动保存的时间间隔

Word 2016 允许用"自动恢复"功能定期地保存文档的临时副本，以保护所做的工作。选择"文件"选项卡中的"选项"命令，打开"Word 选项"对话框，在该对话框的左侧选择"保存"，如图 4-9 所示，然后在右侧选中"保存自动恢复信息时间间隔"复选框，在"分钟"微调框中输入时间间隔，以决定 Word 2016 保存文档的频繁程度。Word 2016 保存文档越频繁，在打开 Word 2016 文档时出现断电或类似问题的情况下，能够恢复的信息就越多。

图 4-9 "Word 选项"对话框

（5）在关闭文档时保存

当关闭一个 Word 2016 文档或退出 Word 2016 应用程序时，Office 程序会先检查该文件是否已经保存，如果文件已经保存并且未变更文件内容，就会直接关闭该文件。如果要关闭的文件曾经做过修改却尚未保存，便会打开图 4-10 所示的消息框询问是否保存该文档，单击"保存"按钮，就会保存修改过的文档。

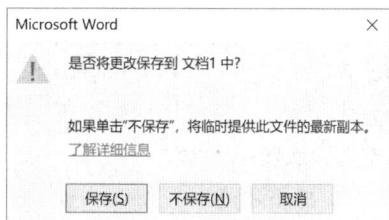

图 4-10 关闭 Word 文档时的提示信息

4.2.2 文档的视图方式与视图功能

在文档的编辑过程中，常常需要因不同的编辑目的而突出文档中某一部分的内容，以便能更有效地编辑文档。此时可通过选择不同的视图方式来实现。Word 2016 提供了 5 种文档视图方式，这些视图有自己不同的作用和优点，用户可以用最适合自己的视图方式来显示文档。例如，可以用页面视图进行排版，用大纲视图查看文档结构等。不管选用什么视图方式来查看文档，文档内容是不会变化的。

微课视频

若要切换不同的文档视图方式，可使用以下两种方法实现：一是单击 Word 2016 窗口右下方视图切换区中的不同视图按钮进行选择；二是单击"视图"选项卡，在"视图"选项组中选择所

需的视图方式。

1. 页面视图

页面视图是一种常用的文档视图，进行文本输入和编辑时常常采用该视图方式。它按照文档的打印效果显示文档，可以更好地显示排版格式，适用于总览整个文章的总体效果、查看文档的打印外观。在页面视图中还可以查看出页面大小、布局，编辑页眉和页脚，查看、调整页边距，处理分栏及图形对象。

在页面视图下，页与页之间使用空白区域进行区分，以便于文档的编辑。为方便阅读，我们可将页与页之间的空白区域隐藏起来。具体方法为：将鼠标指针移动到页与页之间的空白区域，双击鼠标左键即可将空白区域隐藏起来；同理，若要将空白区域显示出来，也可将鼠标指针移动到页与页的连接部分，双击鼠标左键，空白区域可再次显示。

2. 阅读视图

在阅读视图下，最适合阅读长篇文章。阅读视图将原来的文章编辑区缩小，而文字大小保持不变。如果文章较长，它会自动分成多屏。在阅读视图下，Word 2016 会将"文件"选项卡和功能区等窗口元素隐藏起来，以便扩大显示区，方便用户进行审阅和批注。在阅读视图中，按【Esc】键即可关闭阅读视图方式，返回文档之前所处的视图方式。

3. Web 版式视图

Web 版式视图可以预览具有网页效果的文本。在该视图下，编辑窗口将显示得更大，并自动换行以适应窗口。该视图比较适合用于发送电子邮件和浏览、制作网页；此外，在这种视图下，文本的显示方式要与浏览器的效果保持一致，便于用户进行进一步调整。

4. 大纲视图

在大纲视图中能查看、修改或创建文档的大纲，突出文档的框架结构。在该视图中，可以通过拖动标题来移动、复制和重新组织文本，因此它特别适合编辑含有大量章节的长文档。查看时可以通过折叠文档来隐藏正文内容而只显示文档中的各级标题和章节目录等，也可以展开文档以查看所有的正文。在大纲视图中不显示页边距、页眉和页脚、图片和背景。

5. 草稿视图

草稿视图主要用于查看草稿形式的文档，便于快速编辑文本。在草稿视图中可以输入、编辑和设置文本格式，但不显示页边距、页眉和页脚、背景、图形对象以及没有设置为"嵌入型"环绕方式的图片。该视图功能简单，适合编辑内容与格式较简单的文章。在草稿视图下，上下页面的空白区域转换为虚线。

6. 打印预览

在打印之前，可以使用"打印预览"功能对文档的实际打印效果进行预览，避免打印完成后才发现错误。在这种视图方式下，可以设置显示方式，调整显示比例。使用打印预览功能查看文档的具体操作步骤为：单击"文件"选项卡，然后选择"打印"命令，此时出现的最右侧窗格即为预览区，拖动滚动条即可预览其他页面。再次单击"文件"选项卡或单击其他选项卡，即可退出打印预览方式。

7. 拆分

在编辑文档时，有时需要在文档的不同部分进行操作，若使用拖动滚动条的方法会很麻烦，这时可以使用 Word 2016 中提供的拆分窗口方法。拆分窗口就是将文档窗口一分为二变成两个窗格，两个窗格中显示的是同一个文档中不同部分的内容，这样就可以很方便地对同一个文档中的前后内容进行编辑操作。具体步骤为：单击"视图"选项卡，在功能区中选择"窗口"选项组，单击"拆分"命令，此时文档窗口中会出现一条横线，用鼠标移动横线到窗口拆分的位置，然后单击鼠标即可将当前的文档窗口拆分为两个窗格。若要取消拆分状态，只需要单击"窗口"选项组中的"取消拆分"按钮即可。

8. 并排查看和同步滚动

在同时打开两个 Word 2016 文档后，通过单击"视图"选项卡中"窗口"选项组中的"并排查看"按钮，就可以让两个文档窗口左、右并排打开，尤其方便的是，这两个并排窗口可以同步上下滚动，非常适合用于文档的比较和编辑。

4.2.3　文本的选定及操作

1. 光标的移动

在开始编辑文本之前，应首先找到要编辑的文本位置，这就需要移动光标。光标的位置指示着将要插入文字或图形的位置，以及各种编辑修改命令生效的位置。

2. 文本的选定

（1）在文本区选定

在文本区进行选定操作有以下多种方法。

① 按下鼠标左键不放，在文本区进行拖动，可以直观、自由地选定文本区中的文字。另外，Word 2016 还提供了一种功能，即当鼠标指针指向工作区上下边缘时会自动滚动文档，这使拖动鼠标选定文本的范围更大了。

微课视频

② 在文本区的某个位置单击，选定一个起始点，然后拖动滚动条，再按住【Shift】键并单击另一位置，这时位于两位置点之间的文字会被选定。

③ 选中一个文本区，然后按住【Ctrl】键，再选中另外一块文本区，可实现不连续文本的选定。

④ 先按下【Alt】键，再用鼠标拖出一个矩形，即可选定此矩形区域中的文本。

（2）在选定栏选定

选定栏位于页面之外的区域。在选定栏中，鼠标指针呈反箭头 ⇗ 形状时进行拖动，即可以选定任意多行文本；此外，也可以在选定栏处双击选定一个段落，或三击选定整个文档。

（3）利用命令选定

选择"开始"选项卡，在"编辑"选项组中单击"选择"按钮，在打开的下拉列表中选择"全选"，或按【Ctrl+A】组合键，均可选定所有文本内容。

3. 删除和剪切文本

（1）删除文本

选定要删除的内容，然后按【Delete】键即可删除所选内容。

（2）剪切文本

选定文本后，可用以下 3 种方法完成剪切操作。

① 单击"开始"选项卡中"剪贴板"组中的"剪切"按钮。

② 右击被选定文本，在弹出的快捷菜单中选择"剪切"命令。

③ 按【Ctrl+X】组合键。

注意　　删除文本和剪切文本从表面上看产生的效果是一样的，都清除了选定的内容。但实际上二者有实质性区别，删除文本是把文本内容彻底删除掉，而剪切文本是把选定内容移动到剪贴板中。

4．复制文本

要复制文本，首先应选中文本，然后使用下列方法进行复制。

① 单击"开始"选项卡中"剪贴板"选项组中的"复制"按钮。

② 右击选定的文本，在弹出的快捷菜单中选择"复制"命令。

③ 按【Ctrl+C】组合键。

使用上述任何一种方法都能将选中的文本内容复制到剪贴板中。

5．粘贴文本

粘贴文本的操作实质上是将剪贴板中的内容插入光标所在的位置，这就要求剪贴板中必须有要粘贴的内容。因此，剪切、复制和粘贴操作常组合在一起使用。

将光标移动到要粘贴内容的位置，用下列方法之一进行粘贴。粘贴的内容出现在光标所在的位置，而原先光标后面的内容自动后移。

① 单击"开始"选项卡中"剪贴板"选项组中的"粘贴"按钮。

② 按【Ctrl+V】组合键。

③ 右击选定的文本，在弹出的快捷菜单中选择"粘贴选项"下的 4 个不同选项。其中："保留源格式"表示粘贴后的内容保留原始内容的格式；"合并格式"表示粘贴后的内容保留原始内容的格式，并合并目标位置的格式；"图片"表示将粘贴的内容保存为图片格式；"只保留文本"表示粘贴后的内容不具有任何格式设置，只保留文本内容。

6．剪贴板

Windows 10剪贴板只能保留最近一次剪切或复制的信息，而Office 2016提供的剪贴板在Word 2016 中以任务窗格的形式出现，它具有可视性；而且在 Office 2016 系列软件中，剪贴板信息是共用的，用户可以在 Word 2016 文档内或与其他程序之间进行更复杂的复制和移动操作，例如可以从画图程序中选择图形的一部分进行复制，而后粘贴到 Word 2016 文档中。

选择"开始"选项卡，单击"剪贴板"选项组右下角的按钮，打开"剪贴板"任务窗格，如图 4-11 所示。单击"全部粘贴"按钮，剪贴板中的内容将从下至上全部粘贴到当前光标所在位置。单击"全部清空"按钮，可以将剪贴板中的内容全部清空。若要粘贴其中的某一项内容，可以在"单击要粘贴的项目"列表框中找到要粘贴的项目，项目右侧会出现一个下拉按钮，直接单击该项目或单击右侧的下拉按钮，在菜单中选择"粘贴"命令。若要清除一个项目，可单击项目右侧的下拉按钮，在菜单中选择"删除"命令。

图 4-11 "剪贴板"任务窗格

7．移动文本

在文本编辑的过程中，常需要移动文本的位置。移动文本的方法包括使用鼠标拖动、使用功能区按钮和使用快捷菜单 3 种。

（1）使用鼠标拖动

使用鼠标拖动是短距离内移动选定文本的最简洁方法。选定要移动的文本内容，当鼠标指针指向选定的文本内容后按住鼠标左键进行拖动，将虚线光标拖动到新位置后，松开鼠标左键，选定的文本内容将移动到新位置。

（2）使用功能区按钮

首先选定要移动的文本内容，单击"开始"选项卡下"剪贴板"选项组中的"剪切"按钮，然后将光标设置在新位置上，单击"剪贴板"选项组中的"粘贴"按钮。

（3）使用快捷菜单

选定要移动的文本内容，右击选定的文本并在弹出的快捷菜单中选择"剪切"命令；将光标设置在新位置，右击后，在弹出的快捷菜单中选择"粘贴选项"下的相应选项。

如果要长距离移动选定的文本，使用"剪切"和"粘贴"命令更为方便。

4.2.4　文本的查找与替换

Word 2016 的查找和替换功能非常强大，它既可以查找和替换普通文本，也可以查找或替换带有固定格式的文本，还可以查找或替换字符格式、段落标记等特定对象；尤其值得一提的是，它也支持使用通配符（如"Word *"或"张?"）进行查找。

微课视频

1. 查找文本

查找是指从当前文档中查找指定的内容。如果查找前没有选取查找范围，Word 2016 将默认在整个文档中进行搜索；若要在某一部分文本范围内查找，则必须选定文本范围。

选择"开始"选项卡，在"编辑"选项组中单击"查找"按钮，或按【Ctrl+F】组合键，则在窗口左侧打开"导航"任务窗格，在搜索框中输入需要查找的内容，即可在文档中将查找到的内容高亮显示。

此外，也可以使用"高级查找"功能进行查找。查找步骤如下。

① 选择"开始"选项卡，在"编辑"选项组中单击"查找"按钮右侧的下拉按钮，在打开的下拉列表中选择"高级查找"命令，则打开"查找和替换"对话框，默认显示的是"查找"选项卡，如图 4-12 所示。

② 在"查找内容"文本框中输入要查找的内容，或单击文本框的下拉按钮，选择查找内容。

③ 单击"查找下一处"按钮，完成第一次查找，被查找到的内容呈高亮显示。如果还要继续查找，单击"查找下一处"按钮继续向下查找。

2. 替换文本

替换文本的步骤如下。

① 按【Ctrl+H】组合键或单击"开始"选项卡中"编辑"选项组的"替换"按钮，则打开"替换"选项卡，如图 4-13 所示。

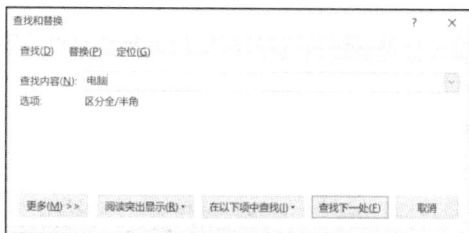

图 4-12　"查找"选项卡

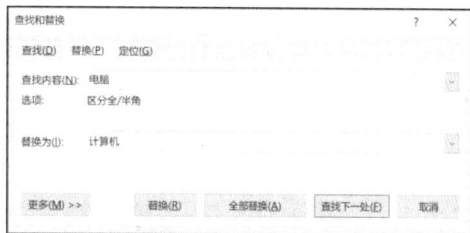

图 4-13　"替换"选项卡

② 在"查找内容"文本框中输入被替换的内容，在"替换为"文本框中输入用来替换的新内容。如果未输入新内容，被替换的内容会被删除。

3. 设定替换方法

替换方法分为有选择替换和全部替换。

（1）有选择替换

在"替换"选项卡中，每单击一次"查找下一处"按钮，可找到被替换内容，若想替换则单击"替换"按钮；若不想替换则单击"查找下一处"按钮。利用该方法可以进行有选择替换。

（2）全部替换

单击"替换"选项卡中的"全部替换"按钮，则将查找到的文本内容全部替换成新文本内容，并弹出消息框显示。

4. 设置替换选项

若要根据某些条件进行替换，可在"替换"选项卡中单击"更多"按钮，扩展"替换"选项卡，显示"搜索选项"选项组，该组中有10个复选框用来限制查找内容的形式，如图4-14所示。在该对话框中设置所需的选项，例如，选中"区分大小写"复选框，就会只替换那些大小写与查找内容相符的情况。注意，此时"更多"按钮被替换为"更少"按钮，单击"更少"按钮可隐藏"搜索选项"选项组。

另外，Word 2016不仅能替换文本内容，还能替换文本格式或某些特殊字符。如将文档中字体为"黑体"的"计算机"全部替换为字体为"隶书"的"计算机"，将"手动换行符"替换为"段落标记"等，这些操作都可以通过扩展后的"替换"选项卡中的"格式"按钮和"特殊格式"按钮来完成。

4.2.5 公式操作

Word 2016中提供了很多内置的公式，用户可以直接选择所需公式并将其快速插入文档中；另外也提供了"公式工具"选项卡，用户可以根据实际需要输入一些特定的公式并对其进行编辑。

图4-14 扩展后的"替换"选项卡

1. 插入公式

如果要插入Word 2016中内置的公式，可以选择"插入"选项卡，在"符号"选项组中单击"公式"按钮，这时展开的下拉列表中就列出了Word 2016内置的一些公式样式，如图4-15所示。从中选择所需的公式并单击鼠标，即可将该公式插入文档中。

微课视频

若需要输入一个特定的公式，可在"插入"选项卡中单击"符号"选项组中"公式"旁的下拉按钮或选择图4-15中底部的"插入新公式"命令，在文档的光标处将创建一个供用户输入公式的编辑框，且功能区中增加了"公式工具"下的"设计"选项卡，如图4-16所示，此时即可通过"符号"选项组和"结构"选项组输入公式的内容。

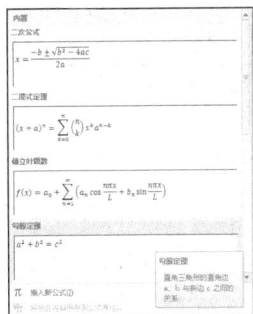

图4-15 内置公式

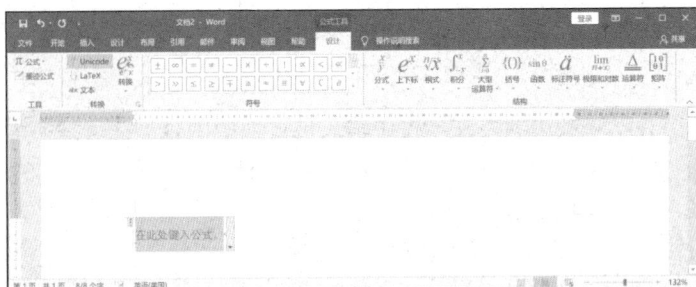

图4-16 "公式工具"的"设计"选项卡

在"结构"选项组中有许多按钮，每个按钮代表了一种类型的公式模板。要输入哪一类公式，只需单击相应类别的模板。例如，要输入同时带有上、下标的公式，则单击 按钮，在展开的模板中选择合适的样式，这时在公式编辑框中就会出现用虚线框起来的对象，用户只需在虚线框中输入内容即可。

2. 编辑公式

要修改现有的公式，单击公式，此时光标定位在公式中，Word 窗口中显示"公式工具"下的"设计"选项卡，单击该选项卡，则可打开其中的选项组修改公式内容。

如果要修改公式中的字号或对齐方式等选项，可在选中公式后，选择"开始"选项卡下"字体"选项组或"段落"选项组中的相应命令进行修改。

4.3　文档的排版

完成文本的基本编辑后就可以对文档进行排版了，即对文档进行外观的设置。在 Word 2016 中对文档的排版包括设置字符格式、设置段落格式以及设置页面格式 3 个方面。

微课视频

4.3.1　设置字符格式

字符是指作为文本输入的文字、标点符号、数字以及各种符号。字符格式设置是指用户对字符的屏幕显示和打印输出形式进行设定，如字符的字体、字号、字形、颜色、下画线、着重号、上下标、删除线及字符间距等的设置。在创建新文档时，Word 2016 中的字符按系统默认的格式显示，即中文字体为宋体、五号字，英文字体为 Times New Roman 字体。用户可根据需要对字符的格式进行重新设置。

1. 使用"开始"选项卡中的"字体"选项组进行设置

首先选中需要进行格式设置的文本，而后单击"开始"选项卡，在"字体"选项组中可使用相应的命令按钮进行格式的设置。

（1）设置字体、字号和字形

单击"字体"框的下拉按钮，在打开的下拉列表中可选择所需字体。单击"字号"框的下拉按钮，在打开的下拉列表中可选择所需字号。

用户可分别单击"加粗"按钮 、"倾斜"按钮 和"下画线"按钮 为选定字符设置加粗、倾斜和增加下画线等字形格式，还可单击"下画线"按钮旁的下拉按钮，在打开的下拉列表中选择下画线线型。

（2）设置字符的修饰效果

① 单击"字体颜色"按钮 旁的下拉按钮，在打开的下拉列表中可以设置选定字符的颜色。

② 单击"字符边框"按钮 、"字符底纹"按钮 ，可设置或撤销字符的边框、底纹格式。

③ 利用"文本效果"按钮 可以设定字符的外观效果，如发光、阴影或映像等。

④ 为突出显示文本，用户可将字符设置为用荧光笔标记过的效果。只需单击"文本突出显示颜色"按钮 旁的下拉按钮，在打开的下拉列表中选择一种突出显示的颜色。

2. 使用"字体"对话框进行设置

选中需要设置字符格式的文本并右击，在弹出的快捷菜单中选择"字体"命令，或选中文本后单击"开始"选项卡下"字体"选项组右下角的按钮 ，都可以打开"字体"对话框，如图 4-17 所示。

（a）"字体"选项卡   （b）"高级"选项卡

图 4-17 "字体"对话框

单击"字体"选项卡（见图 4-17（a）），可设置字符的字体、字号、字形、颜色，以及"删除线""上标""下标"等修饰效果。

单击"高级"选项卡（见图 4-17（b）），可设置字符的间距、缩放或位置。字符间距是指两个字符之间的距离，缩放是指缩小或扩大字符的宽、高比例。当缩放值为100%时，字的宽高比为系统默认值（字体不同，字的宽高比也不同）；当缩放值大于100%时为扁形字；当缩放值小于100%时为长形字。在"开始"选项卡下的"段落"选项组中单击"中文版式"按钮，在其下拉列表中选择"字符缩放"命令，也可对字符进行缩放设置。

单击"字体"对话框下面的"文字效果"按钮还可以设置文字的动态效果。

4.3.2　设置段落格式

Word 2016 中的段落是由一个或几个自然段构成的。在输入一段文字后按【Shift+Enter】组合键，产生一个被称为"手动换行符"的"↓"符号，此时形成的是一个自然段。如果输入一段文字后按【Enter】键，产生一个"↵"符号，那么这段文字就形成一个段落，该符号称为段落标记。段落标记不仅标识一个段落的结束，还存储了该段落的格式信息。

段落格式设置通常包括对齐方式、行距和段间距、缩进方式、边框和底纹等的设置。

段落格式的设置方法主要有如下 3 种。

（1）使用"标尺"进行粗略设置。通过这种方法可以设置段落的缩进和制表位。

（2）利用"开始"选项卡中的"段落"选项组进行设置，可以设置水平对齐方式（包括左对齐、居中、右对齐、两端对齐、分散对齐）、缩进（包括减少缩进量、增加缩进量）、编号、项目符号和多级列表等。

（3）对于段落格式的精确设置，需要单击"开始"选项卡中"段落"选项组右下角的"段落"对话框按钮，在打开的"段落"对话框中完成，如图 4-18 所示。

1. 设置水平对齐方式

Word 2016 提供了 5 种段落水平对齐方式：左对齐、居中、右对齐、两端对齐和分散对齐。默认情况下是两端对齐。

微课视频

（1）左对齐：使正文沿页的左边距对齐。采用这种对齐方式时，Word 2016 不会调整一行内文字的间距，所以右边界处的文字可能产生锯齿。

（2）两端对齐：使正文沿页的左、右边距对齐。Word 2016 会自动调整每一行内文字的间距，使其均匀分布在左、右页边距之间，但最后一行是靠左边距对齐。

（3）居中：段落中的每一行文字都居中显示，常用于标题或表格内容的设置。

（4）右对齐：使正文的每行文字沿右页边距对齐，包括最后一行。

（5）分散对齐：正文沿页面的左、右边距在一行中均匀分布，最后一行也分散充满一行。

单击"段落"对话框的"缩进和间距"选项卡，在"对齐方式"下拉列表中可以选择不同的对齐方式。

2. 设置垂直对齐方式

垂直对齐方式决定了段落相对于上或下页边距的位置，一个段落在垂直方向上的对齐方式为顶端对齐、居中、两端对齐和底端对齐 4 种方式。要改变一个段落在垂直方向上的对齐方式，可以单击"布局"选项卡下"页面设置"选项组右下角的按钮，打开"页面设置"对话框，在"布局"选项卡下的"垂直对齐方式"选项组中进行选择，如图 4-19 所示。

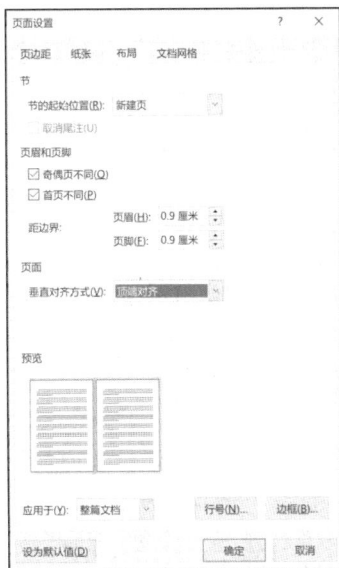

图 4-18　"段落"对话框

图 4-19　"布局"选项卡

3. 设置段落缩进

缩进就是文本与页面边界的距离。段落有以下几种缩进方式：首行缩进、悬挂缩进和左、右缩进。首行缩进是指段落的第一行相对于段落的左边界缩进，如最常见的文本段落格式就是首行缩进两个汉字的宽度；悬挂缩进是指段落的第一行不缩进，而其他行则相对缩进；左、右缩进是指段落的左右边界相对于左右页边距进行缩进。

设置段落缩进的具体方法如下。

① 打开"段落"对话框，选择"缩进和间距"选项卡可设置缩进方式。其中，"缩进"选项组中的"左侧"和"右侧"微调框用于设置整个段落的左、右缩进值。在"特殊"下拉列表框中可选择"首行缩进"或"悬挂缩进"选项，在"缩进值"微调框中可精确设置缩进量。

② 使用标尺调整缩进。要调整整个段落的首行缩进值，可在标尺上拖动"首行缩进"标记；要调整整个段落的左缩进值，可以在标尺上拖动"左缩进"标记；要调整整个段落的右缩进值，可以在标尺上拖动"右缩进"标记。在拖动有关标记时，按住【Alt】键则可以看到精确的标尺读数。

4. 设置段落间距

段落间距是指两个段落之间的距离。要调整段落间距，首先选择要调整间距的段落，然后在"段落"对话框中选择"缩进和间距"选项卡，在"段前"和"段后"微调框中分别设置段前和段后的间距。

5. 设置行距

行距是指段落内部行与行之间的距离。要调整行间距，首先选择要调整行间距的段落，然后单击"段落"对话框的"缩进和间距"选项卡（见图 4-18），在"行距"下拉列表框中选择一种行间距。

需要注意的是，行距中的"最小值"是系统给定的一个值，用户不能改变。要想随意设置行间距，应使用"固定值"，并在"设置值"微调框中输入行距。

在设置好字符或段落的格式后，可以使用格式刷将设置好的格式快速复制到其他字符或段落中。需要注意的是，格式刷复制的不是文本的内容，而是字符或段落的格式。使用格式刷的操作步骤如下。

① 选定要复制格式的文本或把光标定位在要复制格式的段落中。

② 单击"开始"选项卡中"剪贴板"选项组中的"格式刷"按钮，此时鼠标指针变成刷子状。

③ 用格式刷选定需要应用格式的文本，被格式刷刷过的文本格式替换为复制的格式。

采用上述方法只能将格式复制一次，而双击"格式刷"按钮则可以多次应用格式刷。如果要结束使用格式刷可再次单击"格式刷"按钮。

4.3.3 设置页面格式

页面设置的内容包括设置纸张大小、页面的上下/左右边距、装订线、文字排列方向、每页行数和每行字符数、页码、页眉和页脚等内容。这些设置是打印文档之前必须要做的工作，用户可以使用默认的页面设置，也可以根据需要重新设置或随时进行修改。页面设置既可以在文档的输入之前进行，也可以在文档输入的过程中或文档输入之后进行。

微课视频

1. 设置纸张

默认情况下，Word 2016 创建的文档是纵向排列的。用户可以根据需要调整纸张的大小和方向。

单击"布局"选项卡下"页面设置"选项组中的"纸张方向"按钮，可在打开的下拉列表中选择"纵向"或"横向"。

单击"布局"选项卡下"页面设置"选项组中的"纸张大小"下拉按钮，在其下拉列表中有系统自带的标准纸张尺寸，用户可从中选择打印纸型，如 A4 纸。另外，用户还可以对标准纸型进行微调，具体方法为：在"纸张大小"下拉列表中选择"其他页面大小"命令或单击"页面设置"选项组右下角的按钮，均可弹出"页面设置"对话框，在"纸张"选项卡中选择一种纸张尺寸，而后在"宽度"和"高度"微调框中会显示纸张的尺寸，单击"宽度"和"高度"微调框右侧的按钮可进行调整，如图 4-20 所示。

2. 设置页边距

在"页面设置"对话框中选择"页边距"选项卡（见图 4-21），在"页边距"选项组的"上""下""左""右"微调框中分别输入页边距的值；在"纸张方向"选项组中选择"纵向"或"横向"以确定文档页面的方向；如果打印后需要装订，在"装订线"文本框中输入装订线的宽度，在"装订线位置"下拉列表框中选择装订线的位置。然后单击"确定"按钮，即可完成页边距的设置。

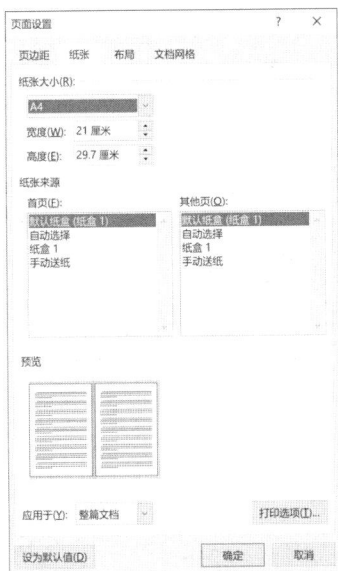

图 4-20 "纸张"选项卡　　　　图 4-21 "页边距"选项卡

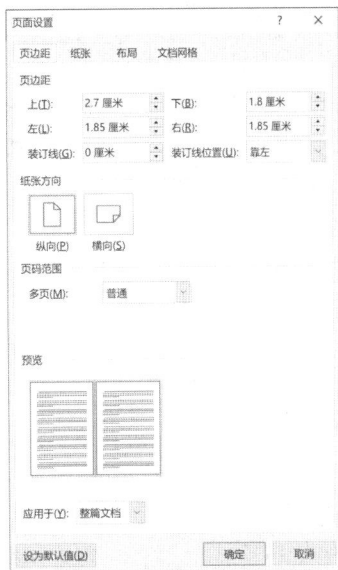

3. 设置页版式

在"页面设置"对话框中选择"布局"选项卡（见图 4-19），在该选项卡中可以对节、页眉与页脚的位置等进行设置。

① 文档版式的作用单位是"节"，每一节中的文档具有相同的页边距、页面格式、页眉/页脚等版式设置内容。在"节的起始位置"下拉列表框中选择当前节的起始位置。

② 在"页眉和页脚"选项组中选中"奇偶页不同"复选框，则可在奇数页和偶数页上设置不同的页眉和页脚。选中"首页不同"复选框，可以使节或文档首页的页眉/页脚与其他页的页眉/页脚不同。在"页眉"或"页脚"文本框中可以输入页眉或页脚距纸张边界的距离。

4. 设置文档网格

在"页面设置"对话框中选择"文档网格"选项卡（见图 4-22），可设置文字排列的方向、分栏数、每页行数和每行字符数。

在"网格"选项组中可选择一种网格，各选项的含义如下。

（1）"只指定行网格"：用于设定每页中的行数。在"每页"微调框中输入行数，或者在"间距"微调框中输入跨度的值。

（2）"指定行和字符网格"：同时设定每页的行数及每行的字符数。

（3）"文字对齐字符网格"：输入每页的行数和每行的字符数后，Word 2016 将严格按照输入的数值设置页面。

图 4-22 "文档网格"选项卡

4.3.4　文档页面修饰

1. 分节与分栏

（1）分节

默认情况下，文档中每个页面的版式或格式都是相同的。若要改变文档中一个（或多个）页面的版式或格式，则可以使用分节符来实现。使用分节符可以将整篇文档分为若干节，每一节可

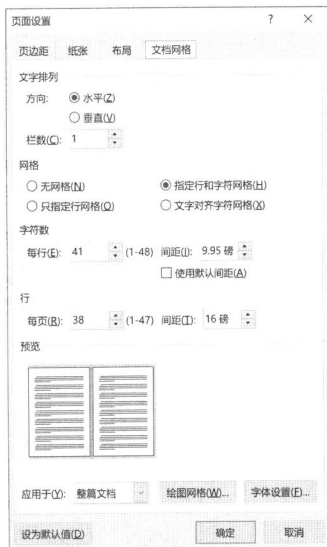

以单独设置版式，例如设置页眉、页脚、页边距等，从而使文档的编辑排版更加灵活。

单击"布局"选项卡下"页面设置"选项组中的"分隔符"按钮，打开图 4-23 所示的"分隔符"下拉列表。在"分节符"选项组内有 4 种分节符选项，选择一种分节符类型，即可完成插入分节符的操作。

分节符定义了文档中格式发生更改的位置。若要查看插入的分节符，可选择"草稿"视图，此时可看到在原光标位置插入了一条双虚线分节符。若要删除某分节符，可在草稿视图下选择要删除的分节符，按下【Delete】键。删除该分节符将会同时删除该分节符之前的文本格式。

（2）分栏

如果要使文档具有类似于报纸的分栏效果，就要用到 Word 2016 的分栏功能。每一栏就是一节，用户可以对每一栏单独进行格式化和版面设计。在分栏的文档中，文字是逐栏排列的，填满一栏后才转到下一栏。

要把文档分栏，必须在页面视图方式下进行。在页面视图方式下选定要分栏的文本，选择"布局"选项卡中"页面设置"选项组的"栏"按钮，在其下拉列表中有各种分栏的形式，如"两栏""三栏"等，单击"更多栏"可弹出"栏"对话框，如图 4-24（a）所示，在该对话框中可选择栏形式，也可以在"栏数"微调框内直接指定栏数，最多可指定 11 栏，最后单击"确定"按钮。文档被分为两栏后的效果如图 4-24（b）所示。

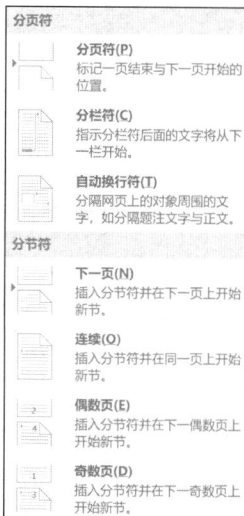

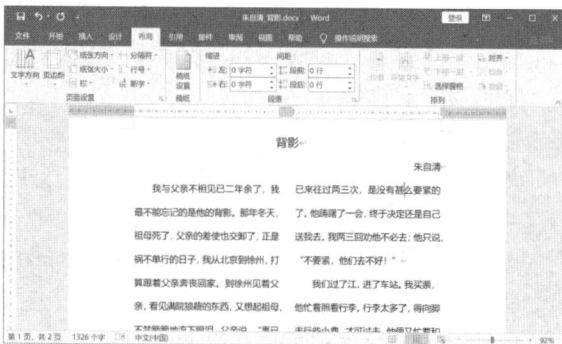

（a）"栏"对话框　　　　（b）分栏后的效果

图 4-24　分栏

2. 页眉和页脚

页眉和页脚通常用于显示文档的附加信息，例如日期、时间、发文的文件号、章节名、文件的总页数及当前为第几页等。其中，页眉显示在页面的顶部，而页脚显示在页面的底部。页眉和页脚属于版式的范畴，文档的每个节可以单独设计页眉和页脚。只有在页面视图方式下才能看到页眉和页脚的效果。

（1）添加页眉和页脚

在"插入"选项卡的"页眉和页脚"选项组中单击"页眉"或"页脚"按钮，在其下拉列表中有 Word 2016 内置的页眉或页脚模板，用户可在其中选择适合的页眉或页脚样式，也可以选择

图 4-23　"分隔符"下拉列表

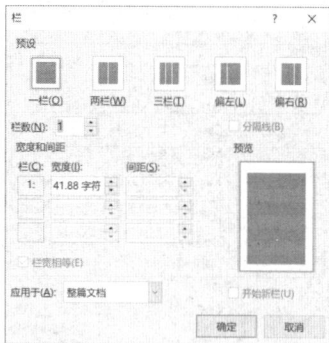

"编辑页眉"或"编辑页脚"命令根据需要进行编辑。此时，页面的顶部和底部将各出现一条虚线，其中，顶部的虚线处为页眉区域，底部为页脚区域；与此同时，将打开"页眉和页脚工具"下的"设计"选项卡，如图 4-25 所示。用户可在页眉或页脚区域输入相应内容，也可通过"插入"选项组中的各个命令按钮插入相应的内容，例如"日期和时间""图片"等。

图 4-25　"页眉和页脚工具"的"设计"选项卡

单击"设计"选项卡的"导航"选项组中的"转至页脚"或"转至页眉"按钮可在页眉与页脚之间进行切换。编辑完成后，双击正文中的任意位置或单击"关闭"选项组中的"关闭页眉和页脚"按钮即可返回文档正文。

（2）页眉和页脚格式的设置

① 设置对齐方式

默认情况下，在页眉或页脚中输入的文本或图形总是左对齐的。如果要使文本或图形居中或者居右，在"页眉和页脚工具"下的"设计"选项卡中单击"位置"选项组中的"插入对齐制表位"按钮，此时，将弹出"对齐制表位"对话框，在"对齐"选项组中进行选择即可，如图 4-26 所示。

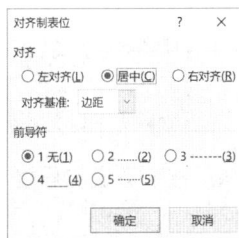

图 4-26　"对齐制表位"对话框

② 为文档设置多个不同的页眉和页脚

一般情况下，Word 2016 中的每一页都显示相同的页眉和页脚。但是，有时用户需要对不同的页面使用不同的页眉和页脚，例如首页需要设置一种页眉和页脚，其他页使用另外的页眉和页脚；再如在奇数页和偶数页上分别使用不同的页眉和页脚或在不同节中使用不同的页眉和页脚。具体操作方法如下。

a. 打开文档，选择"插入"选项卡，在"页眉和页脚"选项组中单击"页眉"按钮并在打开的下拉列表中选择"编辑页眉"命令。

b. 在"页眉和页脚工具"下的"设计"选项卡中找到"选项"选项组，可按需选择"首页不同"或"奇偶页不同"复选框。

c. 此时在文档的首页将出现"首页页眉""首页页脚"的编辑区。相应地，在奇数页和偶数页的页面上也出现了"奇数页页眉""奇数页页脚""偶数页页眉""偶数页页脚"等编辑区域，单击该区域，即可创建不同的页眉或页脚。

d. 单击"关闭"选项组中的"关闭页眉和页脚"按钮，即可返回文档编辑状态。

3. 页码

当文档中包含多个页面时，往往需要插入页码。具体方法如下。

单击"插入"选项卡下"页眉和页脚"选项组中的"页码"按钮，将打开图 4-27 所示的下拉列表，在该列表中可指定页码出现的位置，选中"页面顶端"或"页面底端"并在其右侧显示的浏览库中选择所需的页码样式即可插入页码。

若要对页码的格式进行设置，例如指定起始页码的编号或编号的格式等，可单击图 4-27 中的"设置页码格式"命令，此时将打开"页码格式"对话框，如图 4-28 所示。通常，页码的编号为阿拉伯数字。若要修改编号的格式，可以在"编号格式"下拉列表框中选择一种数字格式，如"a,b,c,..." "Ⅰ,Ⅱ,Ⅲ,..."等。默认情况下，文档的页码从 1 开始编号，用户可以通过"起始页码"框指定所需的页码编号。

图 4-27 "页码"下拉列表　　　　图 4-28 "页码格式"对话框

若要删除页码，选择"页码"下拉列表中的"删除页码"命令即可。

4. 首字下沉和悬挂

首字下沉就是将文章开头的第一个字符放大数倍，并以下沉或悬挂的方式显示，其实质是将段落的第一个字符转换为图形。设置首字下沉和悬挂的操作步骤如下。

① 将光标置于需要首字下沉或悬挂的段落中，该段落必须包含文字。

② 单击"插入"选项卡中"文本"选项组内的"首字下沉"按钮。

③ 在打开的下拉列表中可以选择下沉方式，可选下沉方式包括"无""下沉""悬挂"，还可以单击"首字下沉选项"打开"首字下沉"对话框，如图 4-29 所示。在"首字下沉"对话框中可设置下沉字的字体、下沉的行数和下沉字距正文的间距，单击"确定"按钮，即可完成首字下沉的设置。

图 4-29 "首字下沉"对话框

5. 项目符号与编号

项目符号是指在文档中的并列内容前添加的统一符号，而编号是指为具有层次区分的段落添加的号码，编号通常是连续的号码。在各段落之前添加项目符号或编号，可以使文档的条理更加清晰，层次更加分明。

为了使文本更易修改，建议段落前的编号或项目符号不要以文本的形式输入，而应使用 Word

2016 自动设置项目符号和段落编号的功能。这样，在已编号的列表中添加、删除或重排列表项目时，Word 2016 会自动更新编号。

（1）为已有文本添加项目符号或编号

首先选定需要添加项目符号或编号的段落，而后选择"开始"选项卡，在"段落"选项组中单击"项目符号"按钮▤▾或"编号"按钮▤▾右侧的下拉按钮，可在打开的下拉列表中选择不同的项目符号或编号样式，进而在所选段落前添加上所选的项目符号或编号。

（2）自定义项目符号和编号

除了使用系统自动提供的项目符号和编号样式外，还可以对项目符号和编号的样式进行自定义。具体方法为：选择"开始"选项卡，在"段落"选项组中单击"项目符号"按钮▤▾或"编号"按钮▤▾右侧的下拉按钮，在打开的下拉列表中分别选择"定义新项目符号"或"定义新编号格式"命令，将分别弹出"定义新项目符号"对话框和"定义新编号格式"对话框，如图 4-30 和图 4-31 所示。

在"定义新项目符号"对话框中可单击"符号"或"图片"按钮，选择合适的自定义项目符号，而后单击"确定"按钮，即可将所选图片或符号作为项目符号添加到所选段落之前。

在"定义新项目符号"对话框中的"编号样式"下拉列表框中选择一种编号样式，而后在"编号格式"框中对其进行修改，修改完成后单击"确定"按钮，即可将新的编号样式添加到所选段落之前。

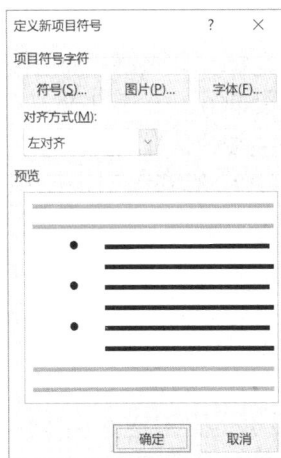

图 4-30　"定义新项目符号"对话框　　　图 4-31　"定义新编号格式"对话框

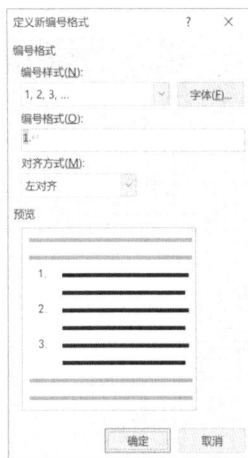

4.3.5　样式和模板的使用

样式和模板是 Word 2016 中最重要的排版工具之一。应用样式可以直接将文字和段落设置成事先定义好的格式；应用模板可以轻松制作出精美的公文、信函、会议文件等。

微课视频

1. 样式

样式是用样式名命名的一组特定格式的集合，它规定了正文、段落等的格式。段落样式可应用于整个文档，如字体、行间距、缩进方式、对齐方式、边框、编号等。字符样式可应用于任何文字，如字体、字号、字形和修饰效果等。

（1）新建样式

样式是由多个格式排版命令组合而成的，新建样式的操作步骤如下。

① 选中要建立样式的文本，单击"开始"选项卡中"样式"选项组右下角的按钮，打开"样式"任务窗格，如图 4-32 所示。

② 单击"新建样式"按钮，打开"根据格式化创建新样式"对话框，如图 4-33 所示。在"属性"选项组中进行样式属性设置；在"格式"选项组中设置该样式的文字格式。

③ 单击"格式"按钮，在打开的列表中选择任一选项均可打开一个相应对话框。如选择"段落"选项，打开"段落"对话框，在该对话框中进行对齐方式、行间距等格式的设置，完成设置后单击"确定"按钮，样式的设置结果将显示在预览框的下方，单击"确定"按钮，即可完成新样式的创建。

④ 选中文本按照新建样式的要求显示在文档中，而且新建样式名也会自动添加到"样式"选项组中和"样式"任务窗格的下拉列表框中。

图 4-32 "样式"任务窗格

（2）样式的应用

样式创建好后，即可将其应用到文档中的其他段落或字符中。操作步骤为：首先选中需要应用样式的段落或字符，然后选择"开始"选项卡，在"样式"选项组中单击新建的样式名或者打开"样式"任务窗格，在"样式"任务窗格的下拉列表框中单击新建的样式名。此时被选定的段落或字符就会自动按照样式中定义的属性进行格式化。

（3）样式的编辑

样式创建好后，可根据需要对不符合要求的样式进行修改。修改样式的操作步骤如下。

① 单击"开始"选项卡中"样式"选项组右下角的按钮，打开"样式"任务窗格。

② 在"样式"下拉列表框中，将鼠标指针放置于需要修改的样式上，单击其右侧的下拉按钮▼，在打开的下拉列表中选择"修改"命令，打开"修改样式"对话框，如图 4-34 所示。

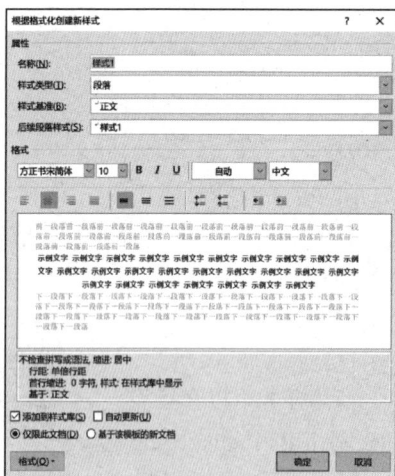

图 4-33 "根据格式化创建新样式"对话框

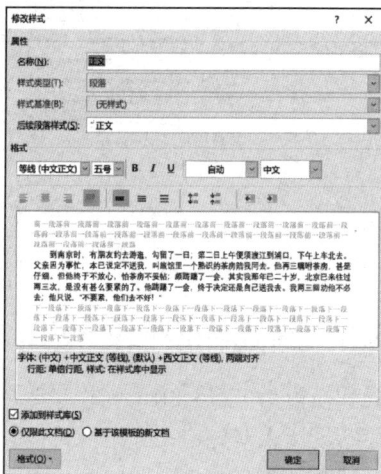

图 4-34 "修改样式"对话框

③ 在"修改样式"对话框中修改样式，修改完成后单击"确定"按钮，即可完成修改。

（4）样式的删除

对不再需要的样式可进行删除。单击"开始"选项卡中"样式"选项组右下角的按钮，打开"样式"任务窗格。右击需要删除的样式名，在弹出的快捷菜单中选择"删除"命令，在打开的提示对话框中单击"是"按钮，即可将该样式删除。

2. 模板

模板实际上是某种文档的模型，是一类特殊的文档。每个文档都是基于模板建立的，用户在打开 Word 2016 时就启动了模板，该模板是 Word 2016 自动提供的普通模板，即 Normal 模板。模板文件的扩展名为.dotx。除了可以使用系统内置的模板外，用户也可根据需要创建自己的模板。

（1）创建模板

完成样式创建后，即可利用文档创建模板。具体操作步骤如下。

① 打开作为模板的文档，选择"文件"选项卡中的"另存为"命令，打开"另存为"对话框。

② 在"保存类型"下拉列表框中选择"Word 模板"选项，在"文件名"文本框中输入模板的名称，在"保存位置"下拉列表框中选择所需位置。

③ 单击"保存"按钮，即可完成模板的创建。

（2）模板的使用

模板创建好后，即可创建基于该模板的文档。操作步骤如下。

① 单击"文件"选项卡，选择"选项"命令，打开"Word 选项"对话框，如图 4-35 所示。

② 选择左侧列表中的"加载项"，在右侧"管理"下拉列表框中选择"模板"选项，单击"转到"按钮，打开"模板和加载项"对话框，如图 4-36 所示。

图 4-35　"Word 选项"对话框

图 4-36　"模板和加载项"对话框

③ 单击"选用"按钮，打开"选用模板"对话框，如图 4-37 所示。选中要应用的模板文件，单击"打开"按钮，返回到"模板和加载项"对话框。此时，在"文档模板"框中将显示添加的模板文件名和路径。

④ 选中"自动更新文档样式"复选框，单击"确定"按钮，即可将此模板的样式应用到文档中。

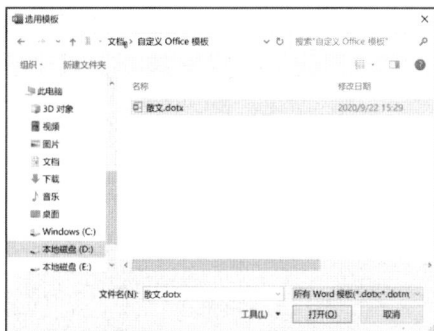

图 4-37　"选用模板"对话框

4.4 表格处理

制表是文字处理软件的主要功能之一。利用 Word 2016 提供的制表功能可以创建、编辑、格式化复杂表格，也可以对表格内数据进行排序、统计等操作，还可以将表格转换成各类统计图表。

4.4.1 表格的创建

在 Word 2016 中不论表格的形式如何，都是借助行和列来排列信息的。行、列交叉处称为单元格，单元格是输入信息的地方。在文档中要创建一个表格有以下 4 种方法。

1. 使用"插入表格"命令创建表格

使用"插入表格"命令创建表格的操作步骤如下。

① 将光标置于要插入表格的位置。

② 在"插入"选项卡的"表格"选项组中单击"表格"按钮，打开图 4-38 所示的"表格"下拉列表，单击"插入表格"命令，打开图 4-39 所示的"插入表格"对话框。

图 4-38 "表格"下拉列表

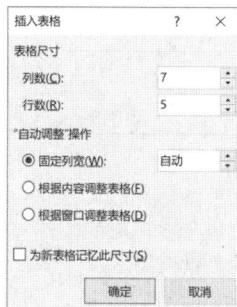

图 4-39 "插入表格"对话框

③ 在"表格尺寸"下的"列数"和"行数"微调框中指定表格的列数和行数。在"'自动调整'操作"下，可对表格的尺寸进行调整，选中"固定列宽"单选按钮，则可由用户指定每列的列宽；若选中"根据内容调整表格"单选按钮，则列宽自动适应内容的宽度；选中"根据窗口调整表格"单选按钮，则表格宽度总是与页面的宽度相同，列宽等于页面宽度除以列数。

④ 单击"确定"按钮，则创建了一个指定行列数的表格。如图 4-40 所示，用户创建了一个 7 列 5 行的表格。

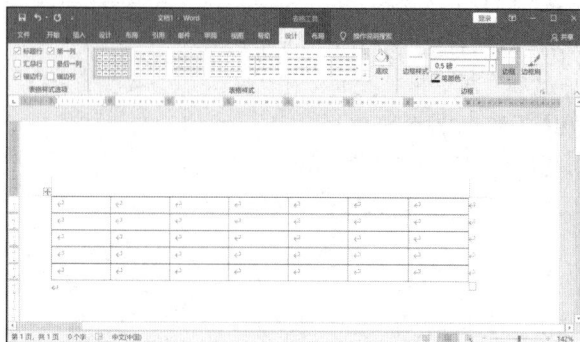

图 4-40 利用"插入表格"命令创建的表格

2. 使用快速表格模板插入表格

使用快速表格模板插入表格的操作步骤如下。

① 把光标置于文档中要插入表格的位置。

② 在"插入"选项卡的"表格"选项组中单击"表格"按钮,打开图 4-38 所示的"表格"下拉列表。

③ 将鼠标指针指向"插入表格"下的第一个网格并向右下方移动,鼠标指针掠过的网格被全部选中,并在网格顶部显示被选中的行数和列数,如图 4-41 所示。同时在文档中的光标处可预览到所插入的表格,单击鼠标完成表格的插入。

3. 使用"快速表格"命令创建表格

Word 2016 提供了预先设置好格式的表格模板库,用户可从中选择一种表格样式进行表格创建。操作步骤如下。

① 将光标置于要插入表格的位置。

② 在"表格"下拉列表(见图 4-38)中选择"快速表格"命令,在打开的内置表格样式列表中单击需要的模板(见图 4-42),可在当前文档中插入表格,该表格中包含示例数据和特定的样式。

图 4-41 快速创建表格

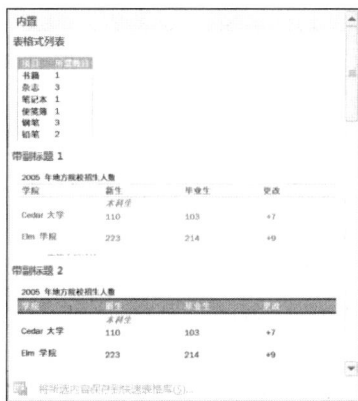

图 4-42 内置表格样式列表

③ 将表格中的数据替换为所需数据。

4. 使用"绘制表格"命令创建表格

通常,若需要制作不规则的表格,往往是先创建一个规则的表格,而后再对其进行单元格的拆分或合并等操作。除此之外,还可以利用 Word 2016 提供的"绘制表格"命令,像用铅笔作图一样随意地绘制复杂的表格。具体方法如下。

① 将光标置于要插入表格的位置。

② 在"表格"下拉列表(见图 4-38)中选择"绘制表格"命令,鼠标指针变为铅笔状 ✐。

③ 按住鼠标左键拖动,就可以在文档中任意绘制表格线,例如要表示表格的外围框线时,可拖动鼠标指针绘制出一个矩形;在需要绘制行/列的位置按住鼠标左键横向/纵向拖动鼠标指针,即可绘制出表格的行/列。

④ 若要删除某条框线,可使用"擦除"命令。选择"表格工具"下的"设计"选项卡,在"绘图边框"选项组中单击"擦除"按钮,鼠标指针变为橡皮状。将鼠标指针移动到要擦除的框线上,单击鼠标,即可删除该框线。使用"绘制表格"命令制作的不规则表格如图 4-43 所示。

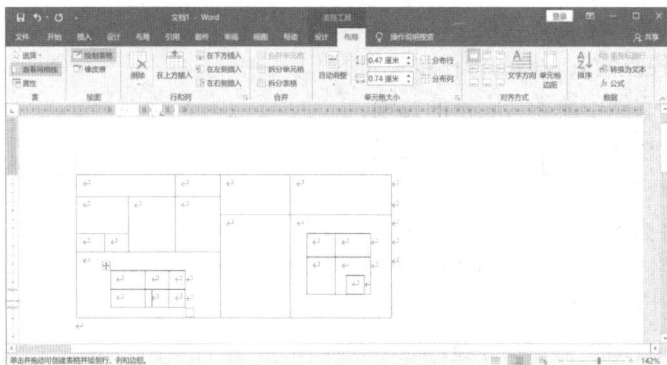

图 4-43　不规则表格

4.4.2　表格的调整

通常不可能一次就创建出符合要求的表格，此时需要对表格的结构进行适当调整。表格调整包括单元格、行或列的选定、单元格/行或列的插入与删除、行高与列宽的设置、表格的合并与拆分、单元格的合并与拆分等。

1. 单元格、行或列的选定

要对表格进行操作，首先要选定操作的单元格、行或列。用户可利用鼠标快速选定，也可使用"表格工具"下的"布局"选项卡实现。

（1）利用鼠标快速选定

① 选定单元格。每个单元格左侧都有选定栏，当把鼠标指针移动到该选定栏时鼠标指针将变为指向右上方的黑色粗箭头 ➹，此时单击鼠标即可将该单元格选定。

② 选定行。把鼠标指针移动到该行的左侧选定栏时鼠标指针变为空心箭头，此时单击鼠标即可将该行选定；若拖动鼠标则可选定多行。

③ 选定列。将鼠标指针指向该列的顶端边界线上时鼠标指针将变为向下的黑色粗箭头 ⬇，此时单击鼠标即可选定该列；若拖动鼠标则可选定多列。

④ 选定多个不连续的单元格、行或列。首先选定所需的第一个单元格、行或列，按住【Ctrl】键，再单击其他单元格、行或列即可。

⑤ 选定整个表格。当鼠标指针停留在表格上时，单击表格左上角的表格移动图柄 ⊞，即可将该表格选定。

（2）使用"表格工具"下的"布局"选项卡

将鼠标指针移动到表格中的某一个单元格，选择"表格工具"下的"布局"选项卡，然后单击"表"选项组中的"选择"按钮，打开图 4-44 所示的下拉列表，从中可分别选择相应的命令完成单元格、行、列或表格的选定。

图 4-44　"选择"下拉列表

2. 单元格、行或列的插入与删除

（1）单元格、行或列的插入

首先在表格中需要添加单元格、行或列的位置上定位光标，而后选择"表格工具"下的"布局"选项卡，单击"行和列"选项组右下角的按钮，打开"插入单元格"对话框，如图 4-45 所示。从中选择一个命令，确定插入的为行、列或单元格，而后单击"确定"按钮。

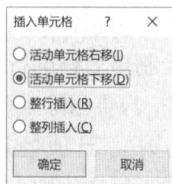

图 4-45　"插入单元格"对话框

注意新插入的行位于当前行的上方，新插入的列位于当前列的左方。

另外，还可以利用"行和列"组中的"在上方插入""在下方插入"确定插入的新行的位置，利用"在左方插入""在右方插入"确定插入的新列的位置。

若要在表格的最后插入一行，还可单击表格的最后一行的最后一个单元格，然后按【 Tab 】键，或将光标移到最后一行的回车符后，按【 Enter 】键。

（2）单元格、行或列的删除

单元格、行或列的删除方法如下。

① 选定要删除的单元格、行或列。

② 选择"表格工具"下的"布局"选项卡，单击"行和列"选项组中的"删除"按钮，打开图 4-46 所示的下拉列表，从中选择"删除行"或"删除列"即可将选中的行或列删除。

③ 若删除的是单元格，则操作与删除行或列有所不同。在"删除"下拉列表（见图 4-46）中选择"删除单元格"，Word 2016 将打开"删除单元格"对话框，如图 4-47 所示。若选择"右侧单元格左移"，则选中的单元格会被删除，同时该行剩余的单元格向左移；若选择"下方单元格上移"，则该列剩余的单元格将向上移动。选择相应选项后单击"确定"按钮即可。

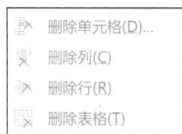

图 4-46　"删除"下拉列表　　图 4-47　"删除单元格"对话框

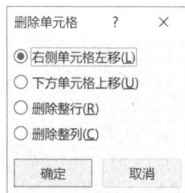

（3）表格的删除

将光标置于要删除的表格中，在"删除"下拉列表（见图 4-46）中选择"删除表格"命令，或选中表格，按【 Backspace 】键，即可将表格删除。需注意的是，若按【 Delete 】键，则会将表格中的内容清除而并不删除表格本身。

3. 行高和列宽的设置

创建表格时，若用户没有指定行高和列宽，则均使用默认值。用户可根据需要进行调整，具体方法如下。

（1）用鼠标拖动调整行高与列宽

如果要调整行高，只需将鼠标指针停留在要更改其高度的行边线上，当鼠标指针变为 ÷ 形状时，按住鼠标左键拖动边框到所需行高处，释放鼠标即可。

如果要调整列宽，只需将鼠标指针停留在要更改其列宽的列边线上，当鼠标指针变为 ╫ 形状时，按住鼠标左键拖动边框到所需列宽处，释放鼠标即可。

调整列宽时，不同的操作会产生不同的结果。

① 直接拖动：只改变拖动列边界相邻两列的宽度，其余的列宽不变，表的总宽度不变。

② 按住【 Ctrl 】键拖动：只改变拖动边界左边的列宽，其余各列列宽不变，表的总宽度不变。

③ 按住【 Shift 】键拖动：表的总宽度不变，拖动边界时，右面各列自动调整列宽。

④ 按住【 Ctrl+Shift 】组合键拖动：表的总宽度不变，右面各列均等宽。

（2）使用对话框设置具体的行高与列宽

操作步骤如下。

① 选中要改变行高的行或要改变列宽的列。

② 选择"表格工具"下的"布局"选项卡，单击"表"选项组中的"属性"按钮，或单击"单元格大小"选项组右下角的按钮▣，均可打开"表格属性"对话框，如图 4-48 所示。

③ 如图 4-48（a）所示，单击"行"选项卡，设置行的高度。在"指定高度"框中输入所需值，在"行高值是"下拉列表框中选择"固定值"。若需要设置其他行的高度，可单击"下一行"按钮。

④ 如图 4-48（b）所示，单击"列"选项卡，调整列的宽度。在"指定宽度"框中输入所需值，然后可单击"后一列"按钮继续设置其他列的列宽，最后单击"确定"按钮即可。

（a）"行"选项卡　　　　　　　　　　（b）"列"选项卡

图 4-48　"表格属性"对话框

（3）自动调整表格尺寸

选择"表格工具"下的"布局"选项卡，单击"单元格大小"选项组中的"自动调整"按钮，打开图 4-49 所示的下拉列表，从中可选择"根据内容自动调整表格"或"根据窗口自动调整表格"选项来实现表格的自动调整。选择"单元格大小"选项组中的"分布行""分布列"按钮可平均分配各行、各列。

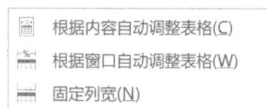

图 4-49　"自动调整"下拉列表

4. 表格的拆分与合并

为将一个表格一分为二，首先需要选中要成为第二个表格首行的那一行，然后选择"表格工具"下的"布局"选项卡，单击"合并"选项组中的"拆分表格"按钮，则原表格被拆分为两个表格，两表格之间有一个空行相隔。

若要将两个表格合并为一个表格，只需将两个表格中的空行删除即可。

5. 单元格的拆分与合并

若要拆分单元格，首先选中要拆分的一个或多个单元格，然后选择"表格工具"下的"布局"选项卡，单击"合并"选项组中的"拆分单元格"按钮，打开"拆分单元格"对话框（见图 4-50），从中选择要拆分的行数及列数，而后单击"确定"按钮。

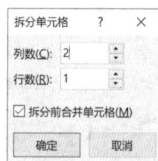

若要合并单元格，首先需选择希望合并的单元格（至少有两个），然后选择"表格工具"下的"布局"选项卡，单击"合并"选项组中的"合并单元格"按钮，则所选的几个单元格将合并成为一个单元格。

图 4-50　"拆分单元格"对话框

4.4.3　表格的编辑

表格制作完成后，就可在表格的单元格中输入数据了，可输入数据包括文本、图形和其他表格等。

1. 数据的输入

表格中的每个单元格都相当于一个小文档，因此在单元格中输入数据的方法与之前介绍的在文档中的操作方法类似。

在输入数据之前，应先定位光标，即将光标置于表格中需要输入数据的位置。移动光标的方法有以下两种。

（1）直接将鼠标指针移至需要输入数据的单元格内，单击。

（2）按【Tab】键可将光标从当前单元格移动到后一个单元格；按【Shift+Tab】组合键可将光标从当前单元格移动到前一个单元格。

2. 文本的移动、复制和删除

如果要移动表格中的内容，首先选定要移动的内容，而后在选定区域按住鼠标左键将鼠标指针拖动到新位置后释放鼠标即可；如果要复制选定内容，可在按住【Ctrl】键的同时将选定内容拖动到新位置。另外，还可以利用剪切、复制和粘贴命令进行文本的移动和复制，其操作方法与在文档中的操作类似。

若要删除表格中的内容，先选中要删除的内容，然后按【Delete】键即可。

3. 设置文本格式

用户可对选定的单元格、行或列中的文本格式进行设置，如设置字体、字号、字形等，其设置方法与一般文本的格式设置方法类似。表格中文本的对齐方式包括水平对齐方式和垂直对齐方式两种。默认情况下，表格文本的对齐方式为靠上两端对齐。水平对齐方式的设置方法与段落对齐方式的设置方法相似，这里不再详述。垂直对齐方式的设置方法如下。

首先选中需要设置对齐方式的单元格、行或列，而后选择"表格工具"下的"布局"选项卡，单击"表"选项组中的"属性"按钮，在打开的"表格属性"对话框中单击"单元格"选项卡，即可设置垂直对齐方式。

除此之外，还可利用"表格工具"的"布局"选项卡进行设置，在"对齐方式"选项组中列出了相应的对齐方式按钮，如"水平居中"，表示文字在单元格内水平和垂直方向均居中。

选中需要设置对齐方式的单元格、行或列，右击后，在打开的快捷菜单中选择"单元格对齐方式"命令，在其级联菜单中也可选择文本的对齐方式。

4.4.4　表格的格式化

1. 套用表格样式

Word 2016 提供了表格样式库，用户可将一些预定义的外观格式应用到表格中，从而使表格的排版更便捷。将光标置于表格中任意位置，选择"表格工具"中的"设计"选项卡，单击"表格样式"选项组的下拉按钮，在打开的下拉列表的"内置"区域显示了各种表格样式供用户挑选，从中选择一种即可套用表格样式。

微课视频

2. 设置表格的边框和底纹

（1）边框

默认情况下，表格的边框（包括每个单元格的边框）为黑色、0.5 磅、细实线。

例如要将表格的外边框线设置为红色、0.75 磅双实线，内部框线不变，添加边框的方法如下。

① 选择整个表格。

② 选择"表格工具"下的"设计"选项卡，单击"边框"选项组右下角的按钮，打开"边框和底纹"对话框。

③ 选择"边框"选项卡，在"设置"选项组中单击"自定义"，在"样式"列表框中选择线型为双实线，在"颜色"下拉列表框中选择线条颜色为红色，在"宽度"下拉列表框中设置线条宽度为 0.75 磅，在"预览"下分别双击、、、4 个按钮，即只将外边框线设置为指定的样式、颜色和宽度，如图 4-51 所示。

④ 单击"确定"按钮。

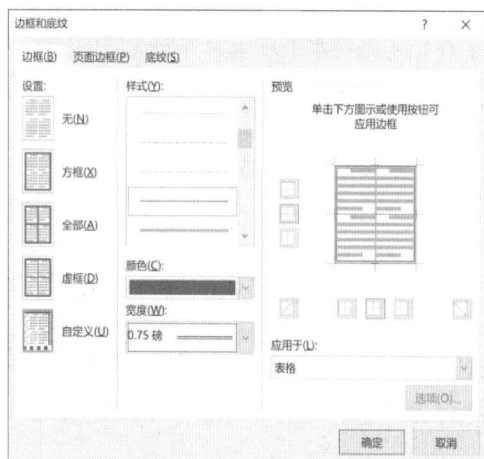

如果要取消表格或单元格的边框，可在"边框"选项卡中单击"设置"选项组中的"无"。

此外，还可以利用"表格工具"下的"设计"选项卡添加边框。方法为：选中表格或需要添加边框的单元格，而后选择"表格工具"下的"设计"选项卡，在"边框"选项组的"笔样式"列表框中选择双线，在"笔画粗细"列表框中选择 0.75 磅，而后在"笔颜色"列表框中选择标准色中的红色，最后单击"边框"下的下拉按钮▼，在打开的列表框中选择"外侧框线"，即可完成设置。

（2）底纹

所谓底纹，实际上就是用指定的图案和颜色去填充表格或单元格的背景。例如要为表格的第一行添加底纹颜色"白色，背景 1，深色 15%"，并添加图案样式"浅色下斜线"，图案颜色为红色，设置方法如下。

① 选中第一行。

② 选择"表格工具"下的"设计"选项卡，单击"边框"选项组右下角的按钮，打开"边框和底纹"对话框。

③ 选择"底纹"选项卡，在"填充"下拉列表框中选择填充的颜色为"白色，背景 1，深色 15%"；在"图案"下的"样式"下拉列表框中选择"浅色下斜线"，在"颜色"下拉列表框中选择标准色红色，如图 4-52 所示。

④ 单击"确定"按钮。

图 4-51　"边框"选项卡　　　图 4-52　"底纹"选项卡

添加完边框和底纹的表格效果如图 4-53 所示。

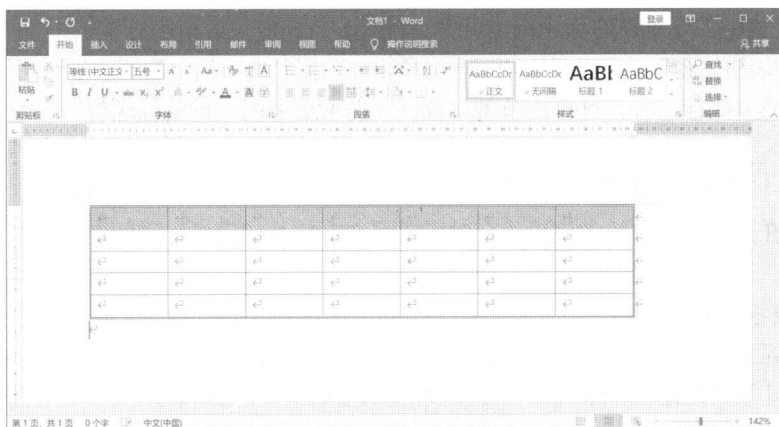

图 4-53　添加完边框和底纹后的表格效果

3．设置表格的对齐方式和环绕方式

通过设置表格的对齐方式和环绕方式，可将表格放置于文档中的适当位置。具体步骤如下。

① 将光标移动到表格中的任意单元格。

② 选择"表格工具"的"布局"选项卡，单击"表"选项组中的"属性"按钮，弹出"表格属性"对话框。

③ 选择"表格"选项卡，在该选项卡中可对表格的对齐方式和文字环绕方式进行设置。如果是左对齐，还可以在"左缩进"微调框中输入缩进量。

④ 单击"定位"按钮，弹出"表格定位"对话框，如图 4-54 所示，在该对话框中可对表格的具体位置进行设置。

⑤ 单击"确定"按钮完成表格的定位设置，返回"表格属性"对话框，再次单击"确定"按钮完成表格的对齐和环绕方式的设置。

4．设置斜线表头

首先将光标置于要绘制斜线表头的单元格内，选择"表格工具"的"设计"选项卡，在"边框"选项组中单击"边框"下拉按钮，在

图 4-54　"表格定位"对话框

打开的下拉列表中选择"斜下框线"，即可在该单元格内显示斜线，而后在单元格中输入文本，并对文本进行格式设置，使其成为斜线表头中的行标题和列标题。

5．设置表格内的文字方向

默认情况下，表格中的文字都是沿水平方向显示的。要改变文字方向，可先选中需要改变方向的单元格并右击，在打开的快捷菜单中选择"文字方向"命令，打开"文字方向-表格单元格"对话框，如图 4-55 所示。在"方向"选项组中选择一种文字方向，然后单击"确定"按钮。

除此之外，选择"表格工具"的"布局"选项卡，单击"对齐方式"选项组中的"文字方向"按钮也可更改所选单元格内的文字方向，多次单击该按钮可切换各个可用的方向。

图 4-55　"文字方向"对话框

6．重复表格标题

当表格很长时，可能会跨越几页。若希望每一页的续表中包含前一页表中的标题行，可按以下步骤操作。

① 选中表格中需要重复的标题行（可为一行或多行，应包含第一行）。

② 选择"表格工具"的"布局"选项卡，单击"数据"选项组中的"重复标题行"按钮即可。若要取消重复的标题行，可再次单击"数据"选项组中的"重复标题行"按钮。

4.4.5 表格和文本的互换

表格转换在文本编辑中经常使用。有时需要将文本转换成表格，以便说明一些问题；或将表格转换成文本，以增加文档的可读性及条理性。

1. 文本转换成表格

将文本转换为表格时，首先要在文本中添加逗号、制表符或其他分隔符来把文本分行、分列。一般情况下，建议使用制表符来分列，使用段落标记来分行。文本转换成表格的操作步骤如下。

① 选择要转换的文本。

② 选择"插入"选项卡，单击"表格"选项组中的"表格"按钮，在打开的下拉列表中选择"文本转换成表格"命令，打开"将文字转换成表格"对话框，如图4-56所示。

③ Word 2016 会自动检测出文本中的分隔符，并计算出表格的列数。当然，也可以重新指定一种分隔符，或者重新指定表格的列数。

④ 设置完后，单击"确定"按钮。

2. 表格转换成文本

表格转换成文本的操作步骤如下。

① 选择需要转换成文本的整个表格或部分单元格。

② 选择"表格工具"的"布局"选项卡，单击"数据"选项组中的"转换为文本"按钮，打开"表格转换成文本"对话框，如图4-57所示。

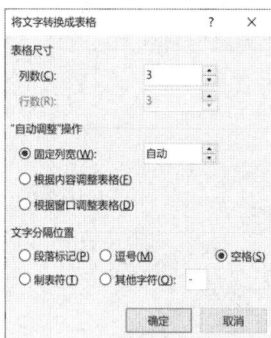

图 4-56 "将文字转换成表格"对话框

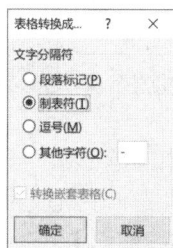

图 4-57 "表格转换成文本"对话框

③ 在"文字分隔符"列表框内指定一种分隔符作为替代列边框的分隔符，例如段落标记、制表符、逗号或其他字符，然后单击"确定"按钮。

4.4.6 表格数据的计算

利用 Word 2016 提供的表格计算功能可以对表格中的数据进行一些简单的运算，例如求和、求平均值、求最大值和最小值等，从而方便、快捷地得到计算结果。需要注意的是，对于需要进行复杂计算的表格，应使用 Excel 2016 电子表格来实现。

下面以图4-58所示的成绩表格中的数据计算为例进行说明。

微课视频

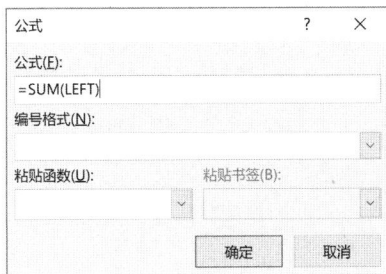

图 4-58　成绩表格

1. 求和

若需要在"总分"列填充每名学生三科成绩的总和，操作步骤如下。

① 将光标置于总分列的第 1 个单元格中。

② 选择"表格工具"的"布局"选项卡，单击"数据"选项组中的"公式"按钮，打开"公式"对话框，如图 4-59（a）所示。

③ 在该对话框中，"公式"框用于设置计算所用的公式，"编号格式"框用于设置计算结果的数字格式，"粘贴函数"下拉列表框中列出了 Word 2016 中提供的函数。在"公式"框中的"=SUM(LEFT)"，表示对光标左边的单元格中的各项数据求和。

④ 单击"确定"按钮，即可将计算结果填充到当前单元格中。

⑤ 将光标置于总分列的第 2 个单元格，再次打开"公式"对话框，这时"公式"框中显示为"=SUM(ABOVE)"，将其中的"ABOVE"更改为"LEFT"后单击"确定"按钮。

对该列中的其他单元格重复上述步骤，即可完成数据的求和计算。

2. 求平均值

若要在"科目平均分"行填充每门科目的平均分，操作步骤如下。

① 将光标置于需要放置计算结果的单元格中。

② 选择"表格工具"的"布局"选项卡，单击"数据"选项组中的"公式"按钮，打开"公式"对话框。

③ 将"公式"框中的公式删除，在"粘贴函数"下拉列表框中选择"AVERAGE"，然后在括号中输入"ABOVE"，表示对光标上方的单元格中的数据进行计算，在"编号格式"下拉列表框中选择"0.00"，表示小数点后保留两位数字，如图 4-59（b）所示。

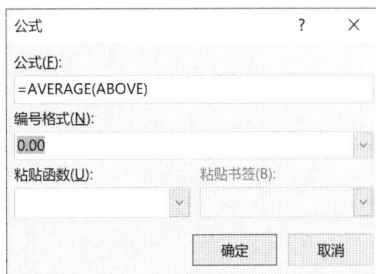

（a）求和　　　　　　　　　　　　　　　　（b）求平均

图 4-59　"公式"对话框

④ 单击"确定"按钮，即可将计算结果填充到当前单元格中。

对该行中的其他单元格重复上述步骤，即可完成对数据的平均值计算。

完成计算后的表格如图 4-60 所示。

图 4-60　完成计算后的表格

3. 排序

在 Word 2016 中，用户可以升序或降序把表格中的内容按照笔画、数字、拼音及日期等进行排列。例如，对成绩表中的数据按照"总分"列进行降序排列，具体操作步骤如下。

① 将光标置于表格中的任意单元格或"总分"列中的某个单元格中。

② 选择"表格工具"的"布局"选项卡，单击"数据"选项组中的"排序"按钮，整个表格被选中，并且打开"排序"对话框，如图 4-61 所示。

③ 单击"主要关键字"下拉列表框用于选择排序的依据，一般为标题行中某个单元格的内容，本例中选择"总分"；"类型"下拉列表框用于指定排序依据的值的类型，选择"数字"；"升序"和"降序"单选按钮用于选择排序的顺序，这里单击"降序"。

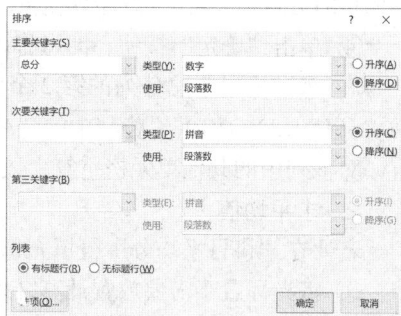

图 4-61　"排序"对话框

④ 单击"确定"按钮，则表格中的数据按设置的排序依据进行重新排列，如图 4-62 所示。

图 4-62　完成排序后的表格

4.5　图文处理

Word 2016 虽然是一个文字处理软件,但它同样具有强大的图形处理功能。用户可以在文档的任意位置插入图片、图形、艺术字或文本框等,从而编辑出图文并茂的文档。

微课视频

4.5.1　插入图片

在 Word 2016 文档中,可插入来自文件的图片,也可插入从网络上搜集的图片,还可以插入屏幕截图。图像被插入文档中后,用户可为其添加各种特殊效果,如三维效果和纹理填充等。

1. 插入来自文件的图片

在文档中可插入来自图形图像文件中的图片,如后缀名为.jpg、.wmf、.bmp 等的文件。插入来自文件图片的操作步骤如下。

① 将光标置于要插入图片的位置。

② 选择"插入"选项卡,单击"插图"选项组中的"图片"按钮,在打开的下拉列表中选择"此设备",即可打开"插入图片"对话框,如图 4-63 所示。

③ 在该对话框中选择所需的图片文件,单击"插入"按钮,则所选文件中的图片以嵌入的方式插入文档中。如果单击"插入"按钮右侧的下拉按钮▼,在弹出的下拉列表中选择"链接到文件"命令,Word 2016 会把所选文件中的图片以链接的方式插入文档中。当该图片文件发生变化时,文档中的图片会随之自动更新。当保存文档时,图片会随文档一起保存。

2. 插入联机图片

在文档中还可以插入联机图片,此时应保证计算机是联网状态。选择"插入"选项卡,单击"插图"选项组中的"图片"按钮,在打开的下拉列表中选择"联机图片",则打开"联机图片"窗口,如图 4-64 所示。用户可在搜索框中输入感兴趣的主题,或在下面的列表中选择某个主题,例如单击"飞机"主题,则在列表中显示各种飞机的图片,选择某个图片,而后单击"插入"按钮,则可将该图片插入文档中。

图 4-63　"插入图片"对话框

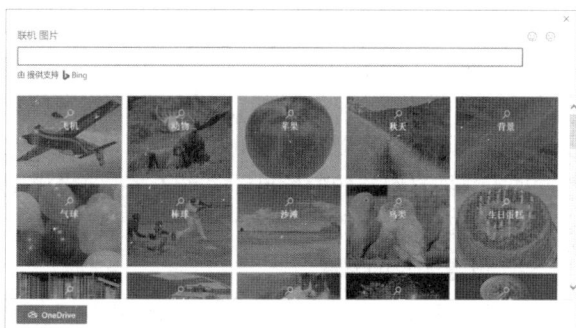

图 4-64　联机图片

3. 插入屏幕截图

利用"屏幕截图"功能可以很方便地将活动窗口截取为图片并插入当前正在编辑的 Word 2016 文档中,操作步骤如下。

① 单击要添加屏幕截图的文档并定位光标。

② 在"插入"选项卡上的"插图"选项组中单击"屏幕截图"按钮，打开图 4-65 所示的下拉列表。

③ 若要添加整个窗口，可单击"可用 视窗"库中的缩略图，Word 2016 自动截取该窗口图片并插入文档中。

④ 若要添加窗口的一部分区域，可单击"屏幕剪辑"命令，当鼠标指针变成十字时，按住鼠标左键拖动以选择要捕获的屏幕区域，释放鼠标后，该区域图片则插入文档中。

4. 利用剪贴板插入图片

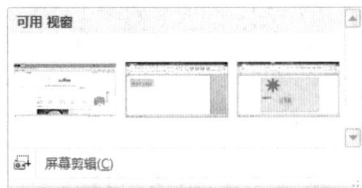
图 4-65 "屏幕截图"下拉列表

用户可以将存放于剪贴板中的图片粘贴到当前文档中，常见的方法如下。

① 利用"剪切"或"复制"命令将其他应用程序中的图片放入剪贴板中，如可将"画图"软件制作出的图片复制或剪切到剪贴板，然后使用"粘贴"命令粘贴到当前文档中。

② 按【Print Screen】键可将整个屏幕窗口的内容复制到剪贴板中，按【Alt + Print Screen】组合键可将当前活动窗口的内容复制到剪贴板中，然后使用"粘贴"命令将截图粘贴到当前文档中。

4.5.2 图片的编辑

用户可对插入文档中的图片进行编辑修改，如调整图片的大小、设置图片的格式、调整图片的显示效果、裁剪与删除图片、设置图片的文字环绕方式和位置等。

1. 调整图片的大小

调整图片的大小的方法有两种：一种是通过鼠标拖动来调整，另一种是通过"设置图片格式"对话框进行精确设置。

（1）通过鼠标调整图片的大小和形状

具体方法为：单击图片可选中图片，此时图片上会出现 8 个控制点。将鼠标指针放在其中一个控制点上，按下鼠标左键并拖动，直至得到所需要的形状和大小。

（2）通过"布局"对话框进行精确设置

操作步骤如下。

① 选定需要调整的图片。

② 选择"图片工具"下的"格式"选项卡，单击"大小"选项组右下角的按钮，或者右击图片，在弹出的快捷菜单中选择"大小和位置"命令，均可打开"布局"对话框的"大小"选项卡，如图 4-66 所示。

③ 在"高度"和"宽度"选项组中输入具体数值以设置图片的高度和宽度；在"缩放"选项组中设置图片的高度与宽度的比例。如果选中"锁定纵横比"复选框，图片的尺寸将按比例调整。如果要恢复图片的原始尺寸，可单击"重置"按钮。

④ 设置完后，单击"确定"按钮。

2. 设置图片的格式

用户可将插入的图片快速设置为 Word 2016 内置的图片样式。方法为：选中图片，单击"图片工具"下的"格式"选项卡，在"图片样式"选项组中选择"快速样式"下拉按钮，在打开的下拉列表中选择所需的图片外观样式，如金属框架、矩形投影等。

除此之外，还可以根据需要设置图片的格式。方法为：选中图片，选择"图片工具"下的"格式"选项卡，在"图片样式"选项组中单击"图片边框"下拉按钮，可设置图片轮廓的颜色、宽度和线型；单击"图片效果"下拉按钮，可对图片应用视觉效果，如发光、映像等；单击"图片版式"下拉按钮，可将图片转换为 SmartArt 图形。

单击"图片样式"选项组右下角的按钮，可打开图 4-67 所示的"设置图片格式"窗格，从中也可对图片进行各种设置。

图 4-66　"大小"选项卡

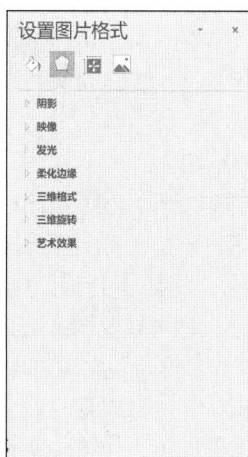

图 4-67　"设置图片格式"窗格

3. 调整图片的显示效果

选中图片，选择"图片工具"下的"格式"选项卡，利用"调整"选项组中的命令按钮可对图片的亮度、对比度、颜色、艺术效果等进行设置。具体操作步骤如下。

① 选中需要设置的图片。

② 单击"颜色"下拉按钮，可设置图片的饱和度和色调。

③ 单击"更正"下拉按钮，可设置图片的锐化/柔化、亮度/对比度等。

④ 单击"艺术效果"下拉按钮，可选择将艺术效果应用到图片中，使其看上去更像油画或草图。

4. 裁剪与删除图片

若只需图片的一部分，则可利用"裁剪"功能将多余部分隐藏起来。具体步骤如下。

① 单击选中图片。

② 选择"图片工具"下的"格式"选项卡，单击"大小"选项组中的"裁剪"下拉按钮，在打开的下拉列表中选择"裁剪"命令，图片边缘出现 8 个裁剪控制手柄，拖动控制手柄到适合的位置后释放鼠标，再单击文档的任意其他位置，完成图片的裁剪。

需要注意的是，虽然对图片进行了裁剪，但裁剪部分只是被隐藏而已，它仍将作为图片文件的一部分保留在文档中。若需要删除图片文件中的裁剪部分，可利用"压缩图片"命令来完成。删除图片裁剪区域的操作步骤如下。

① 选中裁剪后的图片。

② 在"图片工具"的"格式"选项卡下，单击"调整"选项组中的"压缩图片"按钮，打开"压缩图片"对话框，如图 4-68 所示。

③ 在"压缩选项"下，选中"删除图片的剪裁区域"复选框，然后单击"确定"按钮。

删除图片被裁剪掉的部分后不仅可以使文件变小，还有助于防止其他人查看已删除的图片部分。值得注意的是，此操作是不可撤销的。因此，只有在确定已经完成所需的全部裁剪和更改操作后，才能执行此操作。

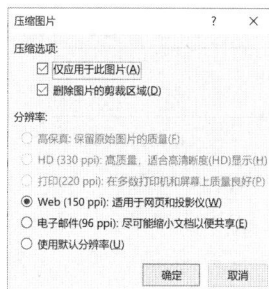

图 4-68　"压缩图片"对话框

5．设置图片的文字环绕方式和位置

文字环绕方式是指图片周围的文字分布情况。图片在文档中的存放方式分为嵌入式和浮动式，嵌入式指图片位于文本中，并可随文本一起移动及设定格式，但图片本身不能自由移动；浮动式指文字环绕在图片四周或将图片浮于文字上方等，图片在页面上可以自由移动，但当图片移动时周围文字的位置将发生变化。

默认情况下，插入文档内的图片为嵌入式，用户可根据需要对其环绕方式和位置进行修改。操作步骤如下。

① 选中图片。

② 选择"图片工具"下的"格式"选项卡，单击"排列"选项组中的"环绕文字"下拉按钮，在打开的下拉列表中可设置图片与文字的环绕方式，如四周型环绕、上下型环绕等；单击"其他布局选项"命令，可打开"布局"对话框的"文字环绕"选项卡，如图4-69（a）所示，除文字环绕方式外，还可设置图片与正文的距离。

③ 单击"排列"选项组中的"位置"下拉按钮，在打开的下拉列表中可对图片在文档中的位置进行设置，如顶端居左、中间居中等；单击"其他布局选项"命令，可打开"布局"对话框的"位置"选项卡，如图4-69（b）所示，从中可设置图片在水平方向和垂直方向的对齐方式与具体位置。

（a）"文字环绕"选项卡   （b）"位置"选项卡

图 4-69 "布局"对话框

4.5.3 绘制自选图形

1．插入自选图形

Word 2016 中可用的形状包括线条、基本几何形状、箭头、公式形状、流程图、星与旗帜、标注，利用这些形状可以组合成更复杂的形状。插入自选图形的步骤如下。

① 选择"插入"选项卡，单击"插图"选项组中的"形状"按钮，在打开的下拉列表中列出了各种形状。

② 选择所需图形，鼠标指针变为十字形，接着在文档中合适的位置单击即可将所选图形插入文档中，也可以按下鼠标左键并拖动，松开鼠标后即可绘制出所选图形。

微课视频

③ 如需要连续插入多个相同的形状，可在所需图形上右击，在弹出的快捷菜单中选择"锁定绘图模式"命令，然后在文档中合适的位置连续单击。绘制完成后按下【Esc】键可取消插入。

2. 图形的编辑

（1）选择图形

对画好的图形进行操作，首先要选择图形。常用的图形选择方法有如下几种。

① 对于单个图形，只需单击图形即可选中。

② 如果要同时选中多个连续的图形，可先按住【Shift】键，再依次单击首尾图形。

③ 选择"绘图工具"中的"格式"选项卡，单击"排列"选项组中的"选择窗格"按钮，打开"选择和可见性"窗格，单击相应的形状名称即可选中该图形。若按住【Ctrl】键，再依次单击每个图形名称，即可同时选中多个图形。

选中一个或多个图形后，可以对其进行拖动、调整大小、剪切、复制、粘贴等操作。

（2）调整图形

调整图形的方法与调整图片大小的方法类似，也可通过"布局"对话框来进行。区别在于，选中图形时，功能区上显示的是"绘图工具"的"格式"选项卡；而选中图片时，功能区上显示的是"图片工具"的"格式"选项卡。

选中图形，选择"绘图工具"下的"格式"选项卡，单击"大小"选项组的右下角的按钮，弹出"布局"对话框，在"大小"选项卡下即可设置图形的高度和宽度。另外，在"大小"选项组的"形状高度"和"形状宽度"框中也可设置图形的高度和宽度。

单击"排列"选项组中的"旋转"按钮，在其下拉列表中可对图形进行旋转和翻转的设置，例如，单击"向左旋转90°"可使图形逆时针旋转90°，而单击"向右旋转90°"可使图形顺时针旋转90°，单击"其他旋转选项"打开"布局"对话框的"大小"选项卡，在"旋转"框中可对图形进行任意角度的旋转设置。

（3）设置图形的格式

选择"绘图工具"下的"格式"选项卡，单击"形状样式"选项组右下角的按钮，可打开"设置形状格式"窗格，如图4-70所示，从中可对图形的填充效果、线条颜色、线型等格式进行设置。

（4）编辑多个图形对象

当文档中有多个图形对象时，为了使页面整齐，也为了方便图文混排，需要对多图形进行组合和取消组合、对齐和层次关系调整等操作。

① 多图形的组合和取消组合

a. 组合图形：如果要把几个图形组合成一个整体进行操作，首先要选中一组图形，然后选择"绘图工具"下的"格式"选项卡，单击"排列"选项组中的"组合"按钮，在打开的下拉列表中选择 "组合"命令，这样选中的多个图形就形成了一个图形对象。

图 4-70　"设置形状格式"窗格

b. 对组合图形取消组合：选中组合对象，单击"排列"选项组中的"组合"按钮，在打开的下拉列表中选择"取消组合"命令，即可将组合的图形对象分离为独立的图形。

② 多图形的对齐

选中一组图形，选择"绘图工具"下的"格式"选项卡，单击"排列"选项组中的"对齐"按钮，在打开的下拉列表中可选择相关的命令设置这组图形的水平对齐方式，如左对齐、居中和右对齐，也可以设置这组图形的垂直对齐方式，如顶端对齐、垂直居中和底端对齐。

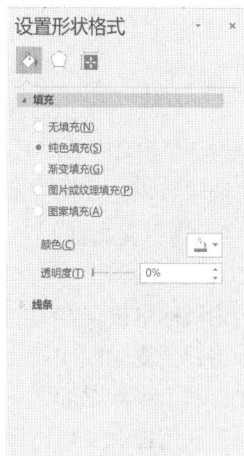

③ 多图形的层次关系调整

在文档中插入多个图形时，若位置相同，会造成图形重叠。调整重叠图形前后次序的具体操作方法如下。

a. 选中一个图形，选择"绘图工具"下的"格式"选项卡，单击"排列"选项组中的"上移一层"按钮和"下移一层"按钮，在打开的下拉列表中可选择相关的命令对多个图形对象叠放的次序进行调整。

b. 对于两个图形，用户可以选择"置于顶层"和"置于底层"命令使两个图形处于前后两个层次上。

c. 如果是 3 个以上的图形还会涉及中间层的调整，此时顶层和底层可以选择"置于顶层"和"置于底层"命令来完成，中间层的操作需选择"上移一层"和"下移一层"命令。

4.5.4 文本框操作

文本框作为一种图形对象，可用于存放文本或图形。文本框可放置于文档的任意位置，也可以根据需要调整大小。用户可对文本框内的文字设置字体、对齐方式等格式，也可对文本框本身设置填充颜色、线条的颜色和线型等格式。

1. 插入文本框

文本框有两种类型：横排文本框和竖排文本框。要插入一个空的文本框，操作步骤如下。

① 选择"插入"选项卡，单击"文本"选项组中的"文本框"按钮，在打开的下拉列表中选择"绘制横排文本框"命令，可以插入横排文本框；若单击"绘制竖排文本框"命令，则可以插入竖排文本框。

微课视频

② 此时鼠标指针变为十字形，按下鼠标左键并拖动，可绘制所需大小的文本框。

③ 在文本框中输入文字，然后在"开始"选项卡下的"字体"选项组中可设置文本框内文字的字体格式，在"段落"选项组中可设置文字的对齐方式等格式。

除了插入空白文本框之外，也可对选中的文本增加文本框。方法为：选定文本，选择"插入"选项卡，单击"文本"选项组中的"文本框"按钮，在打开的下拉列表中选择"绘制横排文本框"或"绘制竖排文本框"命令，选定的文本会被加上文本框。

2. 编辑文本框

（1）移动与缩放文本框

用鼠标单击文本框的边框，则可将文本框选中，此时若将鼠标指针停留在文本框的边框上，鼠标指针会变为四向箭头形状✥，表明可以移动文本框。此时拖动鼠标指针会看到一个虚线轮廓随之移动，释放鼠标，文本框就移动到了一个新位置。选中文本框后，文本框的周围出现 8 个控制点。利用控制点可以调整文本框的大小。若要精确设置文本框的大小，可选择"绘图工具"的"格式"选项卡，在"大小"选项组中通过"形状高度"框和"形状宽度"框进行调整。

（2）设置文本框的格式

选中文本框，选择"绘图工具"下的"格式"选项卡，在"形状样式"选项组中单击"形状填充"按钮，在打开的下拉列表中可设置文本框的填充效果，例如选择"无填充"，则文本框无填充色；单击"形状轮廓"按钮，在打开的下拉列表中可设置轮廓的线型、颜色和宽度；单击"形状效果"按钮，在打开的下拉列表中可设置文本框的外观效果。

另外，单击"形状样式"选项组右下角的按钮，在打开的"设置形状格式"窗格中也可对文本框的格式进行设置，如图 4-71 所示。例如要将文本框的内部边距均设置为 0，可在该窗格下

选择"文本选项",然后单击"布局属性"按钮 ,在"文本框"选项中将"左边距""右边距""上边距"和"下边距"框中的数值分别设置为 0 即可。

（3）设置文本框的文字环绕方式

文本框与其周围的文字之间的环绕方式有嵌入型、四周型、穿越型等。设置文字环绕方式的操作为:选定文本框,选择"绘图工具"下的"格式"选项卡,单击"排列"选项组中的"环绕文字"按钮,在打开的下拉列表中选择所需的环绕方式即可。

4.5.5　艺术字

艺术字不同于普通文字,它具有很多特殊的效果,本质上也是图形对象。

图 4-71　"设置形状格式"窗格

1. 插入艺术字

① 选择"插入"选项卡,单击"文本"选项组中的"艺术字"按钮,则在打开的下拉列表中列出了艺术字的样式,如图 4-72 所示。

② 单击选择一种艺术字样式,则在文档中添加了内容为"请在此放置您的文字"的文本框,删除其中的内容,输入所需文字,而后用鼠标单击文档的其他任意位置完成艺术字的插入。在文档中插入的艺术字如图 4-73 所示。

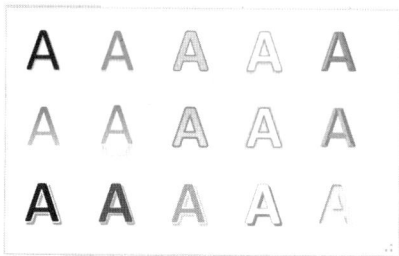

图 4-72　"艺术字样式"下拉列表

图 4-73　文档中插入的艺术字

2. 编辑艺术字

（1）修改艺术字文本

若插入的艺术字文本有误,可对其进行修改。单击艺术字,即可进入编辑状态,从而可对艺术字文本进行修改。

（2）设置艺术字的字体与字号

选择艺术字,在"开始"选项卡下的"字体"选项组中可设置艺术字的"字体""字号"等格式。

（3）修改艺术字样式

选择艺术字,选择"绘图工具"下的"格式"选项卡,单击"艺术字样式"选项组中的"快速样式"按钮,在打开的下拉列表中选择所需样式即可。单击"文本填充"按钮,在打开的下拉列表中可重新设置文本的填充效果;单击"文本轮廓"按钮,在打开的下拉列表中可设置文本轮廓线的线型、粗细和颜色;单击"文字效果"按钮,在打开的下拉列表中可设置艺术字的外观效果,如"发光""阴影"等。选择"文字效果"下拉列表中的"转换"选项,又会出现一个下拉列表,进而可对艺术字进行变形,如"上弯弧""下弯弧"等,如图 4-74 所示。

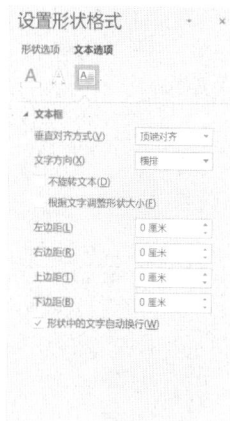

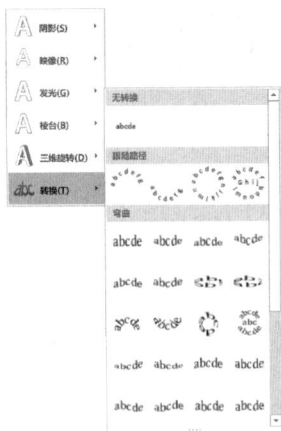

图 4-74 "转换"下拉列表

（4）设置艺术字文本框的形状样式

选择艺术字，在"绘图工具"中的"格式"选项卡下，单击"形状样式"选项组中的下拉按钮，在打开的下拉列表中可选择需要的样式。

除此之外，还可以利用"绘图工具"中的"格式"选项卡下，"形状样式"选项组中的"形状填充""形状轮廓"和"形状效果"按钮分别设置艺术字文本框的填充效果、轮廓线的颜色/线型和宽度以及外观效果等。图 4-75 是为艺术字设置形状样式后的效果，其形状填充为纹理中的"水滴"，形状效果为"发光"。

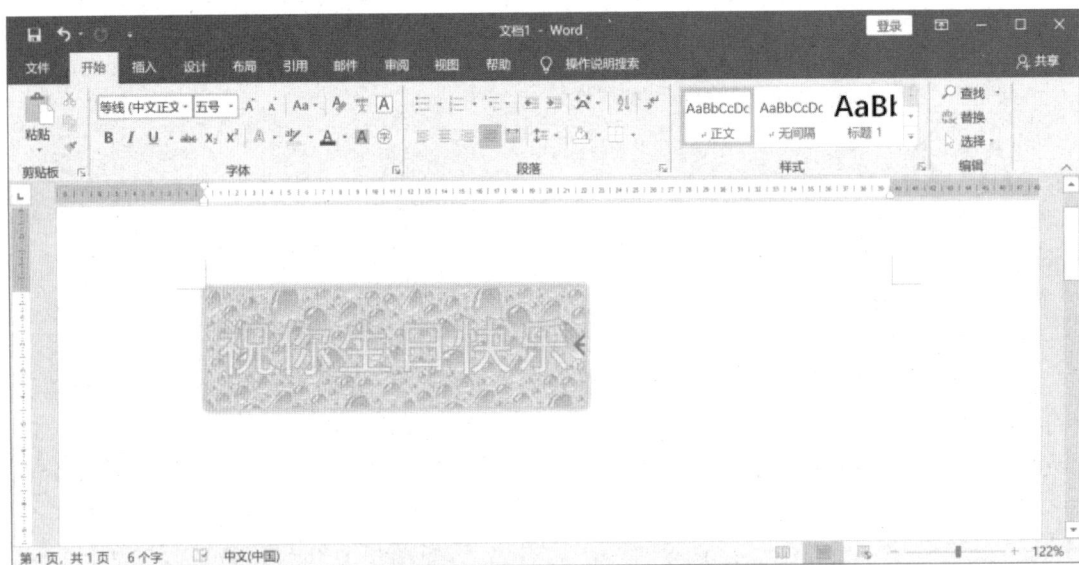

图 4-75 为艺术字设置形状样式

（5）设置艺术字文本框的大小

单击艺术字，在艺术字文本框上会出现 8 个控点，用鼠标拖动控点，可修改艺术字文本框的大小。此外，选择"绘图工具"下的"格式"选项卡，在"大小"选项组中修改"形状高度"和"形状宽度"的数值也可修改其大小。

第5章
电子表格处理软件 Excel 2016

Excel 2016 是一种电子表格处理软件，在 Excel 2016 电子表格中不仅可以输入文本、数据、插入图表和多媒体对象，还可以对表格中的大量数据进行处理和分析。

本章将介绍在 Excel 2016 中创建工作簿、工作表的基本操作，以及 Excel 2016 中的图表技术、数据管理和分析功能。

学习目标

- 了解 Excel 2016 的基本知识，如 Excel 2016 的基本概念和术语、Excel 2016 窗口的组成。
- 掌握 Excel 2016 的基本操作方法，如数据的输入方法、工作表的编辑与格式化方法、工作表的管理操作方法。
- 理解 Excel 2016 的公式和函数知识，掌握 Excel 2016 公式和函数的操作方法。
- 掌握 Excel 2016 数据图表操作方法。
- 理解 Excel 2016 数据管理的概念，掌握数据排序、数据筛选、分类汇总及数据透视表操作的方法。

5.1　Excel 2016 的基本知识

5.1.1　Excel 2016 的基本概念及术语

1. 工作簿

工作簿是在 Excel 2016 中用来保存并处理工作数据的文件，它的扩展名是.xlsx。一个工作簿文件中可以有多张工作表。

微课视频

2. 工作表

工作簿中的每一张表称为一个工作表。如果把一个工作簿比作一个账本，一张工作表就相当于账本中的一页。每张工作表都有一个名称，名称显示在工作簿窗口底部的工作表标签上。新建的工作簿文件包含 1 张空工作表，其默认的名称为 Sheet1，用户可以根据需要增加或删除工作表。每张工作表由 1048576（2^{20}）行和 16384（2^{14}）列构成，行号在屏幕中自上而下为 1～1048576，列号则由左到右采用字母 A,B,C,…表示，当超过 26 列时列号用两个字母 AA,AB,…,AZ 表示，当超过 256 列时，列号则用 AAA,AAB,…表示。

3. 单元格

工作表中行、列交叉所围成的方格称为单元格。单元格是工作表的最小单位，也是 Excel 2016

用于保存数据的最小单位。单元格中可以输入各种数据，如一组数字、一个字符串、一个公式，也可以是一个图形或一段声音等。每个单元格都有自己的名称，这个名称也叫作单元格地址。该地址由列号和行号构成，例如第 1 列与第 1 行构成的单元格名称为 A1，同理 D2 表示的是第 4 列与第 2 行构成的单元格地址。为了引用不同工作表中的单元格，还可以在单元格地址的前面增加工作表名称，如 Sheet1!A1、Sheet2!C4 等。

5.1.2　Excel 2016 窗口的组成

Excel 2016 窗口的组成与 Word 2016 窗口类似，也包括标题栏、快速访问工具栏、"文件"选项卡、功能区、状态栏、视图切换区、工作区等；除此之外，还包括 Excel 2016 独有的一些窗口元素，如活动单元格、行号、列号、名称框、编辑栏、工作表标签等。图 5-1 中列出了 Excel 2016 窗口元素的名称，下面简单介绍 Excel 2016 窗口中部分主要元素的功能。

图 5-1　Excel 2016 窗口的组成

1. 功能区

Excel 2016 的功能区同样是由选项卡、选项组和一些命令按钮组成的，默认显示的选项卡有"开始""插入""页面布局""公式""数据""审阅"和"视图"。默认打开的是"开始"选项卡，该选项卡包括"剪贴板""字体""对齐方式""数字""样式""单元格""编辑"等选项组。各个选项组中的命令可以组合在一起来完成各种任务。

2. 活动单元格

单击任意一个单元格，该单元格即成为活动单元格，也称为当前单元格。此时，该单元格周围出现黑色的粗线方框。通常在启动 Excel 2016 应用程序后，默认活动单元格为 A1。

3. 名称框与编辑栏

名称框显示当前活动单元格的名称，比如光标位于 A 列 8 行，则名称框中显示 A8。

编辑栏可同步显示当前活动单元格中的具体内容，如果单元格中输入的是公式，则即使最终的单元格中显示的是公式的计算结果，在编辑栏中也仍然会显示具体的公式内容。另外，有时单元格中的内容较长，无法在单元格中完整显示，则可单击该单元格，在编辑栏中查看完整的内容。

4. 行号和列号

工作表的行号和列号表明了行和列的位置,并由行列的交叉决定了单元格的位置。

5. 工作表标签

工作表标签又称页标,一个页标就代表一个独立的工作表。默认情况下,Excel 2016 在新建一个工作簿后会自动创建 1 个空白的工作表并使用默认名称 Sheet1。

6. 状态栏

状态栏位于窗口最下方,平时它并没有什么丰富的显示信息,但如果在状态栏上右击,将弹出图 5-2 所示的快捷菜单,从中可选择常用计算方法。这样,当在单元格中输入一些数值后,只需用鼠标批量选中这些单元格,状态栏中就会立即以上述快捷菜单中默认的计算方法给出计算结果。

图 5-2　快捷菜单

5.2　Excel 2016 的基本操作

5.2.1　工作簿的新建、打开与保存

1. 工作簿的新建

① 启动 Excel 2016 后,程序默认会新建一个空白的工作簿,这个工作簿命名为工作簿 1.xlsx,用户可以在保存该文件时更改默认的工作簿名称。

② 若 Excel 2016 已启动,单击"文件"选项卡中的"新建"命令,在右侧窗格中单击"空白工作簿"按钮,如图 5-3 所示,即可创建一个新的空白工作簿。在该窗格中,还可以使用 Office 提供的各种模板创建工作簿。在 Excel 窗口中按【Ctrl+N】组合键或单击快速访问工具栏中的"新建"按钮也可创建一个新的空白的工作簿。

微课视频

③ 在某个文件夹内的空白处右击,在弹出的快捷菜单中选择"新建"→"Microsoft Excel 工作表"命令,也可新建一个 Excel 2016 工作簿文件。

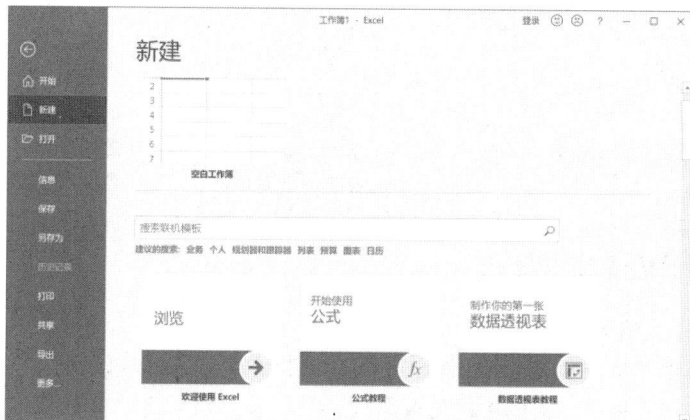

图 5-3　"新建"任务窗格

2. 工作簿的打开和保存

（1）工作簿的打开

打开 Excel 2016 工作簿的方法有如下几种，用户可根据自己的习惯任意选择其中的一种。

① 从"文件资源管理器"中找到要打开的 Excel 2016 文件后，双击可直接打开该文件。

② 在 Excel 2016 窗口中，单击快速访问工具栏中的"打开"按钮，或者选择"文件"→"打开"命令，在右侧窗格中选择"浏览"，打开"打开"对话框，从中选择所需文件，然后单击"打开"按钮，即可打开该文件。

（2）工作簿的保存

保存 Excel 2016 工作簿有以下几种方法。

① 单击快速访问工具栏中的"保存"按钮、选择"文件"→"保存"命令或按【Ctrl+S】组合键，都可以对已打开并编辑过的工作簿进行保存。

② 如果是新建的工作簿，则执行上述任意一种操作后，均会打开"另存为"窗格，选择"浏览"，则可打开"另存为"对话框，在该对话框中指定保存文件的路径和文件名，然后单击"保存"按钮，即可对新建工作簿进行保存。

③ 对于已经打开的工作簿文件，如果要重命名保存或更改保存位置，则选择"文件"→"另存为"命令，即可打开"另存为"对话框。

（3）设置工作簿的默认保存位置

选择"文件"→"选项"命令，打开图 5-4 所示的"Excel 选项"对话框，在左侧窗格中选择"保存"，在打开的右侧窗格的"默认本地文件位置"文本框中输入合适的目录路径，再单击"确定"按钮，即可完成默认保存位置的设定。

图 5-4 "Excel 选项"对话框

5.2.2 工作表数据的输入

1. 单元格及单元格区域的选定

在输入和编辑单元格内容之前，必须先选定单元格，被选定的单元格称为活动单元格。当一个单元格成为活动单元格时，它的边框变成黑线，其行号、列号会突出显示，在名称框中将显示该单元格的名称。单元格右下角的小黑块称为填充柄。将鼠标指针指向填充柄时，鼠标指针的形状变为黑**＋**字。

选定单元格、单元格区域、行或列的操作如表 5-1 所示。

表 5-1　　　　　　　　　　　　　　　　选定操作

选定内容	操作
单个单元格	单击相应的单元格或用方向键移动到相应的单元格
连续单元格区域	单击选定该区域的第一个单元格，然后拖动鼠标直到选定该区域的最后一个单元格
工作表中所有单元格	单击第一列列号左边的矩形框
不相邻的单元格或单元格区域	选定第一个单元格或单元格区域，然后按住【Ctrl】键再选定其他的单元格或单元格区域
较大的单元格区域	选定第一个单元格，然后按住【Shift】键再单击区域中最后一个单元格
整行	单击行号
整列	单击列号
相邻的行或列	沿行号或列号拖动鼠标，或者先选定第一行或第一列，然后按住【Shift】键再选定其他的行或列
不相邻的行或列	先选定第一行或第一列，然后按住【Ctrl】键再选定其他的行或列
增加或减少活动区域中的单元格	按住【Shift】键并单击新选定区域中最后一个单元格，在活动单元格和所单击的单元格之间的矩形区域将成为新的选定区域
取消单元格选定区域	单击工作表中其他任意一个单元格

2．数据的输入

在 Excel 2016 中，可以为单元格输入两种类型的数据：常量和公式。常量是没有以"="开头的单元格数据，如数字、文字、日期、时间等。数据输入时只要选中需要输入数据的单元格，然后输入数据并按【Enter】键或【Tab】键即可。

（1）数据显示格式

Excel 2016 提供了一些数据格式，如常规、数值、分数、文本、日期、时间、会计、货币等格式，单元格的数据格式决定了数据的显示方式。默认情况下，单元格的数据格式是"常规"格式，此时 Excel 2016 会根据输入的数据形式，套用不同的数据显示格式。例如，如果输入￥14.73，Excel 2016 将套用"货币"格式。

（2）数字的输入

在 Excel 2016 中直接输入阿拉伯数字及 +、-、*、/、.、$、%、E 等符号，在默认的"常规"格式下，它们将作为数值来处理。为避免将输入的分数误认为日期，应在分数前冠以 0 加一个空格，即"0 "，如 0 2/3。在单元格中输入数值时，所有数字在单元格中均右对齐。如果要改变其对齐方式，可以在"开始"→"对齐方式"选项组中选择相应命令的按钮进行设置。

（3）文本的输入

在 Excel 2016 中，如果输入非数字字符或汉字，则在默认的"常规"格式下，它们将作为文本来处理，所有文本均左对齐。

若文本是由一串数字组成的，如学号之类的数据，输入时可使用以下方法之一。

① 在该串数字的前面加一个半角单撇号，如单元格内容为 093011，则需要输入"'093011"。

② 先设置相应单元格为"文本"格式，再输入数据。关于单元格格式的设置，可参考 5.2.4 小节中工作表格式化的相关内容。

（4）日期与时间的输入

在一个单元格中输入日期时，可使用斜杠（/）或连字符（-），如"年-月-日""年/月/日"等。默认状态下，日期和时间项在单元格中右对齐。

3. 有规律数据的输入

表格处理过程中，经常会遇到要输入大量的、连续性的、有规律的数据，如序号、连续的日期、连续的数值等，如果人工输入，既麻烦又容易出错，效率非常低。使用 Excel 2016 的自动填充功能，可以极大地提高工作效率。

（1）按鼠标左键拖动输入序列数据

在单元格中输入某个数据后，按住鼠标左键，将填充柄向下或向右拖动（当然也可以向上或向左拖动），则鼠标指针经过的单元格中就会被与原单元格中相同的数据填充，如图 5-5（a）中 A 列所示。

按住【Ctrl】键的同时，按住鼠标左键拖动填充柄进行填充，如果原单元格中的内容是数值，则 Excel 2016 会自动以递增的方式进行填充，如图 5-5（a）中 B 列所示；如果原单元格中的内容是普通文本，则 Excel 2016 只会在拖动的目标单元格中复制原单元格里的内容。

（2）按鼠标右键拖动输入序列数据

按住鼠标右键拖动填充柄，可以获得非常灵活的填充效果。

单击用来填充的原单元格，按住鼠标右键拖动填充柄，拖动经过若干单元格后放开鼠标右键，此时会弹出图 5-5（b）所示的快捷菜单，该菜单中列出了多种填充方式。

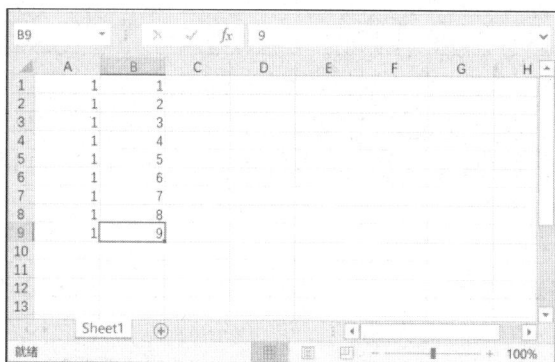

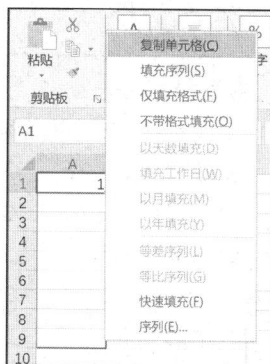

（a）相同数据的填充　　　　　　　　　　　（b）填充时的快捷菜单

图 5-5　自动填充

① 复制单元格：即简单地复制原单元格内容，其效果与上述按鼠标左键拖动填充的效果相同。

② 填充序列：即按一定的规律进行填充。比如原单元格是数字 1，则选中此方式填充后，可依次填充为 1、2、3、……；如果原单元格为"五"，则填充内容是"五、六、日、一、二、三、……"；如果是其他无规律的普通文本，则"以序列方式填充"的快捷菜单为灰色的不可用状态。

③ 仅填充格式：被填充的单元格中不会出现原单元格中的数据，而仅复制原单元格中的格式到目标单元格中。此选项的功能类似 Word 2016 中的格式刷。

④ 不带格式填充：被填充的单元格中仅填充数据，而原单元格中的各种格式设置不会被复制到目标单元格。

⑤ 等差序列、等比序列：这两种填充方式要求事先选定两个以上的带有数据的单元格。比如选定了分别已经输入 1、2 的两个单元格，再按住鼠标右键拖动填充柄，释放鼠标右键即可选择快捷菜单中的"等差序列"或"等比序列"命令。

⑥ 序列：当原单元格中内容为数值时，按住鼠标右键拖动填充柄后选择"序列"命令即可打开图 5-6 所示的"序列"对话框。在此对话框中可以灵活地选择多种序列填充方式。

（3）使用填充命令填充数据

选择"开始"选项卡，在"编辑"选项组中单击"填充"按钮，此时会打开下拉列表，如图 5-7 所示。该列表中有"向下""向右""向上""向左"以及"序列"等命令，选择不同的命令可以将内容填充到不同位置的单元格中。如果选择列表中的"序列"命令，则打开"序列"对话框。

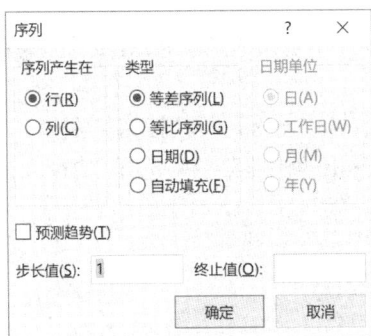

图 5-6　"序列"对话框　　　　　　　　　图 5-7　"填充"下拉列表

5.2.3　工作表的编辑操作

1. 单元格编辑

单元格编辑包括对单元格内数据及单元格的操作，下面举例进行讲解。

（1）移动和复制单元格数据

移动和复制单元格可通过鼠标来完成，也可通过命令来完成。

① 通过鼠标移动、复制：具体操作方法包括以下 4 种。

a. 选定要移动数据的单元格或单元格区域，将鼠标指针置于选定单元格或单元格区域的边缘处，当鼠标指针变成 ✥ 形状时，按住鼠标左键并拖动，即可移动单元格数据。

b. 按住【Ctrl】键，当鼠标指针变成 ⬈ 形状时，拖动鼠标进行操作，即可完成单元格数据的复制操作。

微课视频

c. 按住【Shift+Ctrl】组合键，再拖动鼠标进行操作，则可将选中的单元格内容插入已有单元格中。

d. 按住【Alt】键并拖动鼠标可将选中区域的内容拖动到其他工作表中。

② 通过命令移动、复制：选定要进行移动或复制的单元格或单元格区域，单击"开始"选项卡下"编辑"选项组中的"复制"或"剪切"按钮（或右击，在弹出的快捷菜单中选择"复制"或"剪切"命令），即可将单元格或单元格区域中的内容复制或剪切到剪贴板中。选定要粘贴到的单元格或单元格区域左上角的单元格，单击"编辑"选项组中的"粘贴"按钮即可完成复制或移动操作。

（2）选择性粘贴

除了直接复制整个单元格中的内容外，Excel 2016 还可以选择单元格中的特定内容进行复制。具体操作步骤如下。

① 选定需要复制的单元格。

② 单击"开始"选项卡下"剪贴板"选项组中的"复制"按钮。

③ 选定粘贴区域左上角的单元格。

④ 单击"剪贴板"选项组中的"粘贴"下拉按钮，在打开的下拉列表中选择"选择性粘贴"命令，打开图 5-8 所示的对话框。

⑤ 选择"粘贴"选项组中所需的选项，再单击"确定"按钮。

（3）插入单元格

插入单元格的操作步骤如下。

① 在需要插入空单元格处选定相应的单元格区域，选定的单元格数量应与待插入空单元格的数量相等。

② 单击"开始"选项卡下"单元格"选项组中的"插入"下拉按钮，在打开的下拉列表中选择"插入单元格"命令，或右击相应单元格并在弹出的快捷菜单中选择"插入"命令，打开图 5-9 所示的"插入"对话框。

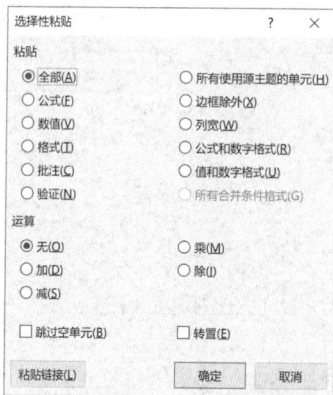

图 5-8 "选择性粘贴"对话框　　　　图 5-9 "插入"对话框

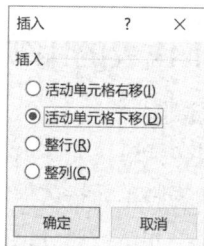

③ 在对话框中选定相应的"插入方式"选项，再单击"确定"按钮。

（4）为单元格插入批注

为了对数据进行补充说明，用户可以为一些特殊数字或公式添加批注。操作步骤如下。

① 选定要添加批注的单元格或单元格区域。

② 单击"审阅"选项卡下"批注"选项组中的"新建批注"按钮，或者按【Shift+F2】组合键，打开批注文本框，在批注文本框中输入内容，该内容即为批注内容。

（5）删除与清除单元格

删除单元格是指将选定的单元格从工作表中移走，并自动调整周围的单元格填补删除后的空缺，具体操作步骤如下。

① 选定需要删除的单元格。

② 单击"开始"选项卡下"单元格"选项组中的"删除"下拉按钮，在弹出的下拉列表中选择"删除单元格"命令，或者右击要删除的单元格并在弹出的快捷菜单中选择"删除"命令，打开图 5-10 所示的"删除"对话框。

③ 选择所需的删除方式，单击"确定"按钮。

清除单元格是指将选定的单元格中的内容、格式或批注等从工作表中删除，单元格仍保留在工作表中，具体操作步骤如下。

① 选定需要清除的单元格。

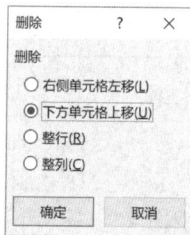

图 5-10 "删除"对话框

② 单击"开始"选项卡下"编辑"选项组中的"清除"按钮，在弹出的下拉列表中选择相应的命令即可。

2．行和列的编辑

行和列的编辑包括插入行或列、删除与清除行和列。

（1）插入行或列

① 如果需要插入一行，则单击需要插入的新行之下相邻行中的任意单元格；如果要插入多行，则选定需要插入的新行之下相邻的若干行，选定的行数应与待插入空行的数量相等。

② 如果需要插入一列，则单击需要插入的新列右侧相邻列中的任意单元格；如果要插入多列，则选定需要插入的新列右侧相邻的若干列，选定的列数应与待插入的新列数量相等。

③ 单击"开始"选项卡下"单元格"选项组中的"插入"下拉按钮，在弹出的下拉列表中选择"插入工作表行"或"插入工作表列"命令，或者右击相应单元格并在弹出的快捷菜单中选择相应命令。

在日常操作中，使用得更多的方法是：要插入一行或一列，则单击行号或列号，然后单击"开始"选项卡下"单元格"选项组中的"插入"按钮，新插入的行出现在选定行的上面或列出现在选定列的左侧。

（2）删除与清除行和列

删除行、列是指将选定的行、列从工作表中移走，并将后续的行、列自动递补上来，具体操作步骤如下。

① 选定需要删除的行或列。

② 单击"开始"选项卡下"单元格"选项组中的"删除"下拉按钮，在弹出的下拉列表中选择"删除工作表行"或"删除工作表列"命令，或者右击要删除的行或列，在弹出的快捷菜单中选择"删除"命令即可。

清除行、列是指将选定的行、列中的内容、格式或批注等从工作表中删除，行、列仍保留在工作表中，具体操作步骤如下。

① 选定需要清除的行或列。

② 单击"开始"选项卡下"编辑"选项组中的"清除"按钮，在弹出的下拉列表中选择相应的命令即可。

3．表格行高和列宽的设置

表格行高和列宽的设置可通过鼠标拖动完成，也可以通过菜单命令精确设置。

（1）通过鼠标拖动改变行高和列宽

将鼠标指针移动到要调整宽度的行号或列号的边线上，此时鼠标指针的形状变为上下或左右双箭头，按住鼠标左键拖动，即可调整行高或列宽。

（2）通过菜单命令精确设置行高和列宽

① 选定需要调整的行或列，单击"开始"选项卡下"单元格"选项组中的"格式"按钮，弹出相应的下拉列表，如图 5-11 所示。

② 在"格式"下拉列表中选择"行高"命令，在打开的"行高"对话框中输入确定的值，即可设定行高值；用户也可以选择"自动调整行高"命令，使行高正好容纳一行中最大的文本。

③ 在"格式"下拉列表中选择"列宽"命令，在打开的"列宽"对话框中输入确定的值，即可设定列宽值；用户也可以选择"自动调整

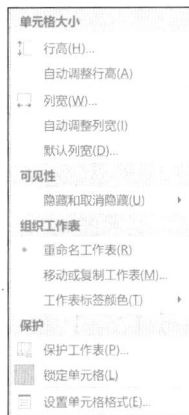

图 5-11　"格式"下拉列表

列宽"命令，使列宽正好容纳一列中最长的文本。

5.2.4 工作表的格式化

建立一张工作表后，可以建立不同风格的数据表现形式。工作表的格式化设置包括单元格格式的设置和单元格中数据格式的设置。

单击"开始"选项卡下"单元格"选项组中的"格式"按钮，弹出图5-11所示的下拉列表，选择"设置单元格格式"命令，或者选中单元格后右击并在弹出的快捷菜单中选择"设置单元格格式"命令，均可打开"设置单元格格式"对话框。该对话框中有"数字""对齐""字体""边框""填充"和"保护"6个选项卡。另外，在"开始"选项卡中分别单击"字体"选项组、"对齐方式"选项组、"数字"选项组右下角的按钮，可分别显示"设置单元格格式"对话框的"字体"选项卡、"对齐"选项卡和"数字"选项卡。

微课视频

1. 数据的格式化

"数字"选项卡（见图 5-12）用于设置单元格中数字的数据格式。在"数字"选项卡的"分类"列表框中有十多种不同类别的数据，选定某一类别的数据后，选项卡右侧将显示出该类别数据不同的数据格式列表，以及有关的设置选项。在这里可以选择所需要的数据格式类型。

另外，也可以通过"开始"选项卡下"数字"选项组中的格式化数字按钮进行设置，这些按钮包括"会计数字格式""百分比样式""千位分隔符样式""增加小数位数"和"减少小数位数"等。

2. 单元格内容的对齐

"对齐"选项卡（见图 5-13）用于设置单元格中文本的对齐方式、旋转方向及其他文本控制。

图 5-12 "数字"选项卡   图 5-13 "对齐"选项卡

（1）对齐方式

① 在"水平对齐"下拉列表框中可以设置单元格的水平对齐方式，如常规、居中、靠左、靠右、跨列居中等，默认为"常规"方式，此时单元格按照输入的默认方式对齐（数字右对齐、文本左对齐、日期右对齐等）。另外，也可以单击"开始"选项卡下"对齐方式"选项组中的相应按钮进行水平对齐方式的选择。

② 在"垂直对齐"下拉列表框中可以设置单元格的垂直对齐方式，如靠下、靠上、居中、两端对齐、分散对齐等，默认为"居中"方式。

（2）旋转方向

在“方向”选项组中可以通过拖动鼠标或直接输入角度值，将选定的单元格内容从-90° ～ +90° 进行旋转，这样就可将表格内容由水平显示转换为各个角度的显示。

（3）其他文本控制

① 选中“自动换行”复选框后，被设置的单元格就具备了自动换行功能，当输入的内容超过单元格宽度时会自动换行。

注意　在向单元格输入内容的过程中，也可以进行强制换行。当需要强行换行时，按【Alt+Enter】组合键，则输入的内容就会从下一行开始显示，而不管是否达到单元格的最大宽度。

② 如果单元格的内容超过单元格宽度，选中“缩小字体填充”复选框后，单元格中的内容会自动缩小字体并被单元格容纳。

③ 选中需要合并的单元格后，在“对齐”选项卡中选中“合并单元格”复选框，可以实现单元格的合并。更常用的单元格合并方法是选中单元格后，直接单击“对齐方式”选项组中的“合并后居中”按钮，此时被选中的单元格就实现了合并，同时水平对齐方式也设置为了居中。

注意　关于单元格的合并居中和跨列居中。

电子表格的表头文字通常需要居中显示，如图 5-14 所示。一般可以采用两种方法实现表头文字的居中操作：一种方法是将这行的单元格选中后在“对齐方式”选项组中单击“合并后居中”按钮，进行合并居中设置；另一种方法是将这行的单元格选中后，在“对齐”选项卡的“水平对齐”下拉列表框中选择“跨列居中”选项。两种方法都可以使表头文字居中显示，但前者的方法对单元格做了合并的处理，而后者虽然表头文字居中，但单元格并没有合并。

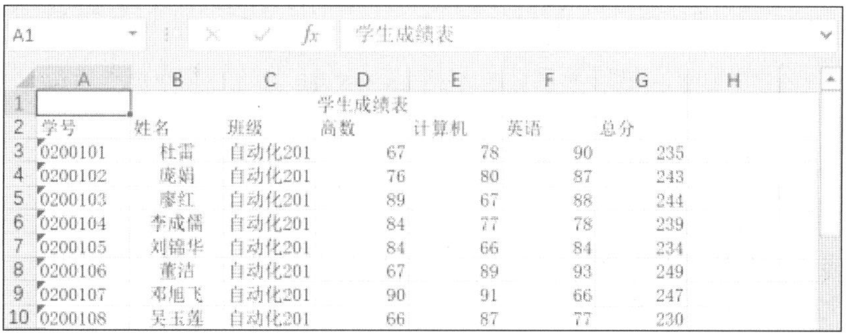

	A	B	C	D	E	F	G	H
1				学生成绩表				
2	学号	姓名	班级	高数	计算机	英语	总分	
3	0200101	杜雷	自动化201	67	78	90	235	
4	0200102	庞娟	自动化201	76	80	87	243	
5	0200103	廖红	自动化201	89	67	88	244	
6	0200104	李成儒	自动化201	84	77	78	239	
7	0200105	刘锦华	自动化201	84	66	84	234	
8	0200106	董洁	自动化201	67	89	93	249	
9	0200107	邓旭飞	自动化201	90	91	66	247	
10	0200108	吴玉莲	自动化201	66	87	77	230	

图 5-14　表头文字居中显示

3. 单元格字体的设置

为了使表格的内容更加醒目，可以对一张工作表中各部分内容的字体做不同的设定。先选定要设置字体的单元格或单元格区域，然后在“设置单元格格式”对话框的“字体”选项卡（见图 5-15）中对字体、字形、字号、颜色及一些特殊效果进行设置。用户也可以直接在“字体”选项组中单击相应按钮进行设置。

4. 表格边框的设置

在编辑电子表格时，显示的表格线是 Excel 2016 本身提供的网格线，打印时 Excel 2016 并不打印网格线。因此，用户可以根据需要为表格设置打印时所需的边框，使表格打印出来更加美观。首先选定所要设置的区域，然后在“设置单元格格式”对话框的“边框”选项卡（见图

5-16）中通过"边框"选项组设置边框线或表格中的框线，在"样式"选项组中可以选择 Excel 2016 提供的各种样式的线型，还可以通过"颜色"下拉列表框选择边框的色彩。

5. 底纹的设置

为了使表格各个部分的内容更加醒目、美观，Excel 2016 提供了在表格的不同部分设置不同的底纹图案或背景颜色的功能。首先选定所要设置的区域，然后在"设置单元格格式"对话框中选择"填充"选项卡（见图 5-17），在"背景色"列表框中可选择背景颜色，还可在"图案颜色"和"图案样式"下拉列表框中选择底纹的颜色和图案，最后单击"确定"按钮。

图 5-15 "字体"选项卡

图 5-16 "边框"选项卡

图 5-17 "填充"选项卡

5.2.5 工作表的管理操作

Excel 2016 具有很强的工作表管理功能，能够根据需要十分方便地对工作表进行选定与切换、添加、删除、重命名、移动或复制、表格创建操作。

1. 工作表的选定与切换

单击工作表标签即可选定需要操作的工作表。当需要从一个工作表切换到其他工作表时，可单击相应工作表的标签。如果工作簿中包含多张工作表，而所需工作表标签不可见时，可单击工作表标签左端的左右滚动按钮 ，以便显示其他标签。

微课视频

2. 工作表的添加

在已存在的工作簿中可以添加新的工作表，添加方法有以下3种。

（1）单击工作表标签上的"新工作表"按钮 ⊕ ，即可在现有工作表后面插入一个新的工作表。

（2）右击工作表标签栏中的工作表名称，在弹出的快捷菜单中选择"插入"命令，则打开"插入"对话框，从中选择"工作表"，而后单击"确定"按钮，即可在当前工作表前插入一个新的工作表。

（3）单击"开始"选项卡下"单元格"选项组中的"插入"下拉按钮，在弹出的下拉列表中选择"插入工作表"命令，Excel 2016 将在当前工作表前添加一个新的工作表。

3．工作表的删除

用户可以在工作簿中删除不需要的工作表。工作表的删除一般有如下两种方法。

（1）选中需要删除的工作表，单击"开始"选项卡下"单元格"选项组中的"删除"下拉按钮，在弹出的下拉列表中选择"删除工作表"命令，在打开的对话框中单击"删除"按钮，将删除工作表。

（2）右击工作表标签栏中需要删除的工作表名称，在弹出的快捷菜单中选择"删除"命令，即可将选中的工作表删除。

4．工作表的重命名

工作表的初始名称为 Sheet1、Sheet2、……。为了方便工作，用户可将工作表命名为易记的名称。工作表重命名的方法有以下几种。

（1）选中需要重命名的工作表，然后单击"开始"选项卡下"单元格"选项组中的"格式"按钮，在弹出的下拉列表中选择"重命名工作表"命令，工作表标签栏的当前工作表名称将处于可编辑状态，此时即可修改工作表的名称。

（2）右击工作表标签栏中工作表的名称，在弹出的快捷菜单中选择"重命名"命令，工作表名字变成可编辑状态后即可将当前工作表重命名。

（3）双击需要重命名的工作表标签，输入新名称后则将覆盖原本的工作表名称。

5．工作表的移动或复制

工作表移动或复制的操作步骤如下。

① 打开用于接收工作表的工作簿。

② 切换到需移动或复制的工作表上，并打开图 5-11 所示的"格式"下拉列表，在该列表中选择"移动或复制工作表"命令，或者右击需要移动或复制的工作表标签，在弹出的快捷菜单中选择"移动或复制"命令，打开图 5-18 所示的"移动或复制工作表"对话框。

③ 在"工作簿"下拉列表框中选择用来接收工作表的工作簿。若选择"新工作簿"选项，即可将选定工作表移动或复制到新工作簿中。

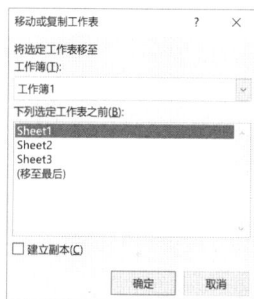

图 5-18　"移动或复制工作表"对话框

④ 在"下列选定工作表之前"列表框中选择需要在其前面插入、移动或复制的工作表。如果需要将工作表添加或移动到目标工作簿的最后，则选择"（移到最后）"选项。

⑤ 如果只是复制工作表，则选中"建立副本"复选框即可。

⑥ 单击"确定"按钮。

如果用户是在同一个工作簿中复制工作表的，可以按下【Ctrl】键并用鼠标单击要复制的工作表标签将其拖动到新位置，然后同时松开【Ctrl】键和鼠标。在同一个工作簿中移动工作表只需用鼠标拖动工作表标签到新位置即可。

6．工作表的表格创建

在 Excel 2016 中创建表格后，即可对该表格中的数据单独进行管理和分析，而不影响该表格外部的数据。例如，可以筛选表格列、排序、添加汇总行等。具体操作步骤如下。

图 5-19　"创建表"对话框

① 选择要指定表格的数据区域，选择"插入"选项卡中"表格"选项组中的"表格"按钮，打开图 5-19 所示的"创建表"对话框。

② 单击"表数据的来源"文本框右侧的按钮，在工作表中按下鼠标左键进行拖动，选中要

创建表格的数据区。如果选择的区域包含要显示为表格标题的数据，则选中"表包含标题"复选框，再单击"确定"按钮。

③ 若想要所选择的数据区域使用表格标识符突出显示，此时可以使用"表格工具"，其在功能区中增加了"设计"选项卡。使用"设计"选项卡中的各个工具可以对表格进行编辑。

④ 创建表格后，将出现蓝色边框对表格进行标识。系统将自动为表格中的每一列启用自动筛选下拉列表（见图5-20）。如果选中"设计"选项卡下"表格样式选项"选项组中的"汇总行"复选框，则将在插入行下显示汇总行。当选择表格以外的单元格、行或列时，表格处于非活动状态。此时，对表格以外的数据进行的操作不会影响表格内的数据。

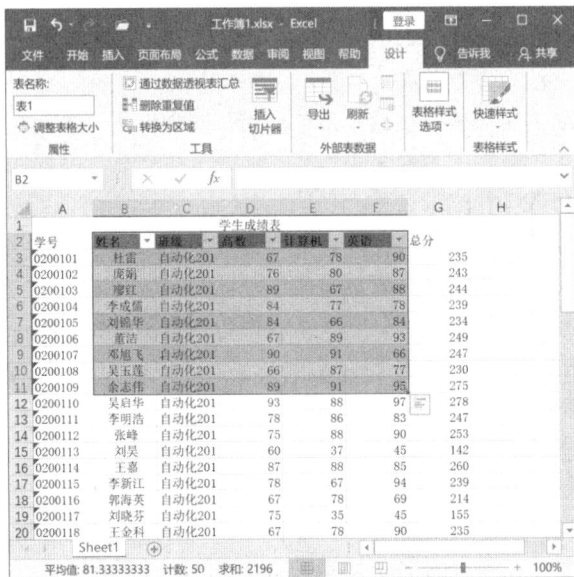

图 5-20　插入表格后的窗口

创建表格之后，若要停止处理表格数据而又不丢失所应用的任何表格样式格式，可以将表格转换为工作表上的常规数据区域。具体步骤为：选择"表格工具"→"设计"选项卡中"工具"选项组的"转换为区域"按钮，此时打开询问"是否将表转换为普通区域"的对话框，单击"是"按钮，则表格转换为普通区域，行标题不再包括排序和筛选箭头。

5.3　公式和函数

Excel 2016 强大的计算功能是由公式和函数提供的，它们为分析和处理工作表中的数据提供了很大的便利。借助公式不仅可以进行各种数值运算，还可以进行逻辑比较运算。对一些无法直接通过创建公式来进行计算的特殊运算，就可以使用 Excel 2016 中提供的函数来处理。当数据源发生变化时，通过公式和函数计算的结果将会自动更改。

5.3.1　公式

1. 运算符

运算符是公式中不可或缺的组成部分，Excel 2016 包含4种类型的运算符：

微课视频

算术运算符、比较运算符、文本运算符和引用运算符。

（1）算术运算符

算术运算符用于对数值进行四则运算，计算顺序是乘方优先，然后是乘除，最后是加减，用户可以通过增加括号来改变计算次序。算术运算符及其含义如表 5-2 所示。

表 5-2　　　　　　　　　　　　　　　　算术运算符及其含义

运算符号	含义	运算符号	含义	运算符号	含义
+	加	–	减	*	乘
/	除	%	百分号	^	乘方

（2）比较运算符

比较运算符可以对两个数值或字符进行比较，并产生一个逻辑值。如果比较的结果成立，逻辑值为 True，否则为 False。比较运算符及其含义如表 5-3 所示。

表 5-3　　　　　　　　　　　　　　　　比较运算符及其含义

运算符号	含义	运算符号	含义	运算符号	含义
>	大于	>=	大于或等于	<	小于
<=	小于或等于	=	等于	<>	不等于

（3）文本运算符

文本运算符用于两个文本的连接操作，利用 "&" 运算符可以将两个文本值连接为一个连续的文本值。

（4）引用运算符

引用运算符用于对单元格的引用操作，其包括 "冒号" "逗号" 和 "空格"。

① ":" 为区域运算符，如 C2:C10 是对单元格 C2～C10 之间（包括 C2 和 C10）的所有单元格的引用。

② "," 为联合运算符，它可将多个引用合并为一个引用，如 SUM(B5,C2:C10) 是对 B5 及 C2～C10 之间（包括 C2 和 C10）的所有单元格求和。

③ 空格为交叉运算符，它可引用同时隶属于两个单元格区域的单元格，如 SUM(B5:E10 C2:D8) 是对 C5:D8 区域求和。

2. 公式的输入

公式必须以 "=" 开始。为单元格设置公式，应在单元格中或编辑栏中输入 "="，然后直接输入公式的表达式。在一个公式中，可以包含运算符、常量、函数、单元格地址等。下面是几个公式的输入示例。

=152*23　　　　　　常量运算，152 乘以 23。

=B4*12–D2　　　　　使用单元格地址，B4 的值乘以 12 再减去 D2 的值。

=SUM(C2:C10)　　　使用函数，对 C2～C10 区域中单元格的值求和。

在公式输入过程中，涉及使用单元格地址时，可以通过键盘输入地址值，也可以直接单击这些单元格，将单元格的地址引用到公式中。例如，要在单元格 E2 中输入公式 "=B2+C2+D2"，则可选中单元格 E2，然后输入 "="，接着单击 B2 单元格，此时单元格 E2 中的 "=" 将变为 "=B2"，输入 "+" 后单击 C2 单元格，重复这一过程直到公式输入完毕。

输入结束后，在输入公式的单元格中将显示出计算结果。由于公式中使用了单元格的地址，如果公式所涉及的单元格值发生变化，结果会马上反映到使用公式的单元格中，如在上面的例子中，单元格 B2、C2 或 D2 的值发生变化，E2 会马上更新计算结果。

在输入公式时要注意以下两点。

（1）无论任何公式，都必须以等号（即"="）开头，否则 Excel 2016 会把输入的公式当作一般文本来处理。

（2）公式中的运算符号必须是半角符号。

3. 公式的引用

在公式中可通过对单元格地址的引用来使用具体位置的数据。根据引用情况的不同，将引用分为 3 种类型：相对地址引用、绝对地址引用和混合地址引用。

（1）相对地址引用

当把一个含有单元格地址的公式复制到一个新位置时，公式中的单元格地址也会随之改变，这样的引用称为相对地址引用。

如图 5-21（a）所示，在 H2 单元格中输入公式"=E2+F2+G2"，得到第一个同学的总成绩。然后拖动填充柄向下填充或者双击填充柄，其他同学的总成绩即可自动计算出来。单击 H5 单元格，可以在编辑栏看到 H5 单元格的内容为"=E5+F5+G5"，如图 5-21（b）所示。

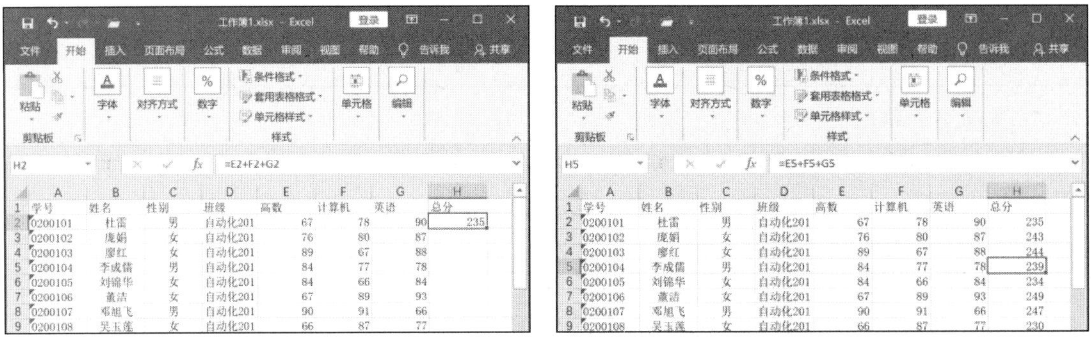

（a）在首单元格输入公式　　　　　　　　　　　（b）公式拖动后相对地址的改变

图 5-21　相对地址引用

可以看出，直接拖动公式（相当于公式的复制）可以很方便地进行相同类型的计算，所以一般都使用相对地址来引用单元格的位置。

（2）绝对地址引用

把公式复制或填入到一个新位置时，公式中的固定单元格地址保持不变，这样的引用称为绝对地址引用。在 Excel 2016 中，用户可通过对单元格地址的冻结来达到此目的，即在列标和行标前面加上"$"符号。

如图 5-22（a）所示，在 H2 单元格中输入公式"=$E$2+$F$2+$G$2"，使用的是绝对地址。此时仍然可以得到第一个同学的总成绩，但是拖动公式向下填充时，公式就不会变化，所有总成绩都是 233。用鼠标单击 H5 单元格，在编辑栏中看到的 H5 单元格的内容仍为"=$E$2+$F$2+$G$2"，如图 5-22（b）所示。

（3）混合地址引用

在某些情况下，需要在复制公式时只有行或只有列保持不变，这时就要使用混合地址引用。混合地址引用是指在一个单元格中，既有绝对地址引用，同时也有相对地址引用。例如，单元格地址"$C3"表示保持"列"不发生变化，但"行"会随着新的拖动（复制）位置变化而发生变化；而单元格地址"C$3"则表示保持"行"不发生变化，但"列"会随着新的位置变化而发生变化。即在单元格中的行标或列标前只添加一个"$"符号,"$"符号后面的行标或列标在拖动(复制)过程中不会发生变化。

| （a）在首单元格输入公式 | （b）公式拖动后绝对地址引用 |

图 5-22　绝对地址引用

5.3.2　函数

1. 函数的说明

在实际工作中,有很多特殊的运算要求无法直接用公式来完成;或者虽然可以用公式表示出来,但会非常烦琐。为此,Excel 2016 提供了丰富的函数功能,如常用函数、财务函数、时间与日期函数、统计函数、查找与引用函数等,帮助用户进行烦琐的计算或处理工作。Excel 2016 除了自身带有的内置函数外,还允许用户自定义函数。函数的一般格式为:

微课视频

函数名(参数 1,参数 2,参数 3,…)

表 5-4~表 5-8 列出了一些常用的函数,在表中通过举例简单地说明了函数的功能,例子中涉及的电子表格数据如图 5-23 所示。

图 5-23　学生成绩表

表 5-4　　　　　　　　　　　　　　　　　　　　常用数学函数介绍

函数	意义	举例
ABS	返回指定数值的绝对值	ABS(-8)=8
INT	求数值型数据的整数部分	INT(3.6)=3
ROUND	按指定的位数对数值进行四舍五入	ROUND(12.3456,2)=12.35
SIGN	返回指定数值的符号，正数返回 1，负数返回-1	SIGN(-5)=-1
PRODUCT	计算所有参数的乘积	PRODUCT(1.5,2) = 3
SUM	对指定单元格区域中的单元格求和	SUM(E2:G2)=235
SUMIF	按指定条件对若干单元格求和	SUMIF(G2:G11,">=90")=375

表 5-5　　　　　　　　　　　　　　　　　　　　常用统计函数

函数	意义	举例
AVERAGE	计算参数的算术平均值	AVERAGE(E2:G2)=78.3
COUNT	对指定单元格区域内的数字单元格计数	COUNT(F2:F11)=10
COUNTA	对指定单元格区域内的非空单元格计数	COUNTA(B2:B61)=60
COUNTIF	计算某个区域中满足条件的单元格数量	COUNTIF(G2:G61,"<60")=12
FREQUENCY	统计一组数据在各个数值区间的分布情况	
MAX	对指定单元格区域中的单元格取最大值	MAX(G2:G61)=100
MIN	对指定单元格区域中的单元格取最小值	MIN(G2:G61)=45
RANK.EQ	返回一个数字在数字列表中的排位	RANK.EQ(I2,I2:I61)=27

表 5-6　　　　　　　　　　　　　　　　　　　　常用文本函数

函数	意义	举例
LEFT	返回字符串左边指定长度的子字符串	LEFT(D2,2)=自动
LEN	返回文本字符串的字符个数	LEN(D2)=6
MID	从字符串中的指定位置起返回指定长度的子字符串	MID(D2,1,2)=自动
RIGHT	返回字符串右边指定长度的子字符串	RIGHT(D2,3)=201
TRIM	去除指定字符串的首尾空格	TRIM(" Hello Sunny ") = Hello Sunny

表 5-7　　　　　　　　　　　　　　　　　　　　常用日期和时间函数

函数	意义	举例
DATE	生成日期	DATE(92,11,4) = 1992/11/4
DAY	获取日期的天数	DAY(DATE(92,11,4)) = 4
MONTH	获取日期的月份	MONTH(DATE(92,11,4)) = 11
NOW	获取系统的日期和时间	NOW() = 2022/8/11 10:25
TIME	返回代表制定时间的序列数	TIME(11,23,56) = 11:23 AM
TODAY	获取系统日期	TODAY() = 2022/8/11
YEAR	获取日期的年份	YEAR(DATE(92,11,4)) = 1992

表 5-8　　　　　　　　　　　　　　　　　　　常用逻辑函数

函数	意义	举例
AND	逻辑与	AND(E2>=60,E2<=80) = TRUE
IF	根据条件真假返回不同结果	IF(E2>=60,"及格","不及格")=及格
NOT	逻辑非	NOT(E2>=60,E2<=80) = FALSE
OR	逻辑或	OR(E2<60,E2>90) = FALSE

2. 函数的使用

函数的使用可以通过以下 3 种方法实现。

（1）直接在单元格中输入函数公式

在需要进行计算的单元格中输入"="，然后输入函数名及函数计算所涉及的单元格范围，完成后按【Enter】键即可。例如，在图 5-23 所示的学生成绩表中，要计算 E2:G2 单元格范围中的数据和（该同学的总分），并将结果放在 H2 单元格中，用户在 H2 单元格中输入=SUM(E2:G2)，再按【Enter】键即可。

（2）利用函数向导引导建立函数运算公式

直接输入函数需要对函数名、函数的使用格式等非常了解，而 Excel 2016 的函数非常丰富，用户实际上没必要对所有函数都了解得很清楚，而是可以利用"插入函数"按钮，在函数列表框中选取函数，启动函数向导，引导建立函数运算公式。具体操作步骤如下。

① 选定需要进行计算的单元格。

② 单击"公式"选项卡"函数库"选项组中的"自动求和"按钮，或直接单击编辑栏左侧的"插入函数"按钮 𝑓ₓ，会打开"插入函数"对话框（见图 5-24），也可以在单元格中输入"="，然后在函数栏中选取函数。函数栏中一般会列出最常使用的函数（见图 5-25），如果需要的函数没有出现在函数栏中，选择"其他函数"选项后，也会打开"插入函数"对话框。

图 5-24　"插入函数"对话框

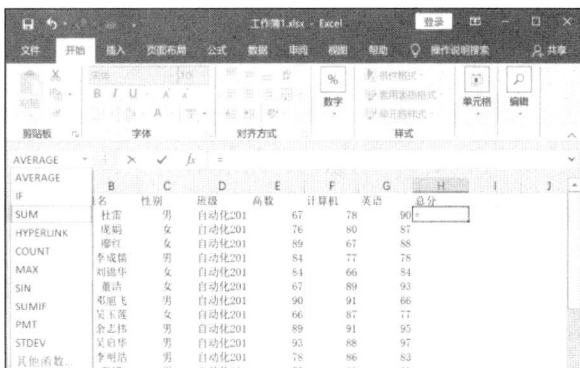

图 5-25　常用函数

③ 在"或选择类别"下拉列表框中选择需要的函数类别，在"选择函数"列表框中选择需要的函数。当选中一个函数时，该函数的名称和功能将显示在对话框的下方。

④ 在函数栏中选中函数，或者在"插入函数"对话框中选择一个函数并单击"确定"按钮，打开"函数参数"对话框，如图 5-26（a）所示。在"函数参数"对话框中对需要参与运算的单元格的引用位置进行设置，然后单击"确定"按钮，即可将函数的计算结果显示在选定单元格中。

在打开的"函数参数"对话框中设置参数时，Excel 2016 一般会根据当前的数据，给出一个单元格引用位置，如果该位置不符合实际计算要求，可以直接在参数框中输入引用位置；或者单击参数输入文本框右侧的折叠按钮↑，打开折叠后的"函数参数"对话框，如图 5-26（b）所示。此时，在工作表中用鼠标指针在参与运算的单元格上直接拖动，这些单元格的引用位置会出现在"函数参数"对话框中。设置完成后再次单击折叠按钮↑或直接按【Enter】键，即可展开"函数参数"对话框。

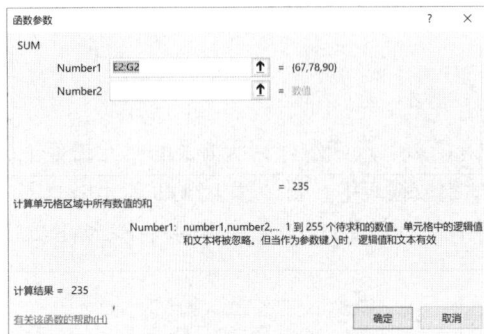

（a）折叠前的"函数参数"对话框 　　　　　　　　（b）折叠后的"函数参数"对话框

图 5-26　"函数参数"对话框

（3）利用"自动求和"按钮快速求得函数结果

具体操作步骤如下。

① 选定要求和的数值所在的行或列中与数值相邻的空白单元格。

② 单击"公式"选项卡下"函数库"选项组中的"自动求和"按钮 Σ 自动求和 ▾，此时单元格中显示"=SUM(单元格引用范围)"，其中"单元格引用范围"就是所在行或列中数值项单元格的范围。如果范围无误，直接按【Enter】键即可求出求和结果；如果范围有误，可以用鼠标直接拖动，选取正确范围，然后按【Enter】键。

其实"自动求和"按钮 Σ 自动求和 ▾ 不仅仅只是可以求和，单击旁边的下拉按钮，在打开的下拉列表中也提供了其他常用的函数，选择其中之一，即可求得其他函数的结果。

3. 不用公式进行快速计算

如果临时选中一些单元格中的数值，希望知道它们的和或平均值，又不想占用某个单元格存放公式及结果，可以利用 Excel 2016 中的快速计算功能。Excel 2016 默认可以对选中的数值单元格的数据求和，并将结果显示在状态栏中，如图 5-27 所示。如希望进行其他计算，右击状态栏，在弹出的快捷菜单中选择一种命令即可。

4. 函数举例

下面介绍几个常用的函数及其使用方法。

（1）条件函数 IF

语法格式：IF (logical_test,value_if_true, value_if_false)

功能：当 logical_test 表达式的结果为"真"时，取 value_if_true 的值为 IF 函数的返回值，否则，取 value_if_false 的值为 IF 函数的返回值。

说明：logical_test 为条件表达式，其中可使用比较运算符，如>、>=、=或<>等。value_if_true 为条件成立时所取的值，value_if_false 为条件不成立时所取的值。

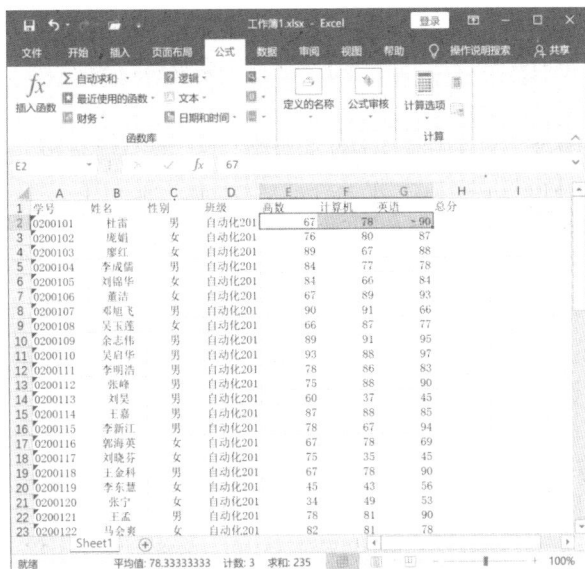

图 5-27　快捷计算

例如，IF(G2>=60, "及格", "不及格")，表示当 G2 单元格的值大于或等于 60 时，函数返回值为"及格"，否则为"不及格"。

IF 函数是可以嵌套使用的。例如，在上述"学生成绩表"中根据平均分在 J 列填充等级信息，对应关系为：平均分≥90 为优，80≤平均分＜90 为良，70≤平均分＜80 为中，60≤平均分＜70 为及格，平均分＜60 为不及格。此时可在 J2 单元格中输入如下函数：

=IF(I2>=90,"优",IF(I2>=80,"良",IF(I2>=70,"中",IF(I2>=60,"及格","不及格"))))

然后用鼠标拖动 J2 单元格右下角的填充柄，将此公式复制到该列的其他单元格中即可。完成后的效果如图 5-28 所示。

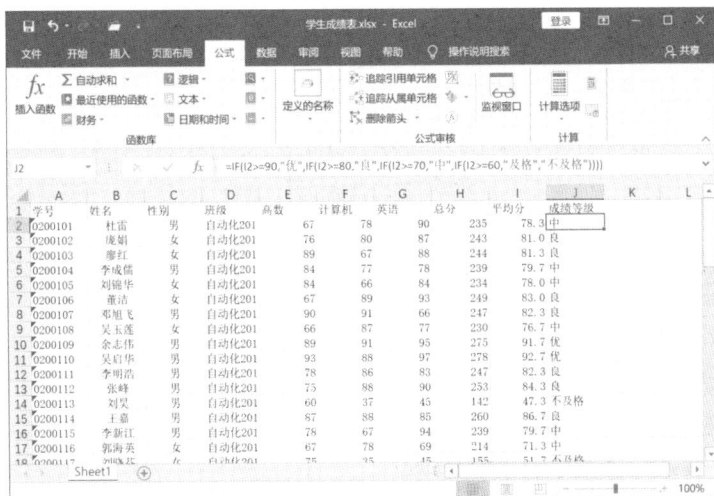

图 5-28　使用 IF 函数后的显示结果

（2）条件计数函数 COUNTIF

语法格式：COUNTIF (range, criteria)

功能：返回 range 表示的区域中满足条件 criteria 的单元格的个数。

说明：range 为单元格区域，在此区域中进行条件测试；criteria 为用双引号括起来的比较条件表达式，也可以是一个数值常量或单元格地址。例如，条件可以表示为："自动化 201"、80、">90"或 E3 等。

例如，在"学生成绩表"文件中统计成绩等级为"中"的学生人数，可使用如下公式：

=COUNTIF(I2:I61,"中")

若要统计英语成绩≥80 的学生人数，可使用如下公式表示：

=COUNTIF(G2:G61,">=80")

（3）频率分布统计函数 FREQUENCY

语法格式：FREQUENCY (data_array, bins_array)

功能：计算一组数据在各个数值区间的分布情况。

说明：其中，data_array 为要统计的数据（数组）；bins_array 为统计的间距数据（数组）。若 bins_array 指定的参数为 $A_1,A_2,A_3,\cdots,A_n$，则其统计的区间为 $X \leq A_1, A_1 < X \leq A_2, \cdots, A_{n-1} < X \leq A_n, X > A_n$，共 $n+1$ 个区间。

例如，要对学生成绩表统计满足英语成绩≤59，59<成绩≤69，69<成绩≤79，79<成绩≤89，成绩>89 的学生人数，具体步骤如下。

① 在一个空白区域（如 F64:F67）中输入区间分割数据(59,69,79,89)。

② 选择作为统计结果的数组输出区域，如 G64:G68。

③ 输入函数=FREQUENCY(G2:G61,F64:F67)。

④ 按下【Ctrl+Shift+Enter】组合键，执行后的结果如图 5-29 所示。

需要注意的是，在 Excel 2016 中输入一般的公式或函数后，通常都是按【Enter】键表示确认，但对于含有数组参数的公式或函数（如 FREQUENCY 函数），则必须按【Ctrl+Shift+Enter】组合键来确认。

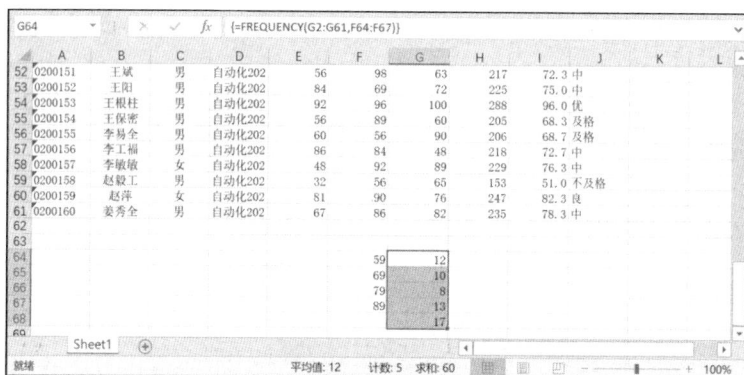

图 5-29　使用 FREQUENCY 函数后的显示结果

（4）统计排位函数 RANK.EQ

格式：RANK.EQ (number, ref, [order])

功能：返回一个数字在数字列表中的排位。

说明：number 表示需要找到排位的数字；ref 表示对数字列表的引用；order 为数字排位的方式。如果 order 为 0 或省略，则函数对数字的排位是基于 ref、按照降序排列的列表；如果 order 不为 0，则是基于 ref、按照升序排列的列表。

例如，要对学生成绩表按照平均分进行排名，具体步骤如下。

① 在 K2 单元格中输入函数：=RANK.EQ(I2,$I$2:$I$61)，按【Enter】键后，该单元格显示 27。

② 选中 K2 单元格，用鼠标拖动 K2 单元格右下角的填充柄，即可将 K2 单元格的函数复制到对应的其他单元格，填充后的效果如图 5-30 所示。

图 5-30　使用 RANK.EQ 函数后的显示结果

注意　在本例中的排名是基于平均分列、降序排列的，因此排名第一的是平均分最高的学生。另外，在对数字列表进行引用时，需绝对引用。例如，本例中对 I 列中平均分数据的引用，应使用\$I\$2:\$I\$61。此外，若平均分相同，则排名相同，如本例中平均分为 92.7 的有两个，他们的排名均为 2，因此没有排名为 3 的数字，之后的平均分是 91.7，这名学生的排名为数字 4。

5.4　数据图表

图表是 Excel 2016 中最常用的对象之一，它是依据选定的工作表单元格区域内的数据生成的，是工作表数据的图形表示形式。与工作表相比，图表具有更好的视觉效果，这样可方便用户查看数据的差异和预测趋势。利用图表可以将抽象的数据形象化，而且当数据源发生变化时，图表中对应的数据也自动更新，使得数据的展示更加直观、一目了然。Excel 2016 提供的图表类型很多，常用的有以下几种。

① 柱形图：用于一个或多个数据系列中值的比较。

② 条形图：实际上是翻转了的柱形图。

③ 折线图：显示一种趋势，在某一段时间内的相关值。

④ 饼图：着重部分与整体间的相对大小关系，没有 x 轴、y 轴。

⑤ XY 散点图：一般用于科学计算。

⑥ 面积图：显示在某一段时间内的累计变化。

微课视频

5.4.1　创建图表

1．图表结构

图表是由多个基本元素组成的。图 5-31 所示为一个学生成绩图表中的诸多元素。

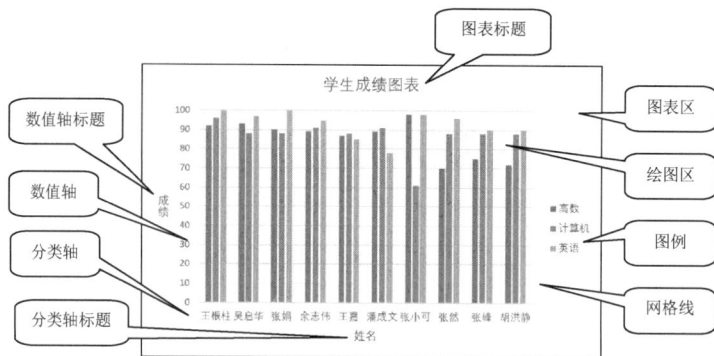

图 5-31　学生成绩图表

图表中常见的元素包括以下几种。

① 图表区：整个图表及其包含的元素。

② 绘图区：在二维图表中，绘图区是以坐标轴为界并包含全部数据系列的区域；在三维图表中，绘图区以坐标轴为界并包含数据系列、分类名称、刻度线和坐标轴标题。

③ 图表标题：一般情况下，一个图表应该有一个文本标题，它可以自动与坐标轴对齐或在图表顶端居中。

④ 数据系列：图表上的一组相关数据点，取自工作表的一行、一列或不连续的单元格。图表中的每个数据系列以不同的颜色和图案加以区别，在同一图表上可以绘制一个以上的数据系列。

⑤ 数据标签：根据不同图表类型，数据标签可以表示数值、数据系列名称、百分比等。

⑥ 坐标轴：为图表提供计量和比较的参考线，一般包括 x 轴、y 轴。

⑦ 刻度线：坐标轴上的短度量线，用于标记图表上的数据分类数值或数据系列。

⑧ 网格线：图表中从坐标轴刻度线延伸开来并贯穿整个绘图区的线条。

⑨ 图例：包括图例项名称和图例项标示，用于标示图表中的数据系列。

2. 创建图表

Excel 2016 的图表分为嵌入式图表和图表工作表两种。嵌入式图表是置于工作表中的图表对象，保存工作簿时该图表随工作表一起保存；图表工作表是只包含图表的工作表。若在工作表数据附近插入图表，应创建嵌入式图表；若在工作簿的其他工作表上中插入图表，应创建图表工作表。无论哪种图表都与创建它们的工作表数据相连接，当修改工作表数据时，图表会随之更新。

要生成图表，首先必须有数据源。这些数据要求以列或行的方式存放在工作表的一个区域中，若以列的方式排列，通常要以区域的第一列数据作为 x 轴的数据；若以行的方式排列，则要求以区域的第一行数据作为 x 轴的数据。

下面以图 5-32 所示的学生成绩表.xlsx 工作簿的 Sheet2 工作表中的数据为数据源来创建图表。具体操作步骤如下。

① 选择用于创建图表的数据区域。本例中用于创建图表的是"姓名"列与"高数""英语""计算机"三科成绩，由于数据区域不连续，我们可先选中 B1:B11 单元格，然后在按下【Ctrl】键的同时选中 E1:G11 单元格。

② 选择图表类型。在"插入"选项卡上的"图表"选项组中选择某一种图表类型，然后在打开的下拉列表中选择所需的图表子类型。若要查看所有可用的图表类型，可单击"图表"选项组右下角的 按钮打开"插入图表"对话框（见图 5-33），然后从左侧窗格中选择图表类型，从右侧窗格中选择对应的图表子类型，然后单击"确定"按钮。

图 5-32　学生成绩表数据源

> **注意**　将鼠标指针停留在某种图表类型或子类型上时，屏幕上都将显示相应图表类型的名称。

③ 单击"图表"选项组中的"插入柱形图或条形图"按钮，在其下拉列表中"二维柱形图"下选择"簇状柱形图"，此时就在工作表中插入了一个图表，如图 5-34 所示。

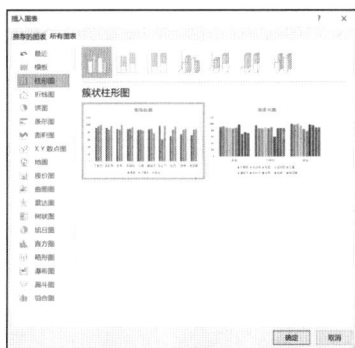

图 5-33　"插入图表"对话框

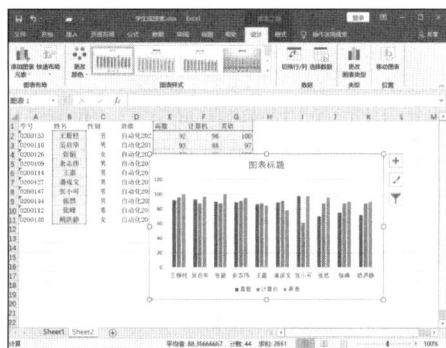

图 5-34　创建簇状柱形图图表

5.4.2　图表的编辑与格式化

创建的默认图表格式未必能满足用户的要求，此时可以对图表进行编辑与格式化操作。图表的编辑与格式化是指按要求对图表内容、图表格式、图表布局和外观进行编辑和设置的操作。图表的编辑与格式化大多数是针对图表的某些项进行的。

为对图表进行操作，用户可先选中图表，此时功能区中将显示"图表工具"，其上增加了"设计"和"格式"选项卡。利用"图表工具"可完成对图表的各种编辑与格式化操作。

1.　图表的编辑

图表的编辑操作包括更改图表类型、更改数据源、更改图表的位置等。

（1）更改图表类型

选中图表，在"图表工具"的"设计"选项卡中单击"类型"选项组中的"更改图表类型"按钮，或者右击图表，在弹出的快捷菜单中选择"更改图表类型"命

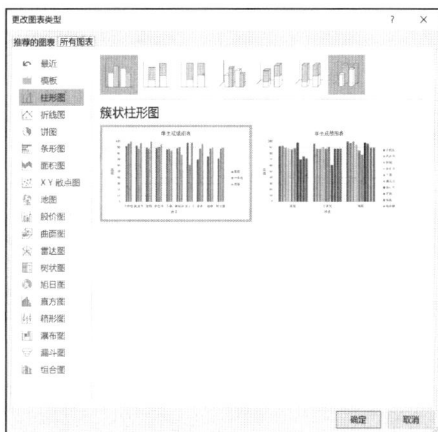

图 5-35　"更改图表类型"对话框

令，均可打开"更改图表类型"对话框，如图 5-35 所示。在该对话框中，可以重新选择一种图表类型，或针对当前的图表类型，重新选取一种子图表类型。

（2）更改数据源

选中图表后，在"图表工具"的"设计"选项卡中单击"数据"选项组中的"选择数据"按钮，或者右击图表区，在弹出的快捷菜单中选择"选择数据"命令，均可打开"选择数据源"对话框，如图 5-36 所示。单击"图表数据区域"框后的折叠按钮，可回到工作表的数据区域重新选择数据源；在"图例项（系列）"列表中，单击"添加"按钮可添加某一系列，或选中其中的某一系列，单击"删除"按钮可将该系列的数据删除，单击"编辑"按钮可对该系列的名称和数值进行修改。在"水平（分类）轴标签"列表中可单击"编辑"按钮，对轴标签区域进行选择。更改完成后，新的数据源会体现到图表中。

图 5-36 "选择数据源"对话框

（3）更改图表的位置

默认情况下，图表作为嵌入式图表与数据源出现在同一个工作表中。若要将其单独存放到一个工作表中，则需要更改图表的位置。

选中图表，在"图表工具"的"设计"选项卡中单击"位置"选项组中的"移动图表"按钮，或者右击图表区，在弹出的快捷菜单中选择"移动图表"命令，则打开"移动图表"对话框，如图 5-37 所示；选择"新工作表"单选按钮，在其后的文本框中输入该图表工作表的名称，单击"确定"按钮，则图表出现在新工作表 Chart1 中，如图 5-38 所示。

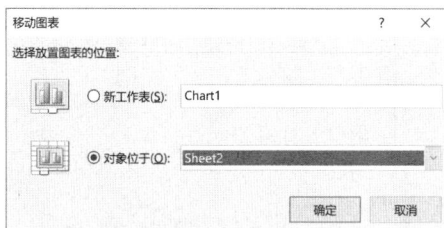

图 5-37 "移动图表"对话框

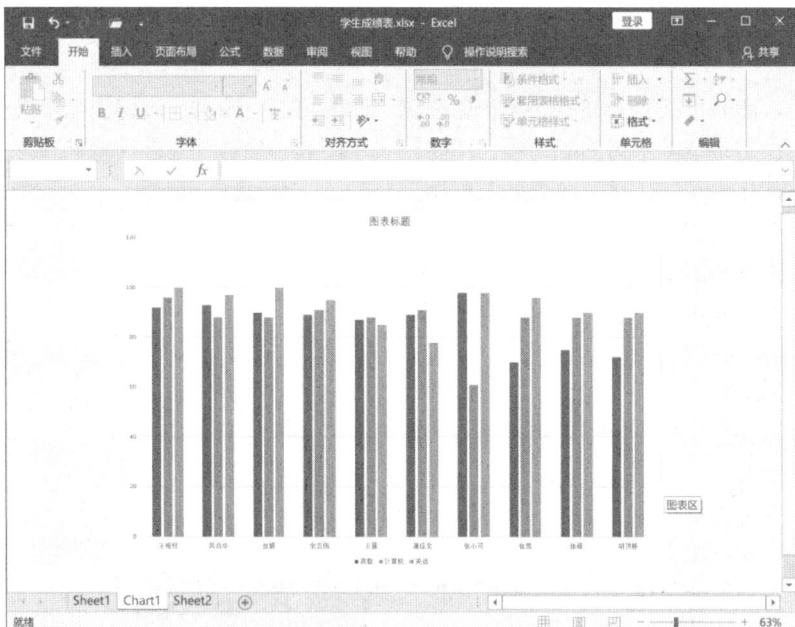

图 5-38 图表工作表

2. 图表布局

（1）图表标题和坐标轴标题

为了使图表更易于理解，用户可以在图表中添加标题，如图表标题和坐标轴标题。图表标题主要用于说明图表的主题内容，坐标轴标题用于说明纵坐标和横坐标所表达的数据内容。

新添加的图表中会自动添加图表标题，默认名称为"图表标题"，并位于图表区的正上方。根据需要可以对图表标题的位置进行修改，方法为：选中图表，在"图表工具"的"设计"选项卡中选择"图表布局"选项组，单击"添加图表元素"，在打开的下拉列表中选择"图表标题"，在其级联列表中可选择"无（不显示标题）""居中覆盖标题"或"图表上方"。

添加坐标轴标题的方法为：选中图表，在"图表工具"的"设计"选项卡中选择"图表布局"选项组，单击"添加图表元素"，在打开的下拉列表中选择"坐标轴标题"，在其级联列表中可选择"主要横坐标轴"或"主要纵坐标轴"进行设置，如将主要横坐标标题设置为坐标轴下方标题，将主要纵坐标标题设置为竖排标题。

设置完成后，在图表区中将显示内容为"图表标题"和"坐标轴标题"的文本框，分别选中这些文本框，并将其内容修改为所需的文本即可。图 5-39 所示为学生成绩图表添加图表标题和坐标轴标题后的效果。

（2）图例

选中图表，在"图表工具"的"设计"选项卡中选择"图表布局"选项组，单击"添加图表元素"，在打开的下拉列表中选择"图例"，在其级联列表中可设置图例的位置。

（3）数据标签和数据表

为了更清楚地表示系列中图形所代表的数据值，用户可为图表添加数据标签。

选中图表，在"图表工具"的"设计"选项卡中选择"图表布局"选项组，单击"添加图表元素"，在打开的下拉列表中选择"数据标签"，在其级联列表中选择显示数据标签的位置，如居中、数据标签内、数据标签外等。图 5-40 所示为将数据标签添加在数据标签外的效果。

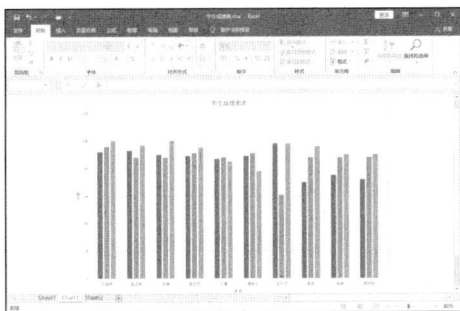

图 5-39　添加图表标题和坐标轴标题

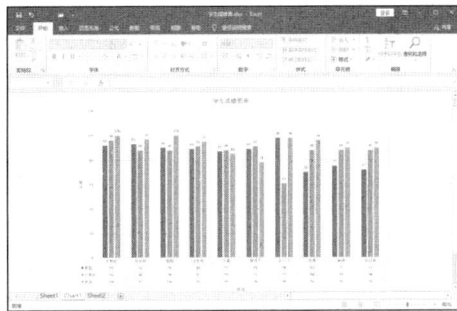

图 5-40　添加数据标签

选中图表，在"图表工具"的"设计"选项卡中选择"图表布局"选项组，单击"添加图表元素"，在打开的下拉列表中选择"数据表"，在其级联列表中选择"显示图例项标识"，可在图表下添加一个完整的数据表。

（4）坐标轴与网格线

坐标轴与网格线都是用于度量数据的参照框架。选中图表，在"图表工具"的"设计"选项卡中选择"图表布局"选项组，单击"添加图表元素"，在打开的下拉列表中选择"坐标轴"，在其级联列表中选择"更多轴选项"，则在右侧窗格中显示"设置坐标轴格式"选项，从中可进行坐标轴的布局更改和格式设置；同理，单击"网格线"，可在其下拉列表中取消或显示网格线。

3. 图表格式的设置

为了使图表看起来更加美观，用户可对图表中的元素设置不同的格式。设置图表的格式是指对图表中的各个元素进行文字、颜色、外观等格式的设置。选择"图表工具"的"格式"选项卡，在"形状样式"选项组中提供了很多预设的轮廓、填充颜色与形状效果的组合效果，用户可以很方便地进行设置。除此之外，还可以根据需要对各个图表元素分别进行设置。具体方法如下。

选中图表，选择"图表工具"的"格式"选项卡，在"当前所选内容"选项组中单击"图表区"下拉列表框，在打开的下拉列表中选择要更改格式样式的图表元素，如"垂直（值）轴"，然后单击"设置所选内容格式"按钮，此时在右侧显示"设置坐标轴格式"窗格，如图 5-41 所示。在此可以对坐标轴的格式进行设置，如在"坐标轴选项"中可设置坐标轴边界的最大值、最小值、单位等。

另外，右击某一图表元素，如绘图区，在打开的快捷菜单中选择"设置绘图区格式"命令，或者双击绘图区，均会在右侧显示"设置绘图区格式"窗格，如图 5-42 所示，从而可对绘图区的边框颜色、边框样式及填充效果等进行设置。

若要对图表元素的字体、字形、字号及颜色等进行设置，可先选中该图表元素，然后单击"开始"选项卡，在"字体"选项组中进行相应的设置。

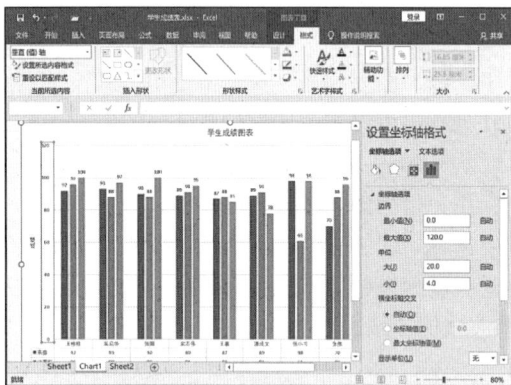

| 图 5-41 "设置坐标轴格式"窗格 | 图 5-42 "设置绘图区格式"窗格 |

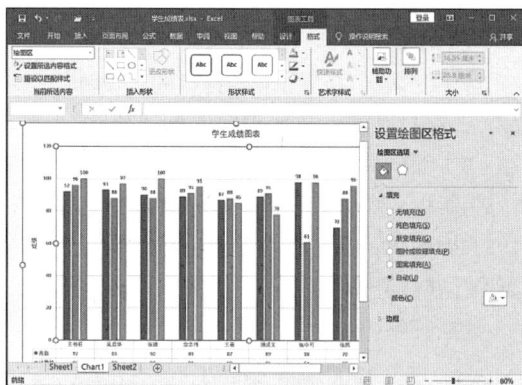

5.5 数据的管理

Excel 2016 有强大的数据管理功能。在 Excel 2016 中，系统可以将数据清单视为一个数据库表，并通过对数据库表的组织、管理，实现数据的排序、筛选、汇总或统计等操作。

5.5.1 数据清单

1. 数据清单与数据库的关系

数据库是按照一定的层次关系组织在一起的数据集合，而数据清单是通过定义行、列结构将数据组织起来形成的一个二维表。在 Excel 2016 中数据清单

微课视频

被当作数据库来使用，数据清单形成的二维表属于关系型数据库，如表 5-9 所示。因此可以简单地认为，一个工作表中的数据清单就是一个数据库。在一个工作簿中可以存放多个数据库，而一个数据库只能存储在一个工作表中，例如，可以将表 5-9 所示的数据存储在 zggz.xlsx 工作簿的"职工档案管理"工作表中。

表 5-9　　　　　　　　　　　　　　　　　职工档案管理

姓名	出生日期	性别	工作日期	籍贯	职称	工资	奖金
张楷华	1966 年 11 月 4 日	男	1984 年 1 月 2 日	承德市	副教授	599.96	200
郭白桦	1968 年 3 月 8 日	女	1990 年 3 月 15 日	天津市	副教授	618.49	200
唐虎	1970 年 2 月 3 日	男	1994 年 7 月 1 日	唐山市	讲师	400.29	150
赵思亮	1971 年 8 月 20 日	男	1995 年 7 月 1 日	保定市	讲师	460.24	120
宋大康	1965 年 2 月 18 日	男	1983 年 9 月 2 日	天津市	教授	686.71	300
王林	1970 年 6 月 19 日	女	1994 年 6 月 15 日	唐山市	教授	830.65	300
武进	1960 年 9 月 11 日	男	1978 年 2 月 23 日	唐山市	教授	956.49	300

由于 Excel 2016 是把数据清单当作数据库来使用的，所以用户有必要简单了解一些数据库中的名词术语。

（1）字段、字段名

数据库的每一列称为一个字段，对应的数据为字段值，同列的字段值具有相同的数据类型。给字段起的名称为字段名（即列标志），它一般在数据库的第一行。数据库中所有字段的集合称为数据库结构。

（2）记录

所有字段值的一个组合为一个记录。在 Excel 2016 中，一个记录存放在同一行中。

2. 创建数据清单

创建一个数据清单就是要建立一个数据库，首先要定义字段个数及字段名，即数据库结构，然后创建数据库工作表。下面根据表 5-9 的数据，创建一个"职工档案管理"数据清单。具体操作步骤如下。

① 打开一个空白工作表，将工作表名改为"职工档案管理"。

② 在工作表的第一行中输入字段名"姓名""出生日期""性别"等。

至此就建立好了数据库的结构。下面即可输入数据库记录，记录的输入方法有以下两种。

一种方法是直接在单元格中输入数据，这种方法前文已介绍过，在此不再赘述。

另一种方法是通过记录单输入数据。默认情况下，"记录单"命令按钮不显示在功能区中，用户可将其添加到"快速访问工具栏"中以方便使用，具体方法如下。

① 单击快速访问工具栏右侧的"自定义快速访问工具栏"下拉按钮，从中选择"其他命令"，打开"Excel 选项"对话框，如图5-43 所示。

② 在"Excel 选项"对话框的左侧窗格中选择"快速访问工具栏"，从"从下列位置选择命令"下拉列表框中选择"所有命令"，然后在打开的下拉列表中找到"记录单"，单击"添加"按钮，再单击"确定"按钮，即可将"记录单"命令添加到快速访问工具栏中。

使用记录单添加输入数据的具体操作

图 5-43　"Excel 选项"对话框

步骤如下。

① 单击快速访问工具栏中的"记录单"按钮，打开图 5-44 所示的"职工档案管理"记录单。

② 用鼠标单击第一个字段名旁边的文本框，输入相应的字段值；按【Tab】键或单击下一字段名旁边的文本框，使光标移到下一字段名对应的文本框中，输入字段值，直到一条记录输入完毕。

③ 按【Enter】键，准备输入下一条记录。

④ 重复步骤②、步骤③的操作，直到数据库所有记录输入完毕，最后形成图 5-45 所示的"职工档案管理"数据清单。

图 5-44 "职工档案管理"记录单

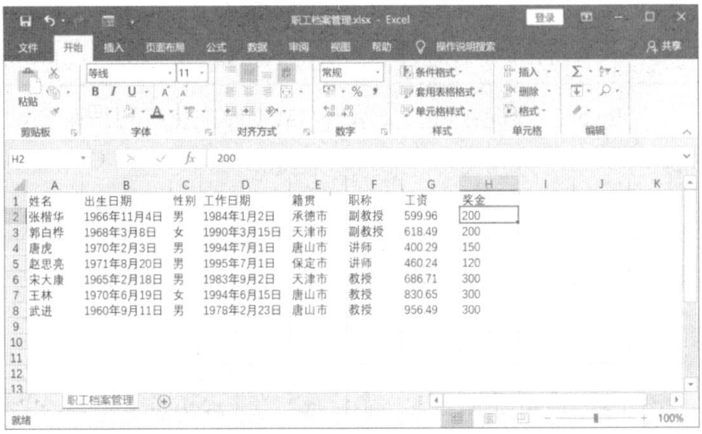

图 5-45 "职工档案管理"数据清单

3. 数据清单的编辑

数据清单建立后，可继续对其进行编辑，如对数据库结构的编辑（增加或删除字段）和数据库记录的编辑（修改、增加与删除等操作）。

数据库结构的编辑可通过插入列、删除列的方法实现；而对数据库记录的编辑可直接在数据清单中相应的单元格内操作，也可通过记录单对话框来完成。

5.5.2 数据排序

在数据清单中，可根据字段内容按升序或降序对记录进行排序。通过排序，可以有序排列数据，便于管理。数字的排序可以以大小顺序为依据；英文文本项的排序可以以字母先后顺序为依据；而汉字文本的排序目的是使相同的项目排列在一起。

微课视频

1. 单字段排序

排序之前，先在待排序字段中单击任一单元格。排序的方法有如下两种。

① 单击"数据"选项卡下"排序和筛选"选项组中的"升序"按钮▲↓或"降序"按钮▼↓，即可实现该字段内容的排序。

② 单击"数据"选项卡下"排序和筛选"选项组中的"排序"按钮，打开"排序"对话框，如图5-46（a）所示。在该对话框中"列"下的"主要关键字"下拉列表框中，选择某一字段名作为排序的主关键字，如职称；在"排序依据"下选择排序类型，若要按文本、数字或日期和时间进行排序可选择"单元格值"，若要按格式进行排序可选择"单元格颜色""字体颜色"或"条件格式图标"；在"次序"下拉列表框中选择"升序"或"降序"以指明记录按升序或降序排列，单击"确定"按钮，完成排序。

2．多字段排序

如果要对多个字段排序，则应使用"排序"对话框来完成。在"排序"对话框中首先选择"主要关键字"，指定排序依据和次序；然后单击"添加条件"按钮，此时在"列"下则增加了"次要关键字"及其排序依据和次序，如图 5-46（b）所示，可根据需要依次进行选择。若还有其他关键字，可再次单击"添加条件"按钮进行添加。在多字段排序时，首先按主要关键字排序，若主关键字的数值相同则按次要关键字进行排序，若次要关键字的数值相同则按第三关键字排序，依此类推。

在"排序"对话框中单击"选项"按钮，可打开"排序选项"对话框（见图 5-47）。在该对话框中，还可设置是否区分大小写、按行/列排序、按字母/笔画顺序排序等选项。

（a）单字段排序

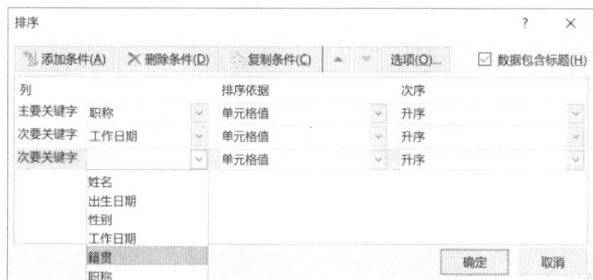
（b）多字段排序

图 5-46　"排序"对话框

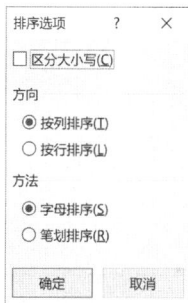
图 5-47　"排序选项"对话框

3．自定义排序

在实际的应用中，有时需要按照特定的顺序排列数据清单中的数据，特别是在对一些汉字信息进行排列时，就会有这样的要求。例如，对图 5-45 中数据清单的职称列进行降序排列时，Excel 2016 给出的排序顺序是"教授—讲师—副教授"，如果用户需要按照"教授—副教授—讲师"的顺序排列，这时就要用到自定义排序功能了。

（1）按列自定义排序

具体操作步骤如下。

① 打开图 5-45 所示的"职工档案管理"工作表，并将光标置于数据清单的一个单元格中。

② 选择"文件"选项卡下的"选项"命令，在打开的"Excel 选项"对话框的左侧窗格选择"高级"，在右侧窗格中单击"常规"选项组中的"编辑自定义列表"按钮，弹出"自定义序列"对话框，如图5-48 所示。在"自定义序列"列表框中选择"新序列"选项，在"输入序列"列表框中输入自定义的序列"教授,副教授,讲

图 5-48　"自定义序列"对话框

师"。输入的每个序列项之间要用英文逗号隔开，或者每输入一个序列项就按一次【Enter】键。

③ 单击"添加"按钮，则该序列被添加到"自定义序列"列表框中，单击"确定"按钮，返回到"Excel 选项"对话框，再次单击"确定"按钮，则可返回到工作表中。

④ 单击"数据"选项卡下"排序和筛选"选项组中的"排序"按钮，在打开的"排序"对话框中单击"次序"下拉列表框右侧的按钮，从中选择"自定义序列"，打开"自定义序列"对话框。

⑤ 在"自定义序列"列表框中选择刚刚添加的排序序列，单击"确定"按钮，返回到"排序"对话框中。此时，在"次序"文本框中会显示"教授,副教授,讲师"，同时，在"次序"下拉列表中显示了"教授,副教授,讲师"和"讲师,副教授,教授"两个选项，分别表示降序和升序，如图 5-49 所示。

图 5-49 "排序"对话框

⑥ 选择"教授,副教授,讲师"，单击"确定"按钮，记录就会按照自定义的次序排列，如图 5-50 所示。

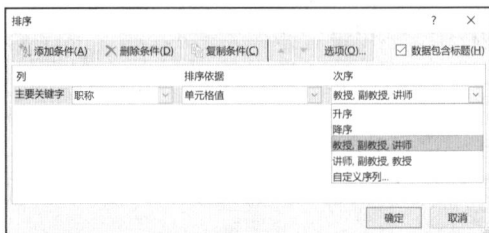

图 5-50 按列自定义排序的结果

（2）按行自定义排序

按行自定义排序的操作过程与按列自定义排序的操作过程基本相同。在图 5-47 所示"排序选项"对话框的"方向"选项组中选中"按行排序"单选按钮即可。

5.5.3 数据筛选

数据筛选可使用户快速而方便地从大量的数据中查询到所需要的信息。Excel 2016 提供两种筛选方法：自动筛选和高级筛选。

1. 自动筛选

自动筛选是将不满足条件的记录暂时隐藏起来，屏幕上只显示满足条件的记录。

微课视频

（1）筛选方法

① 单击"数据"选项卡下"排序和筛选"选项组中的"筛选"按钮，则在各字段名的右侧增加了下拉按钮。

② 单击某字段名右侧的下拉按钮，如工资字段，则显示有关该字段的下拉列表，如图 5-51（a）所示。在该列表的底部列出了当前字段所有的数据值，可先清除"(全选)"复选框，然后选择其中要筛选的值。单击"数字筛选"命令，打开其级联列表，如图5-51（b）所示，其中列出了

一些比较运算符命令，如"等于""不等于""大于""小于"等选项，用户还可单击"自定义筛选"命令，在打开的"自定义自动筛选方式"对话框中进行其他的条件设置。

③ 如果要使用基于另一列中数值的附加条件，则在另一列中重复步骤②。若对某一字段进行了自动筛选，则该字段名后面的按钮显示为🔽。

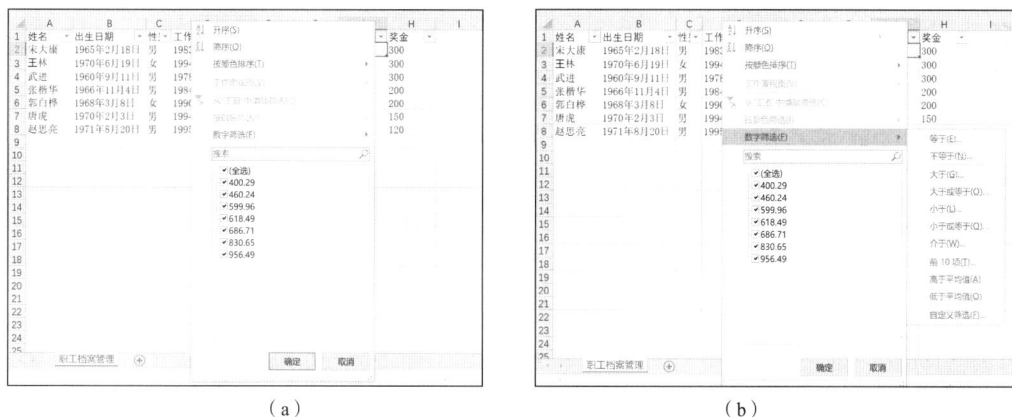

（a）　　　　　　　　　　　　（b）

图 5-51　选择自动筛选命令

（2）自动筛选的筛选条件

下面以图 5-45 中的"职工档案管理"数据清单为例，说明选定筛选条件的方法。

【例 5-1】筛选"职称"为"讲师"的记录。

【解】单击"职称"字段后的下拉按钮，在其下拉列表的底部，取消"(全选)"复选框，而后选择"讲师"选项。

【例 5-2】筛选"工资"最高的前 5 个记录。

【解】单击"工资"字段后的下拉按钮，在其下拉列表中选择"数字筛选"，而后在其级联列表中单击"10 个最大的值"选项，打开"自动筛选前 10 个"对话框，如图 5-52 所示。在左边下拉列表框中选择"最大"选项，在右边的下拉列表框中选择"项"，在中间的数字微调框中选择"5"。

图 5-52　"自动筛选前 10 个"对话框

【例 5-3】筛选"工资"小于或等于 900、大于或等于 500 的记录。

【解】单击"工资"字段后的下拉按钮，在其下拉列表中选择"数字筛选"，而后在打开的级联列表中选择"介于"或"自定义筛选"命令，打开"自定义自动筛选方式"对话框，在左边的下拉列表框中选择与该数据之间的关系，如"大于""等于"等，在右边的下拉列表框中输入数据。"与""或"选项表示上、下两个条件的复合关系。筛选条件的设置如图 5-53 所示。

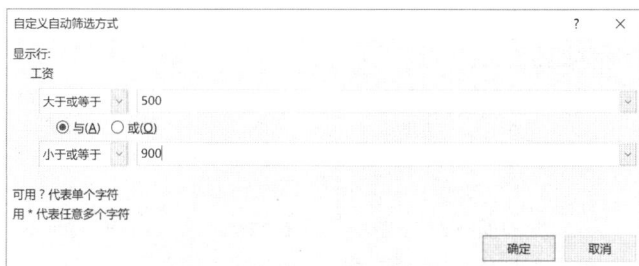

图 5-53　"自定义自动筛选方式"对话框

注意

① 自动筛选后只显示满足条件的记录，它是数据清单记录的子集，一次只能对工作表中的一个数据清单使用自动筛选命令。

② 使用自动筛选命令时，对一列数据最多可以应用两个条件。

③ 对一列数据进行筛选后，可对其他数据列进行双重筛选，但可筛选的记录只能是前一次筛选后数据清单中显示的记录。

例如，筛选“职称”为“教授”且“工资”大于800的记录，可先通过自动筛选，筛选出“职称”为“教授”的记录，再对筛选出的记录进行自动筛选，筛选出“工资”大于800的记录。

④ 在进行自动筛选时，单击字段名后的下拉按钮，在打开的下拉列表中根据字段值类型的不同将显示不同的命令，若字段值为数值型，则显示的是“数字筛选”；若类型为文本，则显示“文本筛选”；若类型为日期型，则显示“日期筛选”。

（3）自动筛选的清除

执行完自动筛选后，不满足条件的记录会被隐藏。若希望将所有记录重新显示出来，可通过对筛选列的清除来实现。例如，要清除对“职称”列的筛选，可单击“职称”名后的“筛选”按钮，在打开的下拉列表中选择“从职称中清除筛选”命令。

若希望清除工作表中的所有筛选并重新显示所有行，在“数据”选项卡上的“排序和筛选”选项组中单击“清除”按钮即可。

若希望清除各个字段名后的下拉按钮，则可在“数据”选项卡上的“排序和筛选”选项组中再次单击“筛选”按钮。

2. 高级筛选

如果通过自动筛选还不能满足筛选需要，就要用到高级筛选的功能。高级筛选可以设定多个条件对数据进行筛选，还可以保留原数据清单的显示，而将筛选的结果显示到工作表的其他区域。

进行高级筛选时，首先要在数据清单以外的区域输入筛选条件，然后通过“高级筛选”对话框对筛选数据的区域、条件区域及筛选结果放置的区域进行设置，进而实现筛选操作。下面首先对如何表示筛选条件进行说明，然后结合一个具体例子说明高级筛选的操作。

（1）筛选条件的表示

① 单一条件：在输入条件时，首先要输入条件所涉及字段的字段名，然后将该字段的条件写到字段名下面的单元格中，单一条件的筛选示例如图5-54所示，其中图5-54（a）表示的是“职称为教授”的条件，图5-54（b）表示的是“工资大于600”的条件。

② 复合条件：Excel 2016在表示复合条件时遵循这样的原则，在同一行表示的条件为“与”关系；在不同行表示的条件为“或”关系。

职称
教授

（a）职称为教授

工资
>600

（b）工资大于600

图5-54 单一条件

复合条件的筛选示例如图5-55所示。

职称	性别
讲师	男

（a）复合条件1

工资	工资
>600	<900

（b）复合条件2

职称
教授
副教授

（c）复合条件3

职称	工资
讲师	
	>600

（d）复合条件4

职称	工资
教授	>800
副教授	>600

（e）复合条件5

图5-55 复合条件

其中：

图 5-55（a）表示"职称是讲师、性别为男"；

图 5-55（b）表示"工资大于 600 且小于 900"；

图 5-55（c）表示"职称是教授或者是副教授"；

图 5-55（d）表示"职称是讲师或工资大于 600"；

图 5-55（e）表示"职称是教授同时工资大于 800，或者职称是副教授同时工资大于 600"。

（2）高级筛选的例子

【例 5-4】针对图5-45中的"职工档案管理"数据清单，筛选出"职称是教授同时工资大于 800 和职称是副教授同时工资大于 600"的记录。要求条件区域为 C10:D12，将筛选的结果放到以 A15 为起始的单元格区域中。

【解】具体操作步骤如下。

① 在 C10:D12 区域中输入条件。

② 将光标置于数据清单区中，然后单击"数据"选项卡下"排序和筛选"选项组中的"高级"按钮，打开图 5-56 所示的"高级筛选"对话框。

③ 在该对话框的"列表区域"中，Excel 2016 已经自动选中了数据清单的区域，如需要重新选择，单击右侧的折叠按钮，然后用鼠标拖动选择数据清单的数据区域。

④ 在"条件区域"中输入要引用的条件区域，也可以单击右侧的折叠按钮，然后用鼠标拖动选择表示条件的数据区域 C10:D12。

⑤ 在"方式"选项组中选择"将筛选结果复制到其他位置"单选按钮，然后在"复制到"文本框中输入需要复制到区域的起始单元格 A15，也可以单击右侧的折叠按钮，然后用鼠标选中需要复制到区域的起始单元格 A15。

⑥ 单击"确定"按钮，完成高级筛选操作，如图 5-57 所示。

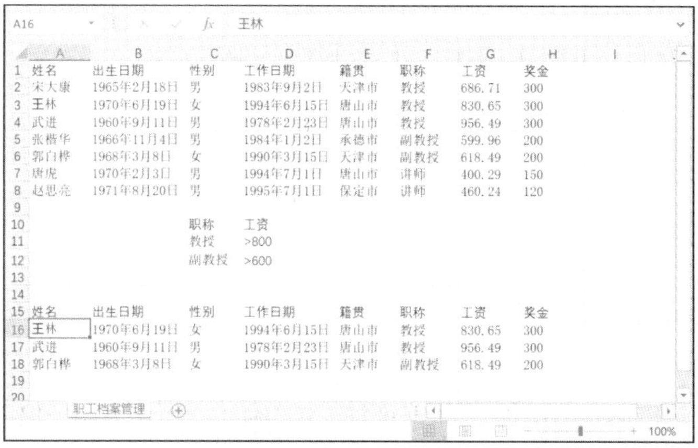

图 5-56　"高级筛选"对话框

图 5-57　高级筛选的例子

5.5.4　数据分类汇总

分类汇总是按照某一字段的字段值对记录进行分类（排序），然后对记录的数值字段进行统计操作。

对数据进行分类汇总，首先要对分类字段进行分类排序，使相同的项目排列在一起，这样汇总才有意义。下面通过实例说明分类汇总的操作。

【例 5-5】针对图 5-45 中的"职工档案管理"数据清单，按"职称"汇总"工资""奖金"字段的平均值，即统计出不同职称职工的工资和奖金的平均值。

【解】具体操作步骤如下。

① 要按"职称"进行排序操作（假定为升序），打开"职工档案管理"数据清单，选中"职称"列中的任一单元格，单击"数据"选项卡下"排序和筛选"选项组中的"升序"按钮，则对该数据清单的"职称"字段进行了升序排列。

② 单击"数据"选项卡下"分级显示"选项组中的"分类汇总"按钮，打开"分类汇总"对话框，如图 5-58 所示。

③ 在"分类字段"下拉列表框中选择"职称"选项，确定要分类汇总的列，在"汇总方式"列表框中选择"平均值"选项，在"选定汇总项"列表框中选中"工资"和"奖金"复选框。

④ 如果需要在每个分类汇总后加一个自动分页符，需选中"每组数据分页"复选框；如果需要使分类汇总结果显示在数据下方，则选中"汇总结果显示在数据下方"复选框。

图 5-58 "分类汇总"对话框

⑤ 设置完成后单击"确定"按钮，分类汇总后的结果如图 5-59 所示。

图 5-59 按职称分类汇总的结果

当分类字段是多个时，可先按一个字段进行分类汇总，之后再将更小分组的分类汇总插入现有的分类汇总组中，实现多个分类字段的分类汇总。

从图 5-59 中可以看到，分类汇总结果的左上角有一排数字按钮。1 为第一层，代表总的汇总结果范围；按钮 2 为第二层，可以显示第一、第二层的记录；依此类推。+ 按钮用于显示明细数据，- 按钮则用于隐藏明细数据。

如果完成分类汇总操作后想要回到原始的数据清单状态，可以删除当前的分类汇总。此时，只要再次打开"分类汇总"对话框（见图 5-58），并单击"全部删除"按钮即可。

5.5.5　数据透视表和数据透视图

数据透视表是一种可以快速汇总大量数据并建立交叉列表的交互式表格。在数据透视表中可以查看源数据的不同汇总结果，也可以显示不同页面以筛选数据，还可以根据需要显示区域中的明细数据。而数据透视图则是通过图表的方式来显示和分析数据的。

微课视频

1. 数据透视表有关概念

数据透视表一般由 7 个部分组成：页字段、页字段项、数据字段、数据项、行字段、列字段、数据区域。图 5-60 所示为一个数据透视表，该数据透视表分别统计了不同性别及不同职称职工的工资和。

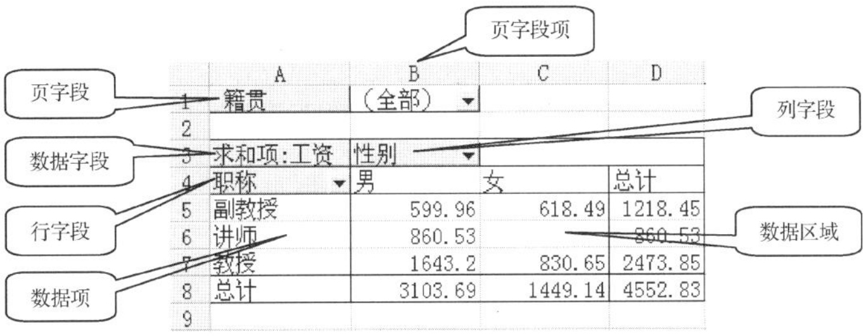

图 5-60　数据透视表

（1）页字段：页字段是数据透视表中指定为页方向的源数据清单或数据库中的字段。

（2）页字段项：源数据清单或数据库中的每个字段、列条目或数值都将成为页字段列表中的一项。

（3）数据字段：含有数据的源数据清单或数据库中的字段项称为数据字段。

（4）数据项：数据项是数据透视表字段中的分类。

（5）行字段：行字段是在数据透视表中指定行方向的源数据清单或数据库中的字段。

（6）列字段：列字段是在数据透视表中指定列方向的源数据清单或数据库中的字段。

（7）数据区域：含有汇总数据的数据透视表中的一部分。

2. 数据透视表的创建

下面以图 5-61 所示的小家电订货单为例，说明创建数据透视图的具体操作步骤。

① 打开小家电订货单.xlsx 工作簿的"订货单"工作表，单击"插入"选项卡中"表格"选项组中的"数据透视表"按钮，打开"创建数据透视表"对话框，如图 5-62 所示。

② 在该对话框中可确定数据源区域和数据透视表的位置。在"请选择要分析的数据"选项组中选中"选择一个表或区域"单选按钮，在"表/区域"框中输入或使用鼠标选取数据区域。一般情况下，Excel 2016 会自动识别数据源所在的单元格区域。如果需要重新选定，单击右侧的折叠按钮，然后拖动鼠标选取数据源区域即可。在"选择放置数据透视表的位置"选项组中可选择将数据透视表创建在一个新工作表中还是在当前工作表，这里选择"新工作表"。

③ 单击"确定"按钮，则将一个空的数据透视表添加到新工作表中，并在右侧窗格中显示数据透视表字段列表，如图 5-63 所示。

④ 选择相应的页、行标签、列标签和数值计算项后，即可得到数据透视表的结果。单击"地区"字段并将其拖动到"筛选"区域，单击"城市"字段并将其拖动到"行"区域，单击"订货日期"字段并将其拖动到"列"区域，单击"订货金额"字段并将其拖动到"值"区域，生成的最终结果如图 5-64 所示。

图 5-61　订货单信息

图 5-62　"创建数据透视表"对话框

图 5-63　数据透视表字段列表

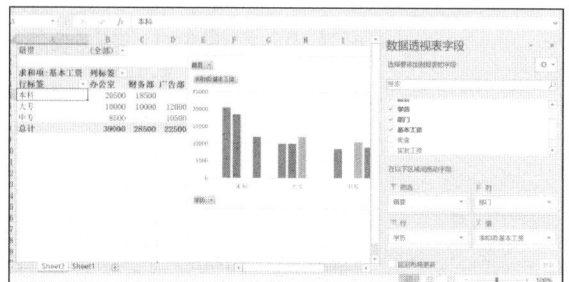

图 5-64　创建完成的数据透视表

至此就完成了数据透视表的创建，用户可以自由地操作它来查看不同的数据项目。

数据透视表创建好后，还可以根据需要对其分组或进行格式的设置，以便得到用户关注的信息。例如，要创建订货单的月报表、季度报表或者年报表，可以在数据透视表中单击选中某个订货日期，选择"数据透视表工具"的"分析"选项卡，单击"组合"选项组中的"分组选择"按钮，或者右击订货日期字段，在弹出的快捷菜单中选择"组合"命令，均可打开"组合"对话框，如图 5-65 所示。在"起始于"和"终止于"文本框中分别输入时间段的起点和终点，然后在"步长"下拉列表框中选择"季度"选项，即要对 2008 年的销售金额按照季度的方式进行查阅（如果想生成月报表，就选择"月"；想生成年报表，就选择"年"）。这样，数据透视表就有了另外一种布局，如图 5-66 所示。

图 5-65　"组合"对话框

图 5-66　改变布局后的报表 1

如果想查看某个地区、某个城市的明细数据，只需单击页字段、行字段和列字段右侧的下拉按钮▼，选择相关字段即可。如单击"地区"右侧的下拉按钮，选择其中的"华北"选项，然后单击"城市"右侧的下拉按钮，只选其中的"天津"，再将"联系人"拖入行号区域内，工作表就会变成图 5-67 所示的状态。

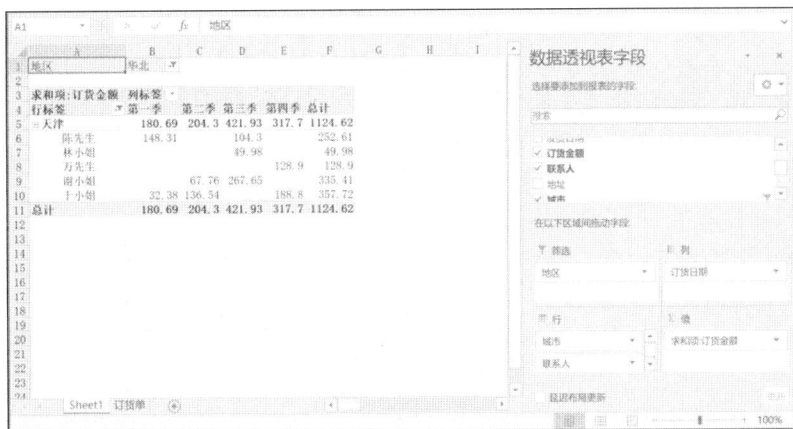

图 5-67　改变布局后的报表 2

3. 数据透视表数据的更新

对于建立了数据透视表的数据清单，其数据的修改并不会自动影响数据透视表，即数据透视表中的数据不随其数据源中的数据变化而发生改变，这时必须更新数据透视表数据。其操作方法为：将活动单元格放在数据区的任一单元格中，单击"数据透视表工具"下"分析"选项卡中"数据"选项组中的"刷新"按钮，即可完成对数据透视表的更新。

4. 数据透视表中字段的添加或删除

在建立好的数据透视表中可以添加或删除字段。其操作方法为：单击建立的数据透视表中的任一单元格，在窗口右侧显示"数据透视表字段列表"窗格，若要添加字段，则将相应的字段按钮拖动到相应的行标签、列标签或数值区域内；若要删除某一字段，则将相应字段按钮从行标签、列标签或数值区域内拖出即可。应注意在删除了某个字段后，与这个字段相连的数据也将从数据透视表中删除。

5. 数据透视表中分类汇总方式的修改

使用数据透视表对数据表进行分类汇总时，可以根据需要设置分类汇总方式。在 Excel 2016 中，默认的汇总方式为求和汇总。若要在已有的数据透视表中修改汇总方式，则可采用如下方法。

在"数值"区域内右击汇总项，在打开的快捷菜单中选择"值字段设置"命令，打开图 5-68 所示的对话框，在"计算类型"列表框中即可选择所需的汇总方式；单击"数字格式"按钮还可在对话框中对数值的格式进行设置。

6. 数据透视图的创建

数据透视表用表格来显示和分析数据，而数据透视图则通过图表的方式显示和分析数据。创建数据透视图的操作步骤与创建数据透视表的操作步骤类似，在"插入"选项卡中单击"图表"选项组中的"数据透视图"按钮即可。

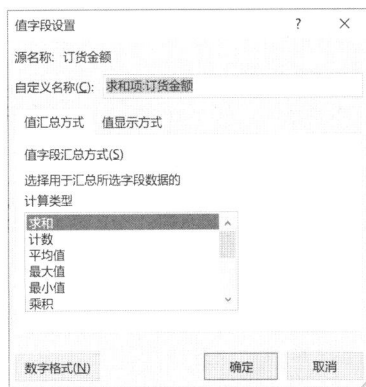

图 5-68　"值字段设置"对话框

第6章
演示文稿制作软件 PowerPoint 2016

PowerPoint 2016 是办公自动化软件 Office 2016 家族中的一员，它主要设计和制作用于广告宣传、产品展示和课堂教学等的电子版演示文稿，其制作的演示文稿可以通过计算机屏幕或大屏幕投影仪播放。它是人们在各种场合下进行信息交流的重要工具，也是计算机办公软件的重要组成部分。

本章主要介绍 PowerPoint 2016 的基本操作方法，以及如何使用 PowerPoint 2016 来制作演示文稿。

学习目标

- 了解 PowerPoint 2016 的基本知识，如 PowerPoint 2016 的基本概念及术语、工作窗口和演示文稿的创建。
- 掌握演示文稿的编辑与格式化方法。
- 掌握幻灯片的放映设置，如设置动画效果、切换效果、超链接及幻灯片中多媒体技术的运用。
- 掌握演示文稿的放映技巧。

6.1 PowerPoint 2016 基本知识

6.1.1 PowerPoint 2016 的基本概念及术语

在制作 PowerPoint 2016 电子演示文稿的过程中会涉及一些 PowerPoint 2016 中的基本概念和术语，下面对其进行介绍。

1. 演示文稿

把所有为某一个演示而制作的幻灯片单独存放在一个 PowerPoint 2016 文件中，这个文件就称为演示文稿。演示文稿由演示时用的幻灯片、发言者备注、概要、通报、录音等组成，并以文件形式存放在 PowerPoint 2016 文件中。该类文件的扩展名是.pptx。

微课视频

2. 幻灯片

在 PowerPoint 演示文稿中创建和编辑的单页称为幻灯片。演示文稿由若干张幻灯片组成，因此制作演示文稿就是制作其中的每一张幻灯片。

3. 对象

演示文稿中的每一张幻灯片由若干对象组成，对象是幻灯片的重要组成元素。插入幻灯片中的文字、图表、组织结构图及其他可插入元素，都是以一个个对象的形式出现在幻灯片中的。用户可以选择对象、修改对象的内容或大小、移动/复制或删除对象，还可以改变对象的属性，如颜色、阴影、边框等。所以制作一张幻灯片的过程，实际上是编辑其中每一个对象的过程。

4. 版式

版式是指幻灯片上对象的布局方式。它包含了要在幻灯片上显示的全部内容，如标题、文本、图片、表格等的格式设置、位置和占位符。PowerPoint 2016 中包含 9 种内置幻灯片版式，如标题幻灯片、标题与内容、两栏内容等，其默认版式为标题幻灯片。这些版式中基本都包含占位符（"空白"版式除外），每种版式预订了幻灯片的布局形式，不同版式的占位符是不同的。每种对象的占位符用虚线框表示，并且其中包含提示文字，用户可以根据这些提示在占位符中插入标题、文本、图片、图表、组织结构图等内容。

5. 占位符

顾名思义，占位符可以预先占一个固定的位置，等待用户输入内容。绝大部分幻灯片版式中都有这种占位符，它在幻灯片上表现为一种虚线框，框内往往有"单击此处添加标题"或"单击此处添加文本"之类的提示语。一旦单击虚线框内部，这些提示语就会自动消失。

占位符相当于版式中的容器，它可容纳文本（包括正文文本、项目符号列表和标题）、表格、图表、SmartArt 图形、影片、声音、图片及剪贴画等内容。占位符是由程序自动添加的，并且具有很多特殊的功能，例如在母版中设定的格式可以自动应用到占位符中、在对占位符进行缩放时其中的文字大小会随占位符的大小进行自动调整等。

6. 母版

母版是指一张具有特殊用途的幻灯片，其中已经设置了幻灯片的标题和文本的格式与位置。其作用是统一文稿中所包含幻灯片的版式。因此，对母版的修改会影响到所有基于该母版的幻灯片。

7. 模板

模板是指一个演示文稿整体上的外观设计方案，它包含版式、主题颜色、主题字体、主题效果以及幻灯片背景图案等。PowerPoint 2016 所提供的模板都表达了某种风格和寓意，适用于某方面的演讲内容。PowerPoint 2016 中的模板以文件形式被保存在指定的文件夹中，其扩展名为.potx。

6.1.2　PowerPoint 2016 的窗口与视图

1. 窗口

图 6-1 所示为 PowerPoint 2016 窗口。与其他 Office 2016 组件的窗口类似，PowerPoint 2016 窗口主要包括了一些基本操作工具，如标题栏、快速访问工具栏、"文件"选项卡、功能区、状态栏、视图切换区等。此外，窗口中还包括了 PowerPoint 2016 所独有的部分，如幻灯片窗格、任务窗格、备注窗格、视图切换区等。下面对这些 PowerPoint 2016 独有的部分进行简介。

（1）幻灯片窗格

幻灯片窗格位于工作窗口中间，其主要任务是进行幻灯片的制作、编辑和添加各种效果；此外，还可以用来查看每张幻灯片的整体效果。它所显示的文本内容和大纲视图中的文本内容是相同的。

（2）任务窗格

任务窗格位于幻灯片窗格的左侧，幻灯片在任务窗格中以缩略图的形式显示，此时可以很方便地对幻灯片进行浏览、复制、删除、移动、插入等编辑操作。例如可通过选取幻灯片来实现幻灯片间的切换、可用鼠标拖动幻灯片以改变幻灯片的顺序，但是不可对幻灯片的文本内容直接进行编辑。

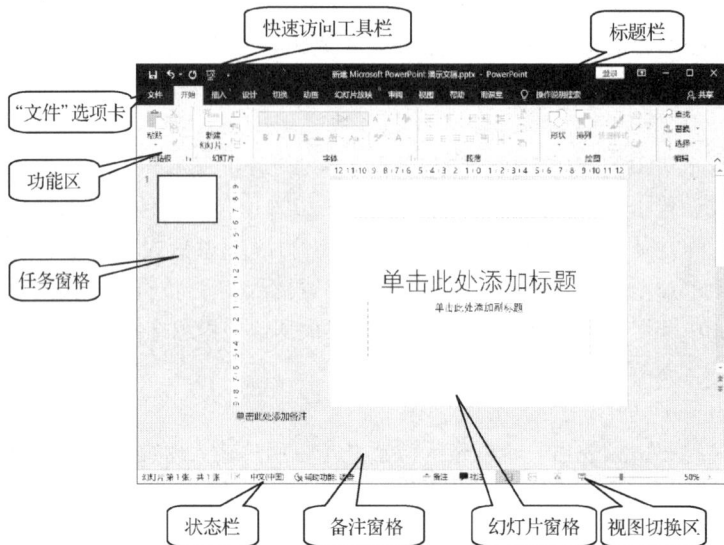

图 6-1　PowerPoint 2016 窗口

（3）备注窗格

备注窗格位于幻灯片窗格的下方，它主要用于给每张幻灯片添加备注，以为演讲者提供信息。在备注窗格中不能插入、显示图片等对象。

（4）视图切换区

视图切换区提供了 4 个视图切换按钮，分别为"普通视图"按钮、"幻灯片浏览视图"按钮、"阅读视图"按钮和"幻灯片放映视图"按钮。用户通过单击这些按钮可在不同的视图模式中预览演示文稿。

2. 视图

为了使演示文稿便于浏览和编辑，PowerPoint 2016 根据不同的需求提供了多种视图方式来显示演示文稿的内容。

（1）普通视图

普通视图是创建演示文稿的默认视图。实际上，该视图是阅读视图、幻灯片浏览视图和备注页视图 3 种模式的综合，是最基本的视图模式。它将工作区分为 3 个窗格，在窗口左侧显示的是任务窗格，右侧上面显示的是幻灯片窗格。下面显示的是备注窗格。用户可根据需要调整窗口大小比例。在普通视图下，用户可以方便地在幻灯片窗格中对幻灯片进行各种操作，因此大多数情况下用户都选择普通视图。

要切换到普通视图可单击视图切换区中的"普通视图"按钮■，也可以单击"视图"选项卡下"演示文稿视图"选项组中的"普通"按钮。

（2）幻灯片浏览视图

在幻灯片浏览视图中，演示文稿中的幻灯片是整齐排列的，用户可以从整体上对幻灯片进行浏览，对幻灯片的顺序进行排列和组织，也可以对幻灯片的背景、配色方案进行调整，还可以同时对多个幻灯片进行移动、复制、删除等操作。

要切换到幻灯片浏览视图，可单击视图切换区中的"幻灯片浏览视图"按钮■，也可以单击

"视图"选项卡下"演示文稿视图"选项组中的"幻灯片浏览"按钮。

（3）备注页视图

备注页视图用于显示和编辑备注页。在该视图下，既可插入文本内容，也可以插入图片等对象信息。

用户可以单击"视图"选项卡下"演示文稿视图"选项组中的"备注页"按钮以切换到备注页视图。

（4）母版视图

母版视图包括幻灯片母版视图、讲义母版视图和备注母版视图。它们是存储有关演示文稿信息的主要幻灯片，其中包括背景、颜色、字体、效果、占位符的大小和位置。使用母版视图可以对与演示文稿关联的每张幻灯片、备注页或讲义的样式进行全局更改。

单击"视图"选项卡下"母版视图"选项组中的相应命令按钮，可在不同母版视图间切换。

（5）幻灯片放映视图

幻灯片放映视图显示的是演示文稿的放映效果，是制作演示文稿的最终目的的体现。在这种全屏幕视图中，可以看到图形、时间、影片、动画等元素，以及对象的动画效果和幻灯片的切换效果。

单击视图切换区中的"幻灯片放映视图"按钮▭或按【Shift+F5】组合键均可从当前编辑的幻灯片开始放映，即进入幻灯片放映视图。

（6）阅读视图

阅读视图用来在方便审阅的窗口中查看演示文稿，并非使用全屏的幻灯片放映视图。

要切换到阅读视图，可以单击视图切换区中的"阅读视图"按钮▭，也可以单击"视图"选项卡下"演示文稿视图"选项组中的"阅读视图"按钮。

6.1.3　演示文稿的创建

微课视频

1. 创建空演示文稿

启动 PowerPoint 2016 后，程序默认会新建一个空白的演示文稿。该演示文稿只包含一张幻灯片，采用默认的设计模板，版式为"标题幻灯片"，文件名为演示文稿 1.pptx，如图 6-1 所示。

若 PowerPoint 2016 应用程序已启动，单击"文件"选项卡中的"新建"命令，在右侧打开的"新建"任务窗格中单击"空白演示文稿"选项，如图 6-2 所示，即可创建一个新的空白演示文稿。

图 6-2　"新建"任务窗格

创建空白演示文稿具有较大程度的灵活性，用户可以使用颜色、版式和一些样式等来充分发挥自己的创造力。

2. 根据模板创建演示文稿

PowerPoint 2016 提供了丰富多彩的设计模板，使用模板创建演示文稿非常方便、快捷。用户可以根据系统提供的内置模板创建新的演示文稿，也可以从 Office 的官方模板网站上下载所需的模板进行创建。

（1）使用内置模板

使用内置模板的具体步骤为：单击"文件"选项卡中的"新建"命令，在右侧打开的任务窗格中的"Office"选项卡下显示了模板列表，如图 6-3 所示，从中选择合适的模板，然后单击"创建"按钮，即可创建一个基于该模板的演示文稿。

图 6-3　内置模板列表

（2）使用 Office 的官方模板网站上的模板

Office 的官方模板网站提供了许多模板，如贺卡、信封、日历等。单击"文件"选项卡下的"新建"命令，在打开的右侧窗格中"Office"选项卡下的搜索框中，输入感兴趣的模板或主题关键词，然后单击"开始搜索"按钮，即可进行联机搜索。

6.2　演示文稿的编辑与格式化

6.2.1　幻灯片的基本操作

1. 文本的编辑与格式设置

文本是演示文稿中的重要内容，几乎所有的幻灯片中都有文本内容，在幻灯片中添加文本是制作幻灯片的基础。一般设计人员对幻灯片中输入的文本需要进行必要的格式设置。

微课视频

（1）文本的输入

在幻灯片中创建文本对象有以下两种方法。

① 如果用户使用的是带有文本占位符的幻灯片版式，单击文本占位符位置，即可在其中输入文本。

②　如果用户想要在没有文本占位符的幻灯片版式中添加文本对象，可以单击"插入"选项卡下"文本"选项组中的"文本框"下拉按钮，在其下拉列表中选择文字排列方向，然后将鼠标指针移动到幻灯片中需要插入文本框的位置，拖动鼠标即可创建一个文本框，接着在该文本框中输入文本。

（2）文本的格式化

文本的格式化是指对文本的字体、字号、样式及颜色进行必要的设定。通常文本的字体、字号、样式及颜色由当前模板或主题设置和定义，模板或主题作用于每个文本对象或占位符。

在格式化文本前，必须先选择该文本。若格式化文本对象中的所有文本，要先单击文本对象的边框以选择文本对象本身及其所包含的全部文本；若格式化某些内容的格式，先拖动鼠标选择要修改的文字，然后执行所需的格式化命令。

利用"开始"选项卡下"字体"选项组中的相关按钮可以进行文字的格式设置，包括字体、字号、字形、颜色等，还可以单击"字体"选项组右下角的按钮，打开"字体"对话框进行设置，如图 6-4 所示。

（3）段落的格式化

段落的格式化包括以下 3 种。

①　段落对齐设置：幻灯片均需在文本框中输入文字和设置段落的对齐方式，这种对齐设置主要就是要调整文本在文本框中的排列方式。首先选择文本框或文本框中的某段文字，然后单击"开始"选项卡下"段落"选项组中的相关文本对齐按钮即可进行设置。

②　行距和段落间距的设置：单击"开始"选项卡下"段落"选项组右下角的按钮，在打开的"段落"对话框中可进行段前、段后及行距的设置，如图 6-5 所示。

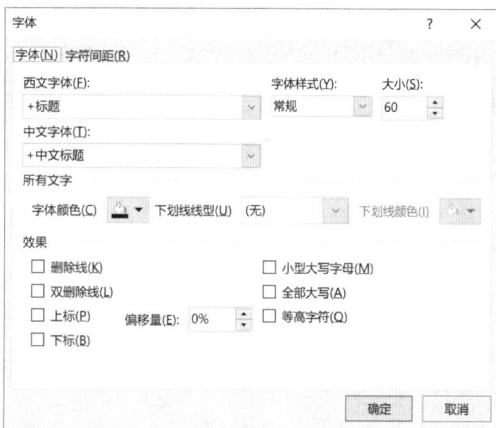

图 6-4　"字体"对话框

③　项目符号的设置：默认情况下，在幻灯片各层次小标题的开头位置上会显示项目符号，若需要增加（或删除）项目符号或编号，可在"开始"选项卡下"段落"选项组中单击"项目符号"或"编号"按钮进行设置。若需要重新设置，可单击"项目符号"或"编号"按钮旁的下拉按钮，在打开的下拉列表中选择"项目符号和编号"命令，打开"项目符号和编号"对话框，如图 6-6 所示，从中可重新对项目符号或编号进行设置。

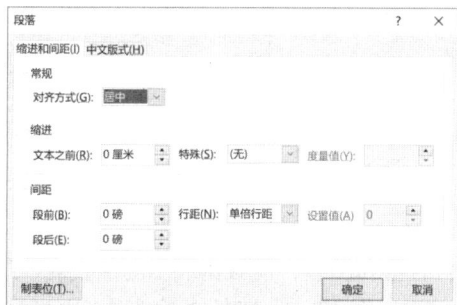

图 6-5　"段落"对话框

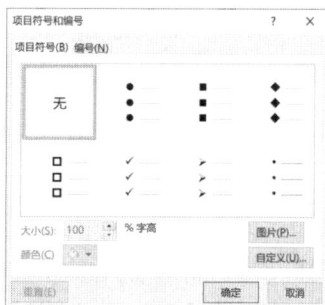

图 6-6　"项目符号和编号"对话框

2.　对象及其操作

对象是幻灯片中的基本成分，幻灯片中的对象包括文本对象（标题、项目列表、文字说明等）、可视化对象（图片、剪贴画、图表等）和多媒体对象（视频、音频等）3类。各种对象的操作一般都在幻灯片视图下进行，操作方法也基本相同。

（1）选择或取消对象

对象的选择方法是单击对象，对象被选中后四周将显示一个方框，方框上有8个控点。对象被选中后，其所有的内容都会被看作一个整体处理。

当在被选择对象区域外单击或选择其他对象时，之前选择的对象会被自动取消。

（2）插入对象

为了使幻灯片的内容更加丰富多彩，设计者可以在幻灯片上再增加一个或多个对象。这些对象可以是文本框、图片、自选图形、艺术字、表格和图表、音频和视频等。

① 插入文本框：单击"插入"下选项卡"文本"选项组中的"文本框"按钮，可在幻灯片合适位置上按住鼠标左键拖动添加一个文本框。

② 插入图片：单击"插入"选项卡下"图像"选项组中的"图片"按钮，在打开的下拉列表中选择"此设备"，则打开"插入图片"对话框，如图6-7所示，在该对话框中选择所需的图片，然后单击"插入"按钮，即可将选中的图片插入当前幻灯片中。

③ 插入自选图形：单击"插入"选项卡下"插图"选项组中的"形状"按钮，打开"形状"下拉列表，如图6-8所示，从中选择合适的形状，然后在当前幻灯片中拖动鼠标绘制图形。

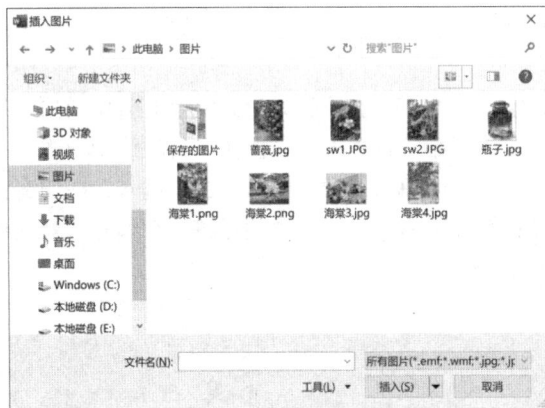

图6-7 "插入图片"对话框

图6-8 "形状"下拉列表

④ 插入艺术字：在"插入"选项卡下选择"文本"选项组中的"艺术字"按钮，在打开的下拉列表中选择合适的艺术字样式即可。

⑤ 插入表格和图表：在演示文稿中还可以插入表格和图表，使数据展示更加直观。

单击"插入"选项卡下"表格"选项组中的"表格"按钮，在打开的下拉列表中可设置插入表格的行、列数，也可以插入 Excel 2016 电子表格。

单击"插入"选项卡下"插图"选项组中的"图表"按钮，在打开的"插入图表"对话框中选择所需的图表类型，然后单击"确定"按钮，即可插入图表。

⑥ 插入音频和视频：在幻灯片中插入音频和视频的方法详见 6.3.4 小节。

（3）设置对象的格式

插入对象后，还可以对其进行格式设置。设置的方法为：选中需要设置格式的对象，则功能区上增加"图片工具"中的"格式"选项卡或"绘图工具"中的"格式"选项卡，从中可对对象的大小、样式等格式进行设置。

3. 幻灯片的操作

（1）选择幻灯片

在对幻灯片进行编辑之前，首先选择要进行操作的幻灯片。在幻灯片浏览视图中可以很方便地选择幻灯片，如果是选择单张幻灯片，单击它即可；如果希望选择连续的多张幻灯片，先选中第一张，再按住【Shift】键，单击要选中的最后一张即可；如果希望选择不连续的多张幻灯片，可先选中第一张，然后按住【Ctrl】键单击其他不连续的幻灯片。

另外，在普通视图的任务窗格中选择"幻灯片"选项卡也可以很方便地实现幻灯片的选择，其操作方法与在幻灯片浏览视图中选择幻灯片的操作方法相同。

（2）添加与插入幻灯片

当建立了一个演示文稿后，常常需要以添加或插入的方式增加幻灯片。"添加"是把新增加的幻灯片都排在已有幻灯片的最后面；而"插入"操作的结果是新增加的幻灯片位于当前幻灯片之后。插入幻灯片的操作步骤如下。

① 选择一张幻灯片，被选中的幻灯片即为当前幻灯片。

② 在"开始"选项卡下的"幻灯片"选项组中单击"新建幻灯片"按钮，则在当前幻灯片后就插入了一张新的幻灯片，该幻灯片具有与之前幻灯片相同的版式。若单击"新建幻灯片"旁的下拉按钮，则可在打开的下拉列表中为新增幻灯片选择新的版式。

（3）重用幻灯片

我们可将已有的其他演示文稿中的幻灯片插入当前演示文稿中。具体步骤如下。

① 在当前演示文稿中选定一张幻灯片，则其他幻灯片将插入该幻灯片之后。

② 选择"开始"选项卡，在"幻灯片"选项组中单击"新建幻灯片"下拉按钮，在打开的下拉列表中选择"重用幻灯片"命令，此时可打开"重用幻灯片"任务窗格，如图 6-9（a）所示。

③ 单击"浏览"按钮，则打开"浏览"对话框，从中选择要使用的文件，然后单击"打开"按钮，这时"重用幻灯片"窗格中列出了该文件中的所有幻灯片，如图 6-9（b）所示。单击要使用的幻灯片即可将该幻灯片插入当前幻灯片之后。若选中"保留源格式"复选框，则插入的幻灯片保留其原有格式。

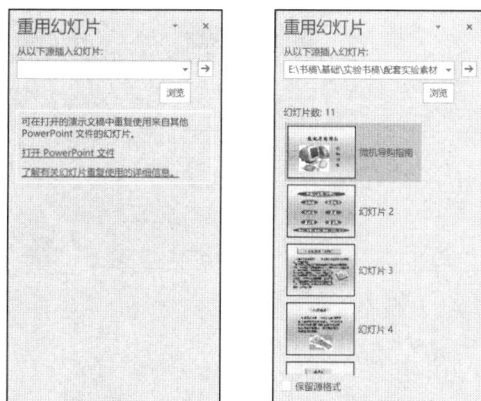

（a）选择源文件前　　　（b）选择源文件后

图 6-9　"重用幻灯片"任务窗格

（4）删除幻灯片

选中待删除的幻灯片，直接按【Delete】键，或者右击，在弹出的快捷菜单中选择"删除幻灯片"命令，该幻灯片即被删除，后面的幻灯片会自动向前排列。

（5）复制幻灯片

幻灯片的复制有 3 种方法。在复制之前，首先需选定待复制的幻灯片。

① 使用"复制"和"粘贴"命令复制幻灯片。

② 单击"新建幻灯片"按钮旁的下拉按钮，在打开的下拉列表中选择"复制所选幻灯片"命令即可。

③ 选中要复制的幻灯片，按下【Ctrl】键并同时按住鼠标拖动，移动到指定位置后松开鼠标，再松开【Ctrl】键，即可将选中幻灯片复制到新的位置。

（6）重新排列幻灯片的次序

在幻灯片浏览视图中或在普通视图的任务窗格下，单击要改变次序的幻灯片，该幻灯片的外框出现一个粗边框，用鼠标拖动该幻灯片到新位置，松开鼠标，就把幻灯片移动到新的位置上了。此外，也可以利用"剪切"和"粘贴"命令来移动幻灯片。

6.2.2　幻灯片的外观设计

演示文稿的所有幻灯片可以具有一致的外观，控制幻灯片外观的方法有4种：母版、主题、幻灯片背景及幻灯片版式。

1. 母版

母版用于设置演示文稿中每张幻灯片的预设格式，这些格式包括每张幻灯片标题及正文文字的位置和大小、项目符号的样式、背景图案等。

母版可以分成幻灯片母版、讲义母版和备注母版。

（1）幻灯片母版

幻灯片母版是所有母版的基础，可控制演示文稿中所有幻灯片的默认外观。选择"视图"选项卡下"母版视图"选项组中的"幻灯片母版"命令，就进入了"幻灯片母版"视图，如图6-10所示。在左侧窗格中幻灯片母版以缩略图的方式显示，下面列出了与上面幻灯片母版相关联的幻灯片版式，对幻灯片母版上文本格式进行编辑会影响这些版式中的占位符格式。

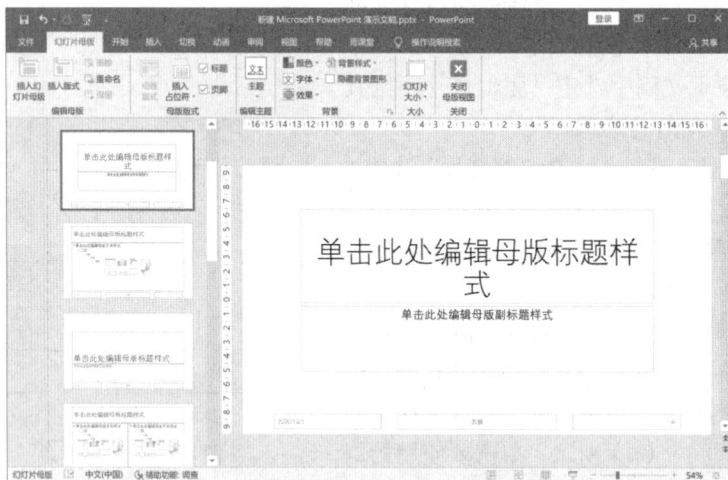

图6-10　"幻灯片母版"视图

幻灯片母版中有5个占位符：标题区、文本区、日期区、页脚区、编号区，修改占位符可以影响所有基于该母版的幻灯片。

对幻灯片母版的编辑操作包括以下几个方面。

① 编辑母版标题样式：在幻灯片母版中选择对应的标题占位符或文本占位符可以设置字体格式、段落格式、项目符号与编号等。

② 设置页眉、页脚和幻灯片编号：如果希望对页脚占位符进行修改，可以在幻灯片母版状态下选择"插入"选项卡中"文本"选项组的"页眉和页脚"命令，这时打开"页眉和页脚"对话框，如图 6-11 所示，在"幻灯片"选项卡中选中"日期和时间"复选框，表示在幻灯片的日期区显示日期和时间；若选择了"自动更新"单选按钮，则时间域会随着制作日期和时间的变化而改变。选中"幻灯片编号"复选框，则每张幻灯片上将增加编号。选中"页脚"复选框，并在页脚区输入内容，输入的内容可作为每一页的注释。

图 6-11　"页眉和页脚"对话框

③ 向母版插入对象：要使每一张幻灯片都出现某个对象，可以向母版中插入该对象。例如，在某个演示文稿的幻灯片母版中插入一个图片，则每一张幻灯片（除了标题幻灯片外）都会自动拥有该对象。

完成对幻灯片母版的编辑后，单击"视图"选项卡下"关闭"选项组中的"关闭母版视图"按钮，则可返回原视图方式。

（2）讲义母版和备注母版

除了幻灯片母版外，PowerPoint 2016 的母版还有讲义母版和备注母版。讲义母版用于控制幻灯片以讲义形式打印的格式，如页面布局、讲义方向、幻灯片方向、每页幻灯片数量等，还可增加日期、页码（并非幻灯片编号）、页眉、页脚等。

备注母版用来格式化演示者备注页面，以控制备注页的版式和文字的格式。

2. 主题

应用主题可以使演示文稿中的每一张幻灯片都具有统一的风格，例如色调、字体格式及效果等。在 PowerPoint 2016 中提供了多种内置的主题，用户可以直接进行选择，还可以根据需要分别设置不同的主题颜色、主题字体和主题效果等。

（1）应用内置主题效果

在"设计"选项卡下的"主题"选项组中列出了一部分主题效果。单击"其他"按钮，打开图 6-12 所示的列表，在"Office"栏下列出了 PowerPoint 2016 提供的所有主题，从中选择一种主题即可将其应用到当前演示文稿中。

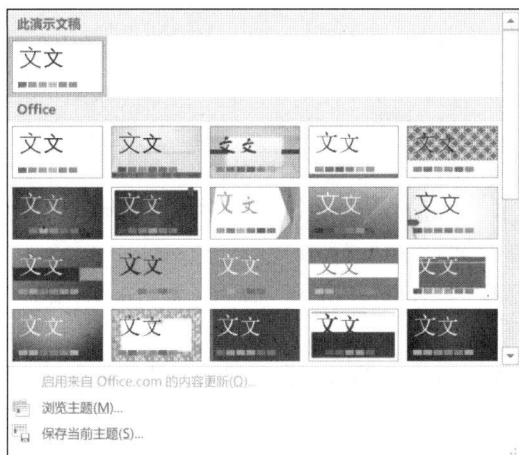

图 6-12　主题效果

（2）自定义主题效果

除 PowerPoint 2016 内置的主题效果外，用户还可根据需要对主题的颜色、字体、效果进行更改。例如，要对主题的颜色进行修改，具体步骤如下。

① 单击"设计"选项卡下"变体"选项组中的 ▾ 按钮，在打开的下拉列表中选择"颜色"，则又会出现一个下拉列表，其中列出了各个主题效果的配色方案及名称，如图 6-13 所示。这些配色方案是用于演示文稿的 8 种协调色的集合，如文本、背景、填充、强调文字所用的颜色等。方案中的每种颜色都会自动用于幻灯片上的不同组件。

② 单击"自定义颜色"命令，打开"新建主题颜色"对话框，如图 6-14 所示。其中，主题颜色包含 12 种颜色方案，前 4 种颜色用于文本和背景，接下来的 6 种颜色为强调文字颜色，最后两种颜色用于超链接和已访问的超链接。

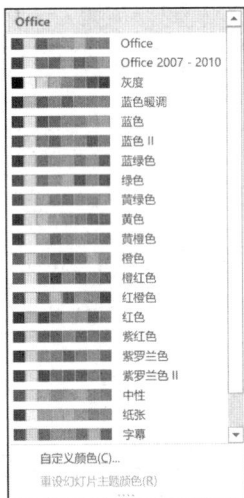

图 6-13 "颜色"下拉列表

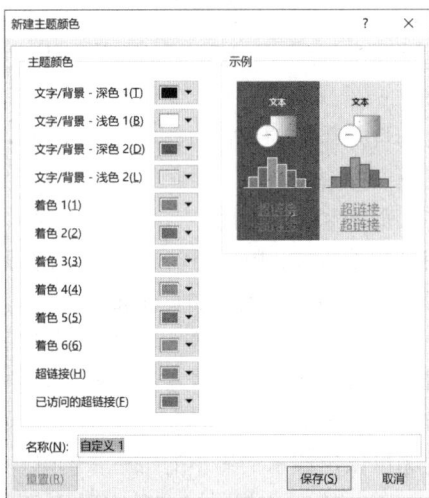

图 6-14 "新建主题颜色"对话框

③ 单击需要修改的颜色块后的下拉按钮，可对该颜色进行更改。然后在"名称"文本框中输入主题颜色的名称，单击"保存"按钮，可对该自定义配色方案进行保存，同时将该配色方案应用到演示文稿中。这样，当再次单击"颜色"按钮时，已保存过的主题颜色名称就会出现在其下拉列表中。

3. 幻灯片背景

利用 PowerPoint 2016 的"背景格式"功能，可自己设计幻灯片背景颜色或填充效果，并将其应用于演示文稿中指定的或所有的幻灯片。

为幻灯片设置背景颜色的具体操作步骤如下。

① 选中需要设置背景颜色的一张或多张幻灯片。

② 选择"设计"选项卡，单击"自定义"选项组中的"设置背景格式"按钮，或者单击"变体"选项组右下角的 ▾ 按钮，抑或在要设置背景颜色的幻灯片中任意位置（占位符除外）右击，然后在弹出的快捷菜单中选择"设置背景格式"命令。无论采用哪种方法，都将打开"设置背景格式"窗格，如图 6-15 所示。

③ 选择"填充"下的不同选项，即可进行背景的设置，如单击"渐变填充"单选按钮，则可以进行预设渐变填充效果的设置。单击"图片或纹理填充"单选按钮，可为幻灯片设置纹理效果或将某一图片文件设置为背景。

④ 完成上述操作后，背景格式仅应用于当前选定的幻灯片；如果单击"应用到全部"按钮，

则背景格式将应用于演示文稿中的所有幻灯片。

4. 幻灯片版式

创建新幻灯片时，可以使用幻灯片的自动版式。在创建幻灯片后，如果发现版式不合适，还可以更改该版式。更改幻灯片版式的方法为：选中需要修改版式的幻灯片，然后单击"开始"选项卡下"幻灯片"选项组中的"版式"按钮，打开"Office 主题"下拉列表，如图 6-16 所示，从中选择想要的版式即可。或者在需要修改版式的幻灯片上右击，在弹出的快捷菜单中选择"版式"命令，同样可以打开"Office 主题"下拉列表。

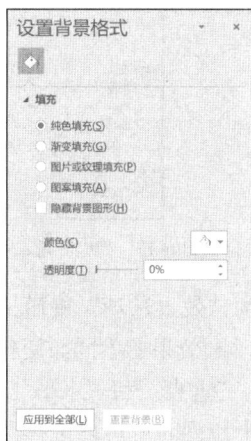

图 6-15　"设置背景格式"窗格　　　图 6-16　"Office 主题"列表

6.3　幻灯片的放映设置

幻灯片的放映设置包括设置动画效果、切换效果、放映时间等。在放映幻灯片时设置动画效果或切换效果，不仅可以吸引观众的注意力，突出重点，而且如果使用得当，动画效果将给观众带来典雅、有趣和惊喜的体验。

6.3.1　设置动画效果

PowerPoint 2016 提供了动画功能，利用动画可为幻灯片上的文本、图片或其他对象设置出现的方式、出现的先后顺序及声音效果等。

微课视频

1. 为对象设置动画效果

使用"动画"选项卡可对幻灯片上的对象应用、更改或删除动画。具体操作步骤如下。

① 在幻灯片中选定要设置动画效果的对象，选择"动画"选项卡，在"动画"选项组中列出了多种动画效果，单击 按钮，在打开的列表中列出了更多的动画选项，如图 6-17 所示。其中包括"进入""强调""退出"和"动作路径"4 类，每类中又包含了不同的效果。

"进入"是指使对象以某种效果进入幻灯片放映演示文稿；"强调"是指为已出现在幻灯片上的对象添加某种效果进行强调；"退出"是指为对象添加某种效果以使其在某一时刻以该种效果离开幻灯片；"动作路径"是指为对象添加某种效果以使其按照指定的路径移动。

若单击"更多进入效果""更多强调效果"等命令，则可以得到更多不同类型的效果。图 6-18 所示为选择"更多进入效果"命令后打开的对话框，其中包括"基本""细微""温和"和"华丽"

等效果。对同一个对象不仅可以同时设置上述 4 类动画效果，还可以设置多种不同的"强调"效果。

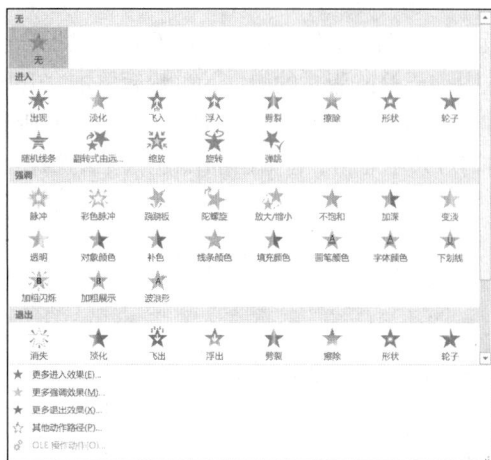

图 6-17　动画选项

图 6-18　"更改进入效果"对话框

② 在幻灯片中选定一个对象，单击"动画"选项组中的"效果选项"按钮，可设置动画进入的方向。注意"效果选项"下拉列表中的内容会随着添加动画效果的不同而变化，如添加的动画效果是"进入"中的"百页窗"，则"效果选项"中显示为"垂直"和"水平"。

③ 在"动画"选项卡下"计时"选项组中的"开始"下拉列表中可以选择开始播放该动画的方式。"开始"下拉列表中有 3 种选择。

- 单击时：当鼠标单击时开始播放该动画效果。
- 与上一动画同时：在上一项动画开始的同时自动播放该动画效果。
- 上一动画之后：在上一项动画结束后自动开始播放该动画效果。

用户可根据幻灯片中的对象数量和放映方式选择动画效果开始的时间。

④ 在"持续时间"框中可指定动画的长度，在"延迟"框中可指定经过几秒后播放动画。

⑤ 单击"动画"选项卡下的"预览"按钮，则设置的动画效果将在幻灯片区自动播放，以用来观察设置的效果。

2．效果列表和效果标号

当对一张幻灯片中的多个对象设置了动画效果后，有时需要重新设置动画的出现顺序，此时可利用"动画窗格"实现。

单击"动画"选项卡下"高级动画"选项组中的"动画窗格"按钮，则会出现"动画窗格"任务窗格，如图 6-19 所示。

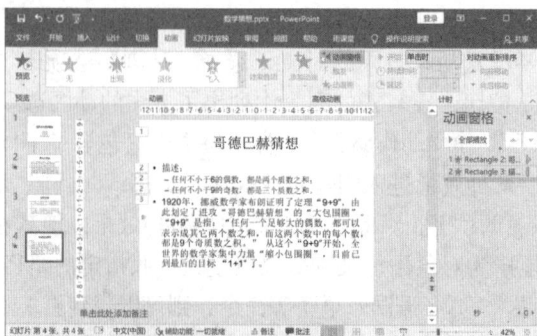

图 6-19　"动画窗格"任务窗格

在"动画窗格"中有该幻灯片中的所有对象的动画效果列表，各个对象按添加动画的顺序从上到下依次列出，并显示有标号。通常该标号从 1 开始，但当第一个添加动画效果的对象的开始效果设置为"与上一动画同时"或"上一动画之后"时，则该标号从 0 开始。设置了动画效果的对象也会在幻灯片上标注出编号标记，该标记位于对象的左上方，对应于列表中的效果标号。注意，在幻灯片放映视图中并不显示该标记。

3. 设置效果选项

单击动画效果列表中任意一项，则在该效果的右端会出现一个下拉按钮，单击该按钮又会出现一个下拉列表，如图 6-20 所示。该列表的前 3 项（单击开始、从上一项开始、从上一项之后开始）对应于"计时"选项组中"开始"下拉列表的 3 个选项。对于包含多个段落的占位符，选项效果将作用于所有的子段落。在列表中选择"效果选项"命令，则会打开一个含有"效果""计时""文本动画"3 个选项卡的对话框，在对话框中可以对效果的各项进行详细的设置。

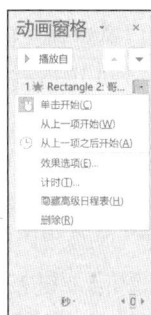

图 6-20　设置效果选项

6.3.2　设置切换效果

幻灯片间的切换效果是指演示文稿播放过程中，幻灯片进入和离开屏幕时产生的视觉效果，也就是让幻灯片以动画方式放映的特殊效果。PowerPoint 2016 提供了多种切换效果，我们在演示文稿的制作过程中可以为每一张幻灯片设计不同的切换效果，也可以为一组幻灯片设计相同的切换效果。具体操作步骤如下。

① 在演示文稿中选定要设置切换效果的幻灯片。

② 选择"切换"选项卡，单击"切换到此幻灯片"选项组右侧的"其他"按钮，可打开图 6-21 所示的幻灯片切换效果列表框，在该列表框中列出了各种不同类型的切换效果。

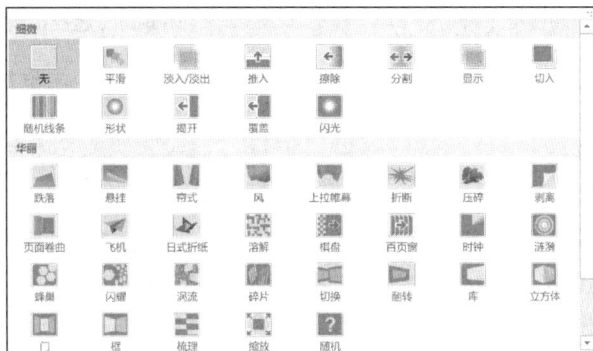

图 6-21　幻灯片切换效果列表框

③ 在幻灯片切换效果列表框中选择一种切换效果，如"华丽"中的"百页窗"。

④ 单击"切换"选项卡下的"效果选项"按钮，可从中选择切换的效果，如"垂直"或"水平"。

⑤ 在"动画"选项卡下的"计时"选项组中可设置换片方式，即一张幻灯片切换到下一张幻灯片的方式。选中"单击鼠标时"复选框，则在单击鼠标时出现下一张幻灯片；选中"设置自动换片时间"复选框，则一定时间后自动出现下一张幻灯片。另外，在"声音"下拉列表中可选择幻灯片切换时播放的声音效果。

⑥ 单击"应用到全部"按钮，即可将设置的切换效果应用于演示文稿中的所有幻灯片，否则，切换效果只应用于当前选定的幻灯片。

6.3.3 演示文稿中的超链接

PowerPoint 2016 中提供了"超链接"功能，我们可在制作演示文稿时为幻灯片对象创建超链接，并将链接目的地指向其他地方。超链接不仅支持在同一演示文稿中的各幻灯片间进行跳转，还可以跳转到其他演示文稿、某个 Word 2016 文档、某个 Excel 2016 电子表格、某个 URL 地址等中去。利用超链接功能，可以使幻灯片的放映更加灵活，内容更加丰富。

1. 为幻灯片中的对象设置超链接

为幻灯片中的对象设置超链接的操作步骤如下。

① 在幻灯片视图下选择要设置超链接的对象，然后单击"插入"选项卡下"链接"选项组中的"链接"按钮，打开"插入超链接"对话框，如图 6-22 所示。

微课视频

② 若要链接到某个文件或网页，可在"链接到"列表框下选择"现有文件或网页"，然后在"地址"文本框中输入超链接的目标地址；若要链接到本文件内的某一张幻灯片，可在"链接到"列表框下选择"本文档中的位置"，然后选择文档中的目标幻灯片；若要链接到某一电子邮件地址，可在"链接到"列表框下选择"电子邮件地址"，然后在右侧窗格中的"电子邮件地址"文本框中输入邮件地址，如图 6-23 所示。

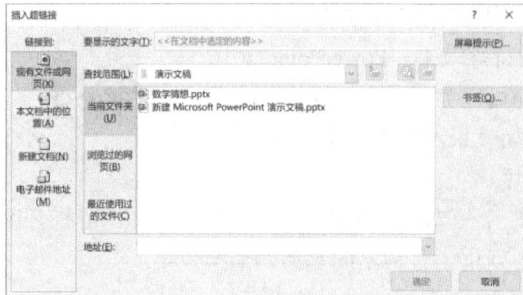

图 6-22 "插入超链接"对话框

图 6-23 超链接到电子邮件地址

③ 单击"确定"按钮则完成了超链接。在幻灯片放映视图中，用鼠标左键单击该对象，即可链接到目标地址。

2. 编辑和删除超链接

对已有的超链接可以进行编辑修改（如改变超链接的目标地址），也可以进行删除。

如果需要修改超链接，只要按设置超链接的方法重新选择超链接的目标地址即可；如果需要删除，则需在"插入超链接"对话框中单击"删除链接"按钮。

3. 动作按钮的使用

PowerPoint 2016 提供了一组代表一定含义的动作按钮。为使演示文稿的交互界面更加友好，设计者可以在幻灯片上插入各式各样的交互按钮，并为这些按钮设置超链接。这样，在幻灯片放映过程中，通过这些按钮可以在不同的幻灯片间跳转，也可以播放图像、声音等文件，还可以启动应用程序或链接到互联网上。

在幻灯片上插入动作按钮的具体步骤如下。

① 选择需要插入动作按钮的幻灯片。

② 单击"插入"选项卡下"插图"选项组中的"形状"按钮，在打开的下拉列表中的"动作按钮"区中选择所需的按钮，将鼠标指针移到幻灯片中要放置该动作按钮的位置，按下鼠标左键并拖动鼠标，直到动作按钮的大小符合要求为止，此时系统自动打开"操作设置"对话框，如图 6-24 所示。

③ 该对话框中有"单击鼠标"选项卡和"鼠标悬停"选项卡。"单击鼠标"选项卡设置的超

链接是在单击动作按钮时发生跳转；而"鼠标悬停"选项卡设置的超链接则是在鼠标指针悬停在动作按钮上时跳转的，一般鼠标悬停方式适用于提示、播放声音或影片等场景。

④ 无论在哪个选项卡中，当选择"超链接到"单选按钮后，都可以在其下拉列表中选择跳转目的地，如图 6-25 所示。选择的跳转目的地既可以是当前演示文稿中的其他幻灯片，也可以是其他演示文稿或其他文件，还可以是某一个 URL 地址。选中"播放声音"复选框，在其下拉列表中可选择对应的声音效果。

图 6-24　"操作设置"对话框　　　　　图 6-25　超链接

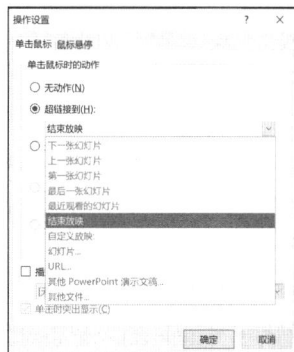

⑤ 设置完后，单击"确定"按钮。

如果给文本对象设置了超链接，代表超链接的文本会自动添加下画线，并显示成所选主题颜色指定的颜色。需要说明的是，超链接只有在"幻灯片放映"视图中才会起作用，在其他视图中处理演示文稿时不会起作用。

4．为对象设置动作

除了可以对动作按钮设置动作外，还可以对幻灯片上的其他对象进行动作设置。为对象设置动作后，当用鼠标左键单击该对象或将鼠标指针悬停在该对象上时，可以像动作按钮一样执行指定的动作。

设置方法为：首先选择幻灯片，然后在幻灯片中选定要设置动作的对象，选择"插入"选项卡，单击"链接"选项组中的"动作"按钮，则打开图 6-24 所示的"操作设置"对话框，从中可进行类似动作按钮的设置。

6.3.4　在幻灯片中运用多媒体技术

在幻灯片中不仅可以插入图片、图像等，还可以插入音频或视频等媒体对象。放映幻灯片时，可以将媒体对象设置为在显示幻灯片时自动开始播放、在单击时开始播放，甚至可以循环连续地播放媒体，直至停止播放。

微课视频

1．在幻灯片中插入视频

幻灯片中的视频可以来自网络或当前计算机中。在幻灯片中插入视频的具体操作步骤如下。

① 单击"插入"选项卡下"媒体"选项组中的"视频"按钮，在其下拉列表中可选择"联机视频"命令，打开"在线视频"对话框，如图 6-26（a）所示。在"输入在线视频的 URL"框中输入视频地址，然后单击"插入"按钮，即可将其插入当前幻灯片中。

② 单击"插入"选项卡下"媒体"选项组中的"PC 机上的视频"按钮，打开"插入视频文件"对话框，如图6-26（b）所示。从中选择要插入的影片文件，然后单击"插入"按钮，即可在当前幻灯片中插入视频图像。

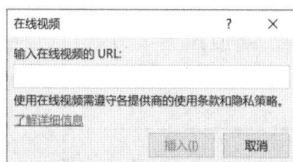

（a）"在线视频"对话框　　　　　　　　　　（b）"插入视频文件"对话框

图 6-26　插入视频

选中插入的视频对象，则在功能区中将显示"视频工具"中的"格式"选项卡和"播放"选项卡。单击"播放"选项卡，可在"视频选项"选项组中对"音量""开始"等选项进行设置，这样就可以在放映幻灯片时，按照已设置的方式来播放该视频对象。

2．在幻灯片中插入音频

同样地，在幻灯片中也可插入音频对象。音频可以选择来自文件中的音频，也可以为录入音频。例如，要在幻灯片中插入来自文件的音频文件，操作方法如下。

① 单击"插入"选项卡下"媒体"选项组中的"音频"按钮，在其下拉列表中选择"PC 上的音频"命令，打开"插入音频"对话框。

② 在该对话框中选择要插入的音频文件，然后单击"插入"按钮。

③ 在"音频工具"中选择"播放"选项卡，在"音频选项"选项组中可根据需要设置"音量""开始"等选项。例如，选中"循环播放，直到停止"复选框，则音乐循环播放，直到幻灯片放映停止。

插入音频的幻灯片上将显示音频剪辑图标🔊，单击该图标，还可在幻灯片上预览音频对象。

3．设置幻灯片放映时播放音频或视频的效果

声音或动画插入幻灯片后，如果需要，可以更改幻灯片放映时音频或视频的播放效果、播放计时以及音频或视频的设置。以设置视频效果为例，操作步骤如下。

① 选中幻灯片中要设置效果选项的视频对象。

② 选择"动画"选项卡，此时在"动画"选项组中增加了"播放""暂停""停止"等按钮，单击"播放"按钮，然后单击"动画"选项组右下角的按钮🔲，则打开"播放视频"对话框，如图 6-27 所示。单击"暂停"按钮，然后单击🔲，则打开"暂停视频"对话框，如图 6-28 所示。

图 6-27　"播放视频"对话框

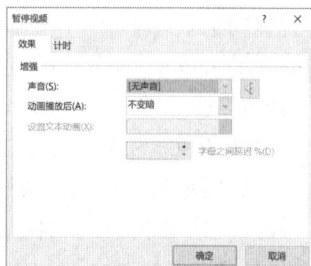

图 6-28　"暂停视频"对话框

③ 在"效果"选项卡中可以设置如何开始播放、何时停止播放及声音增强方式等；在"计时"选项卡中可以设置"开始""延迟"等。在"视频工具"的"播放"选项卡下，选择"视频选项"选项组，还可以设置是否全屏播放、幻灯片放映时是否隐藏图标等。

6.4　演示文稿的放映

随着计算机应用水平的日益发展，电子幻灯片已经逐渐取代了传统的 35 mm 幻灯片。电子幻灯片放映最大的特点在于为幻灯片设置了各种各样的切换方式、动画效果。根据演示文稿的性质不同，设置的放映方式也可以不同，并且由于在演示文稿中加入了视频、音频等，演示文稿变得更加美妙动人，更能吸引观众的注意力。

6.4.1　设置放映方式

在幻灯片放映前可以通过设置放映方式满足不同使用者的需求。单击"幻灯片放映"选项卡下"设置"选项组中的"设置幻灯片放映"按钮，就可以打开"设置放映方式"对话框，如图 6-29 所示。

微课视频

图 6-29　"设置放映方式"对话框

在对话框的"放映类型"选项组中，有以下 3 种放映的方式。

（1）演讲者放映（全屏幕）：以全屏幕的形式显示，可以通过快捷菜单或【PageDown】键、【PageUp】键显示不同的幻灯片；提供绘图笔以进行勾画。

（2）观众自行浏览（窗口）：以窗口形式显示，可以利用状态栏上的"上一张"或"下一张"按钮进行浏览，也可以单击"菜单"按钮，在打开的菜单中浏览所需幻灯片，还可以利用该菜单中的"复制幻灯片"命令将当前幻灯片复制到 Windows 的剪贴板上。

（3）在展台浏览（全屏幕）：以全屏形式在展台上做演示。在放映过程中，除了保留鼠标指针用于选择屏幕对象外，其余功能全部失效（连终止也要通过按【Esc】键实现），因为此时不需要现场修改，也不需要提供额外功能，以免破坏演示画面。

在对话框的"放映选项"选项组中，提供了以下 3 种放映选项。

（1）循环放映，按 Esc 键终止：在放映过程中，当最后一张幻灯片放映结束后，会自动跳转到第一张幻灯片继续播放，按【Esc】键则终止放映。

（2）放映时不加旁白：在放映幻灯片的过程中，不播放任何旁白。

（3）放映时不加动画：在放映幻灯片的过程中，预先设定的动画效果将不起作用。

6.4.2　设置放映时间

除了利用"切换"选项卡下"计时"选项组中"设置自动换片时间"复选框右侧的微调框设置幻灯片的放映时间外，还可以通过"幻灯片放映"选项卡下"设置"选项组中的"排练计时"按钮来设置幻灯片的放映时间。其具体操作步骤如下。

① 在演示文稿中选定要设置放映时间的幻灯片。

② 单击"幻灯片放映"选项卡下"设置"选项组中的"排练计时"按钮，系统自动切换到幻灯片放映视图，同时打开"录制"工具栏，如图 6-30 所示。

③ 此时，设计者按照自己总体的放映规划和需求，依次放映演示文稿中的幻灯片。在放映过程中，"录制"工具栏对每一个幻灯片的放映时间和总放映时间进行自动计时。

④ 放映结束后，弹出预演时间提示对话框，并询问是否保留幻灯片的排练时间，如图 6-31 所示，单击"是"按钮。

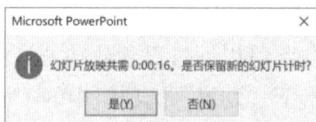

图 6-30　"录制"工具栏　　　图 6-31　预演时间提示对话框

⑤ 此时自动切换到浏览视图，并在每个幻灯片图标的左下角给出幻灯片的放映时间。

至此，演示文稿的放映时间就设置完成了，以后放映该演示文稿时，将按照这次的设置自动放映。

6.4.3　使用画笔

在演示文稿放映与讲解的过程中，对于文稿中的一些重点内容，有时需要勾画一下，以突出重点，引起观看者的注意。为此，PowerPoint 2016 提供了"画笔"的功能，演讲者可以在放映过程中随意在屏幕上勾画、标注重点内容。

在放映的幻灯片上右击，在弹出的快捷菜单上选择"指针选项"命令，弹出图 6-32 所示的级联菜单，其常用命令如下。

（1）选择"笔"命令，可以画出较细的线形。

（2）选择"荧光笔"命令，可以为文字涂上荧光底色，加强和突出该段文字。

（3）选择"橡皮擦"命令，可以将画线擦除掉。

（4）选择"擦除幻灯片上的所有墨迹"命令，可以清除当前幻灯片上的所有画线墨迹等，使幻灯片恢复清洁。

图 6-32　"指针选项"级联菜单

（5）选择"墨迹颜色"命令，可以为画笔设置一种新的颜色。

6.4.4　演示文稿放映和打包

1. 演示文稿放映

打开演示文稿后，启动幻灯片放映常用以下 3 种方法。

（1）选择视图切换按钮中的"幻灯片放映"命令。

（2）选择"幻灯片放映"选项卡下"开始放映幻灯片"选项组中的"从头开始"或"从当前

幻灯片开始"按钮。

（3）按【F5】键从第一张开始放映，按【Shift+F5】组合键从当前幻灯片开始放映。

2. 打包演示文稿

制作好的演示文稿可以复制到需要演示的计算机中进行放映，但是要保证演示的计算机安装了 PowerPoint 2016。如果需要脱离 PowerPoint 2016 放映演示文稿，我们可以将演示文稿打包后再放映。

（1）打包演示文稿

打包演示文稿的操作步骤如下。

① 打开需要打包的演示文稿。

② 选择"文件"选项卡中的"导出"命令，在打开的右侧窗格中选择"将演示文稿打包成CD"命令，单击"打包成 CD"按钮，打开图 6-33 所示的"打包成 CD"对话框。

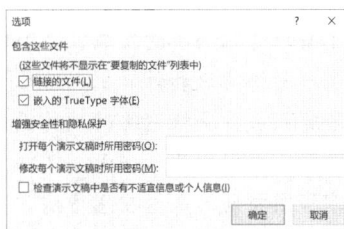

③ 单击"选项"按钮，打开图 6-34 所示的"选项"对话框。

图 6-33　"打包成 CD"对话框　　　　　图 6-34　"选项"对话框

在"包含这些文件"选项组中根据需要选中以下相应的复选框。

• 如果选中"链接的文件"复选框，则在打包的演示文稿中含有链接关系的文件。

• 如果选中"嵌入的 TrueType 字体"复选框，则打包演示文稿时可以确保在其他计算机上看到正确的字体。如果需要对打包的演示文稿进行密码保护，可以在"打开每个演示文稿时所用密码"文本框中输入密码。

④ 单击"确定"按钮，返回到"打包成 CD"对话框。

⑤ 单击"复制到文件夹"按钮，可以将打包文件保存到指定的文件夹中；单击"复制到 CD"按钮，则直接将演示文稿打包到光盘中。

（2）运行打包文件

要想运行打包文件，只要在打包文件所在的文件夹中双击 play.bat 文件就可以了。

第7章
计算机网络

计算机网络是计算机技术和通信技术紧密结合的产物，计算机网络在社会和经济发展中起着非常重要的作用。网络已经渗透到人们生活的各个角落，影响着人们的日常生活。因此，在现代社会中，了解计算机网络的基本知识、掌握计算机网络的基本应用方法就变得非常重要。

本章首先介绍计算机网络的基本概念和基本知识，然后讲解了网络协议、网络的硬件设备、因特网的基本技术等计算机网络的相关知识，最后介绍了因特网的基本应用方法。

学习目标

- 了解计算机网络的发展，了解计算机网络的组成与分类、功能与特点。
- 了解网络协议和计算机网络体系结构的基本知识。
- 了解组成计算机网络的硬件设备。
- 学习因特网的基本概念，掌握 TCP/IP、IP 地址与域名地址等知识。
- 掌握因特网的基本应用方法。

7.1 计算机网络概述

7.1.1 计算机网络的发展

计算机网络属于多机系统的范畴，是计算机与通信这两大现代技术相结合的产物，它代表着当前计算机体系结构发展的重要方向。计算机网络不但极大地提高了工作效率，使人们从日常繁杂的事务性工作中解脱出来，而且已经成为现代生活中不可或缺的工具。可以说，没有计算机网络，就没有现代化，就没有信息时代。

微课视频

1. 计算机网络的定义

计算机网络就是利用通信线路，用一定的连接方法，把分散的具有独立功能的多台计算机相互连接在一起，按照网络协议进行数据通信，实现资源共享的计算机的集合。具体地说，就是用通信线路将分散的计算机及通信设备连接起来，在功能完善的网络软件的管理与控制下，使网络中的所有计算机都可以访问网络中的文件、程序、打印机和其他各种服务（统称为资源），从而实现网络中资源的共享和信息的相互传递。

从上面的定义可以看出，计算机网络由 3 个部分组成：网络设备（包括计算机）、通信线路和网络软件。网络可大可小，但都由这 3 个部分组成，缺一不可。

在计算机网络中，提供信息和服务能力的计算机是网络的资源，索取信息和请求服务的计算机是网络的用户。由于网络资源与网络用户之间的连接方式、服务方式及连接范围不同，形成了不同的网络结构及网络系统。

2．计算机网络的演变与发展

计算机网络的发展历史不长，但发展速度很快，其演变过程大致可概括为以下 4 个阶段。

（1）具有通信功能的单机系统阶段

单机系统又称终端—计算机网络，是早期计算机网络的主要形式。它将一台主计算机（Host）经通信线路与若干个地理上分散的终端（Terminal）相连。主计算机一般称为主机，具有独立处理数据的能力，而所有的终端设备均无独立处理数据的能力。在通信软件的控制下，每个用户在自己的终端上分时轮流使用主机的资源。

（2）具有通信功能的多机系统阶段

简单的单机系统存在以下两个问题。

① 主机既要进行数据的处理工作，又要承担多终端系统的通信控制工作。随着所连远程终端数量的增加，主机的负荷加重，系统效率会下降。

② 终端设备的速率低，操作时间长，尤其在远距离时，每个终端独占一条通信线路，线路利用率低，费用也较高。

为了解决这两个问题，20 世纪 60 年代出现了把数据处理和数据通信分开的工作方式，即主机专门进行数据处理，而在主机和通信线路之间设置一台功能简单的计算机，专门负责处理网络中的数据通信、传输和控制工作。这种负责通信的计算机称为通信控制处理机（Communication Control Processor，CCP）或称为前端处理机（Front End Processor，FEP）。此外，在终端聚集处设置多路器或集中器。集中器与前端处理机功能类似，它的一端通过多条低速线路与各个终端相连，另一端通过高速线路与主机相连，这样就降低了通信线路的费用。由于前端处理机和集中器在当时一般选用小型机，因此这种结构被称为具有通信功能的多机系统。

无论是单机系统还是多机系统，它们都是以单个计算机（主机）为中心的联机终端网络，都属于第一代计算机网络。

（3）以共享资源为主的"计算机—计算机"通信阶段

20 世纪 60 年代中期，随着计算机技术和通信技术的进步，人们开始将若干个联机系统中的主机互连，以达到资源共享的目的，或者联合起来完成某项任务。此时的计算机网络呈现出多处理中心的特点，即利用通信线路将多台计算机（主机）连接起来，实现了计算机之间的通信，由此也开创了"计算机—计算机"通信的时代，计算机网络的发展进入第二个时代。

第二代计算机网络与第一代计算机网络的区别在于多个主机都具有自主处理能力，它们之间不存在主从关系。第二代计算机网络的典型代表是因特网（Internet）的前身 ARPA 网。

ARPA 网（ARPAnet）是由美国国防部高级研究计划署（Advanced Research Projects Agency，ARPA），现在称为 DARPA（Defense Advanced Research Project Agency）提出设想，并与许多大学和公司共同研究发展起来的。它的主要目标是借助通信系统，使网内各计算机系统间能够共享资源。ARPA 网是一个具有两级结构的计算机网络，主机不是直接通过通信线路互连，而是通过 IMP（Interface Message Processor，接口信息处理机）连接的。当用户访问远地主机时，主机将信息送至本地 IMP，经过通信线路沿着适当的路径传送至远地 IMP，最后送入目标主机。计算机网络中 IMP 和通信线路组成通信子网，专门用于处理主机之间的通信业务和信息传递任务，以期减轻主机负担，使主机完全用于承担诸如数据计算和数据处理的任务。

ARPA 网是一个成功的系统，是第一个完善地实现分布式资源共享的网络，其标志着网络的结构日趋成熟，并在概念、结构和网络设计方面都为今后计算机网络的发展奠定了基础。ARPA网也是最早将计算机网络分为资源子网和通信子网两部分的网络。

（4）以局域网络及其互连为主要支撑环境的分布式计算机网络阶段

进入 20 世纪 70 年代，局域网技术得到了迅速的发展。特别是到了 20 世纪 80 年代，随着硬件价格的下降和微机的广泛应用，一个单位或部门拥有微机的数量越来越多，各机关、企业迫切要求将自己拥有的为数众多的微机、工作站、小型机等连接起来，从而达到资源共享和互相传递信息的目的。局域网联网费用低、传输速度快，因此局域网的发展对网络的普及起到了重要的作用。

局域网的发展也导致计算模式的变革。早期的计算机网络是以主计算机为中心的，计算机网络控制和管理功能都是集中式的，也称为集中式计算机模式。随着 PC 功能的增强，用户一个人就可以在微机上完成所需要的作业，PC 方式呈现出的计算机能力已发展成为独立的平台。这样就催生了一种新的计算结构——分布式计算模式。

局域网的发展及其网络的互连还促成了网络体系结构标准的建立。由于各大计算机公司均制定有自己的网络技术标准，这些不同的标准在早期以主计算机为中心的计算机网络中不会有大的影响。但是，随着网络互连需求的出现，这些不同的标准为网络互连设置了障碍，最终促成国际标准的制定。20 世纪 70 年代末，国际标准化组织（International Organization for Standardization，ISO）成立了专门的工作组来研究计算机网络的标准，制定了开放系统互连（Open System Interconnection，OSI）参考模型，它旨在便于多种计算机互连，构成网络。进入 20 世纪 90 年代后，网络通信相关的协议、规范基本确立，网络开始走向大众化普及之路。随着网络用户的逐渐增多，用户对网络传输效率及网络传输质量的要求进一步提高，最新的网络技术迅速得以普及应用。而技术的更新与普及、网络速度的提高及大型网络和复杂拓扑的应用，也使得各种新的高速网络介质、高性能网络交互设备及大型网络协议开始得到越来越多的应用。此时，局域网成为计算机网络结构的基本单元，网络间互连的要求越来越强，计算机网络真正实现了资源共享、数据通信和分布处理的目标。

可以看出，这一阶段计算机网络发展的特点是：互连、高速、智能与更为广泛的应用。当今覆盖全球的因特网就是这样一个互连的网络，因特网可用于实现全球范围内的电子邮件收发、电子传输、信息查询、语音与图像通信等服务功能。实际上因特网是一个用路由器（Router）实现多个远程网和局域网互连的网际网。

现在网络已经成为人们生活中的一部分，它渗透到人们生活、娱乐、交流、沟通等各个方面，已经成为生产、管理、市场、金融等各个方面中必不可少的部分。对网络的研究和管理也逐渐成为一类学科，并衍生出各种新的二级学科或相关学科，如网络安全、网络质量（Quality of Service，QoS）等。而网络也开始向多面化发展，出现了很多新的应用，网络的发展已成为经济及社会生产力发展的重要支柱。

7.1.2　计算机网络的组成与分类

1. 计算机网络的组成

计算机网络是一个十分复杂的系统，一般可以从两个角度对计算机网络的组成进行划分。

（1）从数据处理与数据通信的角度进行划分

在逻辑上可以将计算机网络分为进行数据处理的资源子网和完成数据通信的通信子网两个部分。

① 通信子网提供网络通信功能，能完成网络主机之间的数据传输、交换、通信控制和信号变换等通信处理工作，由通信控制处理机、通信线路和其他通信设备组成数据通信系统。广域网

的通信子网通常租用电话线或铺设专线。为了避免不同部门对通信子网重复投资，一般都租用邮电部门的公用数字通信网作为各种网络的公用通信子网。

② 资源子网为用户提供了访问网络的能力，它由主机系统、终端控制器、请求服务的用户终端、通信子网的接口设备、提供共享的软件资源和数据资源（如数据库和应用程序）构成。它负责网络的数据处理业务，向网络用户提供各种网络资源和网络服务。

（2）从系统组成的角度进行划分

从系统组成的角度看，一个计算机网络由 3 个部分组成：计算机及智能性外围设备（服务器、工作站等）、网络接口卡及通信介质（网卡、通信电缆等）、网络操作系统及网管系统。前两部分构成了计算机网络的硬件部分，第三部分构成了计算机网络的软件部分，其中网络操作系统对网络中的所有资源进行管理和控制。

2. 计算机网络的分类

计算机网络的分类方法有很多种，下面仅介绍几种常见的分类方法。

（1）按网络的连接范围分类

根据计算机网络所覆盖的地理范围、信息的传递速率及其应用目的，计算机网络通常分为局域网（Local Area Network，LAN）、城域网（Metropolitan Area Network，MAN）和广域网（Wide Area Network，WAN），城域网和广域网又可称为互联网。

① 局域网：局域网是指在有限的地理区域内构成的计算机网络。它具有很高的传输速率（几十至上百兆比特），其覆盖范围一般不超过 10km；通常将一座大楼或一个校园内的分散计算机连接起来构成局域网。局域网具有组建方便、灵活等特点，其采用的通信线路一般为双绞线或同轴电缆。

② 城域网：城域网的范围比局域网的大，通常可覆盖一个城市或一个地区，城域网中可包含若干个彼此互连的局域网。城域网通常采用光纤或微波作为网络的主干通道。

③ 广域网：广域网可以将相距遥远的两个城域网连接在一起，也可以把世界各地的局域网连接在一起。广域网通过微波、光纤、卫星等介质传送信息，因特网就是最典型的广域网。

（2）按网络的拓扑结构分类

网络拓扑结构是地理位置上分散的各个网络节点互连的几何逻辑布局。网络的拓扑结构不同，网络的工作原理及信息的传输方式也不同。按网络的拓扑结构分类，计算机网络系统有 5 种形式：星形、树状、环形、总线型和网状。计算机网络的拓扑结构如图 7-1 所示。

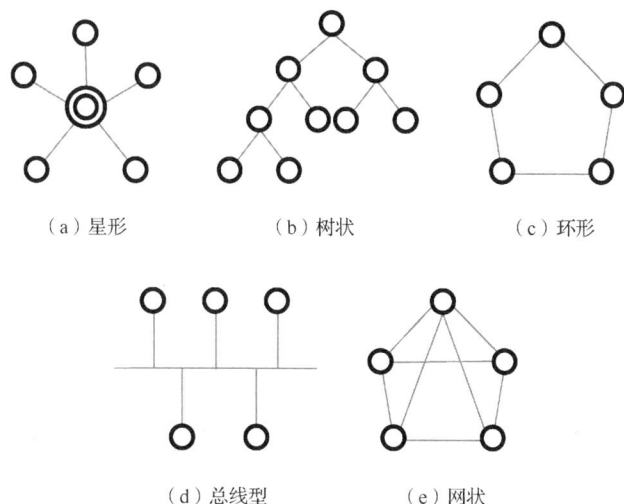

（a）星形　　　　　（b）树状　　　　　（c）环形

（d）总线型　　　　（e）网状

图 7-1　计算机网络的拓扑结构

① 星形结构是一种辐射状结构，其以中央节点为中心，将若干个外围节点连接起来。中央节点是整个网络的主控计算机，任何两个节点的通信都必须经过中央节点。星形结构的优点是结构简单，易于实现和管理；缺点是中央节点是网络可靠性的瓶颈，如果外围节点过多，会使得中央节点负担过重，而且一旦中央节点出现故障，将会导致整个网络的崩溃。

② 树状结构的节点是按层次进行连接的，信息的交换主要在上、下节点之间进行。树状结构的优点是结构简单，故障容易分离处理；缺点是整个网络对根节点的依赖性很强，一旦根节点出现故障，网络系统将不能正常工作。

③ 环形结构的节点通过点对点的通信线路连接成一个闭合环路，环中数据只能沿一个方向逐节点传送。环形结构的优点是结构简单，传输时延确定，适合于长距离通信。由于各节点地位和作用相同，容易实现分布式控制，因此环形拓扑结构被广泛应用到分布式处理中。

④ 总线型结构的所有节点通过相应的网络接口卡直接连接到一条作为公共传输介质的总线上，总线通常采用同轴电缆或双绞线作为传输介质。总线型结构是目前局域网中使用最多的一种拓扑结构，其优点是连接简单，扩充或删除一个节点比较容易。由于其节点都连接在一根总线上，共用一个数据通道，因此信道利用率高，资源共享能力强。

⑤ 网状结构中各节点的连接是任意的，无规律可循，其优点是可靠性高，缺点是结构复杂。广域网基本上都是网状结构。

（3）按网络的传输介质分类

根据通信介质的不同，计算机网络可划分为有线网和无线网两种。

（4）按照交换方式分类

根据交换方式，计算机网络包括线路交换网络、存储转发交换网络。存储转发交换网络又可以分为报文交换网络和分组交换网络。

（5）按服务方式分类

按网络系统的服务方式，计算机网络可以分为集中式系统和分布式系统。

① 集中式系统：由一台计算机管理所有网络用户并向每个用户提供服务，多用于局域网。

② 分布式系统：由多台计算机共同提供服务，每台计算机既可以向别人提供服务也可以接受别人的服务，如因特网的服务器系统。

（6）按网络数据传输与交换系统的所有权分类

根据网络的数据传输与交换系统的所有权可以将计算机网络分为公用网与专用网。

（7）按传输方式和传输带宽方式分类

按照网络能够传输的信号带宽，计算机网络可以分为基带网和宽带网。

7.1.3　计算机网络的功能

计算机网络具有以下主要功能。

（1）资源共享：资源共享是计算机网络的重要功能，也被认为是最具吸引力的一点。共享是指网络中各种资源可以相互通用。这种共享可以突破地域范围的限制，而且可共享的资源包括硬件、软件和数据资源。

- 硬件资源包括超大型存储器、提速的外围设备及大型、巨型机的 CPU 等。这些硬件资源通过网络向网络用户开放，可以极大提高资源的利用率，加强数据处理能力，还可以节约开销。
- 软件资源包括各种语言处理程序、服务程序和各种应用程序等。例如，把某一软件装在网内的某一台计算机中，这个软件就可以供其他用户调用，或者可处理其他用户送来的数据，然后把处理结果送回给那个用户。

● 数据资源包括各种数据文件、各种数据库等。由于数据产生源在地理上是分散的，用户无法用投资改变这种状况，因此共享数据资源是计算机网络最重要的目的。

（2）数据通信：数据通信是计算机网络的最基本的功能。计算机网络可用来快速传递计算机与终端间、计算机与计算机间的各种数据，如文字信件、新闻消息、咨询信息、图片资料、报纸版面等。随着因特网在世界各地的普及，传统电话、电报、邮递等通信方式受到很大冲击，电子邮件已被人们广泛接受，网上电话、视频会议等各种通信方式正在大力发展。

（3）分布式处理：分布式处理是计算机网络研究的重点课题，一些复杂的、综合型的大任务可以通过计算机网络采用适当的算法，将大任务分散到网络中的各计算机上进行分布式处理，由网络上各计算机分别承担其中一部分任务，同时运作，共同完成，从而使整个系统的效能大为提升；此外，重大科研项目也可以通过计算机网络用各地的计算机资源共同协作，进行联合开发与研究。

（4）提高计算机的可靠性和可用性：计算机网络中的各台计算机可以通过网络互为后备机，这样一旦某计算机出现故障，计算机网络中其他计算机可代为继续执行，可以避免整个系统瘫痪，从而提高计算机的可靠性；如果计算机网络中某台计算机任务太重，计算机网络可以将该机上的部分任务转交给其他较空闲的计算机，以达到均衡计算机负载、提高计算机网络中计算机可用性的目的。

（5）综合信息服务：网络的一个主要发展趋势就是多维化。在多维化发展的趋势下，许多网络应用的新形式在不断涌现，如网上交易、视频点播、联机会议等，这些技术能够为用户提供更多、更好的服务。

7.2 计算机网络的通信协议

7.2.1 网络协议

当网络中的两台设备需要通信时，双方必须有一些约定，并遵守共同的约定来进行通信。例如，数据的格式是怎样的，以什么样的控制信号联络，具体的传送方式是什么，发送方怎样保证数据的完整性、正确性，接收方如何应答等。为此，人们为网络上的两个节点之间如何进行通信制定了规则和过程，其包括网络通信功能的层次构成、各层次的通信协议规范和相邻层的接口协议规范。这些规范的集合模型就是网络协议。概括地说，网络协议就是计算机网络中任意两节点间的通信规则。网络协议是由一组程序模块组成的，又称协议堆栈，每一个程序模块都会在网络通信中有序地完成各自的功能。

微课视频

在制订网络协议时，要对通信的内容、怎样通信及何时通信等几个方面进行约定。这些约定和规则的集合就构成了协议的内容。网络协议是由语法、语义和定时规则（变换规则）3 个要素组成的。

（1）语法：数据与控制信息的结构或格式，它用于决定对话双方的格式。

（2）语义：由通信过程的说明构成，它用于决定对话双方的类型。

（3）定时（变换）规则：确定事件的顺序及速度匹配，它用于决定通信双方的应答关系。

由于节点之间的联系可能是很复杂的，所以在制订协议时，一般是把复杂成分分解为一些简单的成分，再将它们复合起来。最常用的复合方式是层次方式，即上一层可以调用下一层，而与再下一层不发生关系。通信协议的分层是这样规定的：把用户应用程序作为最高层，把物理通信线路作为最低层，将其间的协议处理分为若干层，规定每层处理的任务，也规定各层之间的接口标准。

7.2.2　计算机网络的体系结构

由于计算机网络涉及不同的计算机、软件、操作系统、传输介质等，因此要实现它们之间相互通信是非常复杂的。为了实现这样复杂的计算机网络，人们提出了网络层次的概念，即通过网络分层将庞大而复杂的问题转化为若干简单的局部问题。

在这种分层的网络结构中，网络的每一层都具有其相应的层间协议。计算机网络的各层定义和层间协议的集合就是计算机网络体系结构，计算机网络体系结构是关于计算机网络系统应设置多少层，每个层能提供哪些功能，以及层之间如何联系在一起的一个精确定义。

由于计算机网络被分解为了相对简单的若干层，所以相对来说更易于实现和维护。各层功能明确，相对独立，下层为上层提供服务，上层通过接口调用下层功能，而不必关心下层所提供服务的具体实现细节，这就是层次间的无关性。有了这种无关性，当某一层的功能需要更新或被替代时，只要它与上、下层的接口服务关系不变，则相邻层都不受影响，因此灵活性好，有利于技术的进步和模型的迭代。现代计算机网络都采用了层次化体系结构，最典型的代表就是 OSI/RM（Open System Interconnection Reference Model，开放系统互连参考模型）和 TCP/IP（Transmission Control Protocol/Internet Protocol，传输控制协议/因特网互联协议）。

1. OSI/RM

计算机联网是随着用户的不同需求而发展起来的，不同的开发者可能会使用不同的方式满足使用者的需求，由此产生了不同的网络系统和网络协议。在同一网络系统中网络协议是一致的，节点间的通信是方便的。但在不同的网络系统中网络协议很可能是不一致的，这种不一致不利于网络连接和网络之间节点的通信。

为了解决这个问题，国际标准化组织于1981年推出了OSI/RM。该标准希望所有的网络系统都向此标准靠拢，消除系统之间因协议不同而造成的通信障碍，使得在互联网范围内，不同的网络系统可以不需要专门的转换装置就能进行通信。

图 7-2 所示为 OSI/RM 的体系结构。OSI/RM 将通信系统分为 7 层，每一层均分别负责数据在网络中传输的某一特定步骤，其中，下面 4 层完成传送服务，上面 3 层则面向应用。与各层相对，每层都有自己的协议，进行通信时必须遵循 7 个层次的协议，信息只有按照 7 层协议所规定的处理后才能在通信线路上进行传输。OSI/RM 的体系结构如下。

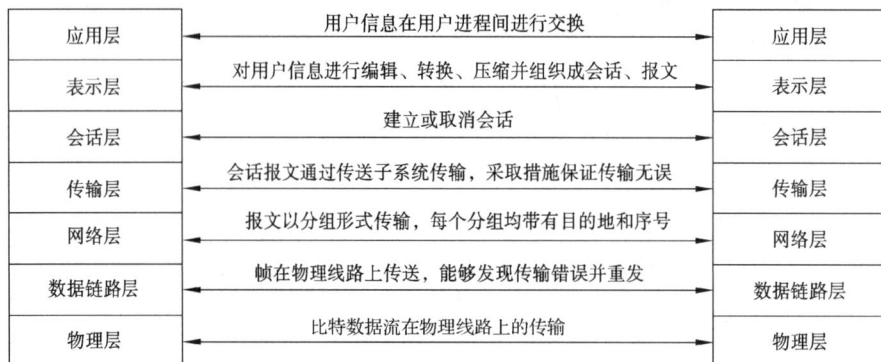

图 7-2　OSI/RM 的体系结构

（1）物理层：它的功能是通过物理介质进行比特数据流的传输。

（2）数据链路层：它提供网络相邻结点间的可靠通信，用来传输以帧为单位的数据包，向网络层提供正确无误的数据包的发送和接收服务。

（3）网络层：它的功能包括提供报文分组传输服务，进行路由选择及拥塞控制。

（4）传输层：它的功能是在通信用户进程之间提供端到端的可靠通信。

（5）会话层：它的功能是在传输层服务的基础上增加控制、协调会话的机制，建立、组织和协调应用进程之间的交互。

（6）表示层：它要保证所传输的信息传输到目的计算机后其意义不发生改变。

（7）应用层：它是直接面向用户的，为用户提供应用服务。

在信息的实际传输过程中，发送端是从高层向低层传递，而在接收端则相反，是由低层向高层逆向传递。发送时，每经过一层都会对上层的信息附加一个本层的信息头。信息头包含控制信息，供接收方同层次分析及处理用，这个过程称为封装。接收方去掉该层的附加信息头后，再向上层传递，这个过程就是解封。可以看出，采用 OSI/RM，用户在网络中传递数据时，只需下达指令而不必考虑下层信号如何传递及通信协议等问题，即用户在上层作业时，可完全不必理会低层的运作，这样可以使用户更方便地使用网络。

需要说明的是，OSI/RM 不是一个实际的物理模型，而是一个将网络协议规范化了的逻辑参考模型。OSI/RM 虽然根据逻辑功能将网络系统分为 7 层，并对每一层规定了功能、要求、技术特性等，但并没有规定具体的实现方法，因此，OSI/RM 仅仅是一个标准，而不是特定的系统或协议。网络开发者可以根据这个标准开发网络系统，制订网络协议；网络用户可以用这个标准来考察网络系统、分析网络协议。

OSI/RM 所定义的网络体系结构虽然从理论上看比较完整，是国际公认的标准，但是由于其实现起来过分复杂，运行效率很低，且标准制定周期太长，导致世界上几乎没有哪个厂家生产出符合 OSI/RM 标准的商品化产品。20 世纪 90 年代初期，OSI/RM 还在制订期间，因特网已经逐渐流行开来，并得到了广泛的支持和应用。而因特网所采用的体系结构是TCP/IP，这使得TCP/IP 已经成为事实上的工业标准。

2．TCP/IP

TCP/IP 是一种网际互连通信协议，其目的在于实现网际间各种异构网络和异种计算机的互连通信。TCP/IP 同样适用于在一个局域网内实现异种机的互连通信。在任何一台计算机或者其他类型的终端上，无论运行的是何种操作系统，只要安装了 TCP/IP，就能够相互连接、通信并接入因特网。

TCP/IP 也采用层次结构，但与国际标准化组织公布的 OSI/RM 的 7 层参考模型不同。它分为4 个层次，从上往下依次是应用层、传输层、网络层和接口层，如图 7-3 所示。TCP/IP 与 OSI/RM 的对应关系如表 7-1 所示。

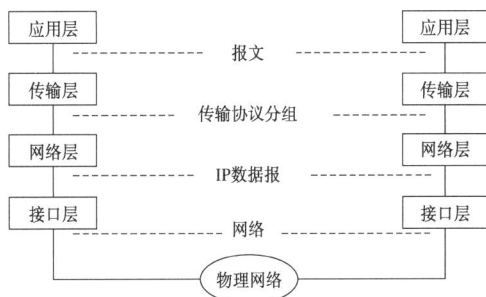

图 7-3　TCP/ IP 层次结构

表 7-1　　　　　　　　　　　　　　TCP/IP 与 OSI/RM 的对应关系

OSI 模型	TCP/IP 模型	TCP/IP 簇
应用层	应用层	HTTP、FTP、TFTP、SMTP、SNMP、Telnet、RPC、DNS、Ping……
表示层		
会话层		
传输层	传输层	TCP、UDP……
网络层	网络层	IP、ARP、RARP、ICMP、IGMP……
数据链路层	接口层	Ethernet、ATM、FDDI、X.25、PPP、Token-Ring……
物理层		

TCP/IP 模型各层的具体含义如下。

① 接口层：对应于 OSI 的数据链路层和物理层，负责将网际层的 IP 数据报通过物理网络发送或从物理网络接收数据帧并抽出IP 数据报上交网际层。TCP/IP 没有规定这两层的协议，在实际的应用中根据主机与网络拓扑结构的不同，局域网主要采用 IEEE 802 系列协议，如 IEEE 802.3 以太网协议、IEEE 802.5 令牌环网协议；广域网常采用 HDLC、帧中继、X.25 等协议。

② 网络层：对应于 OSI 的网络层，提供无连接的报文分组传输服务，该层最主要的协议就是无连接的互联网协议（IP）。

③ 传输层：对应于 OSI 的传输层，提供一个应用程序到另一个应用程序的通信，由面向链接的 TCP（传输控制协议）和无链接的 UDP（用户数据报协议）实现。TCP 提供了一种可靠的数据传输服务，具有流量控制、拥塞控制、按序递交等功能。UDP 是不可靠的，但其协议开销小，在流媒体系统中使用较多。

④ 应用层：对应于 OSI 的应用层、表示层和会话层，其包括了很多面向应用的协议，如文件传输协议（File Transfer Protocol, FTP）、远程登录协议（Telnet）、域名系统（Domain Name System, DNS）、超文本传输协议（HyperText Transfer Protocol，HTTP）和简单邮件传输协议（Simple Mail Transfer Protocol，SMTP）等。

7.3　计算机网络的硬件设备

计算机网络的硬件设备包括计算机设备、网络传输介质、网络互连设备等。

7.3.1　计算机设备

计算机网络中的计算机设备包括服务器、工作站、网卡和网络共享设备等。

1. 服务器

服务器通常是一台速度快、存储量大的专用或多用途计算机。它是网络的核心设备，负责网络资源管理和用户服务。在局域网中，服务器对工作站进行管理并提供服务，它是局域网系统的核心；在因特网中，服务器之间互通信息，相互提供服务，每台服务器的地位都是同等的。通常，服务器需要专门的技术人员对其进行管理和维护，以保证整个网络的正常运行。根据所承担的任务与服务的不同，服务器可分为文件服务器、远程访问服务器、数据库服务器和打印服务器等。

微课视频

2．工作站

工作站是具有独立处理能力的 PC，是用户向服务器申请服务的终端设备。用户可以在工作站上处理日常工作，并随时向服务器索取各种信息及数据，请求服务器提供各种服务（如传输文件、打印文件等）。

3．网卡

网卡也称为网络适配器或网络接口卡（Network Interface Card，NIC），它是安装在计算机主板上的电路板插卡，如图 7-4 所示。一般情况下，无论是服务器还是工作站都应安装网卡。网卡的作用是将计算机与通信设施相连接，将计算机的数字信号转换成通信线路能够传送的信号。

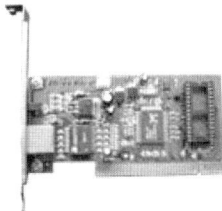

4．网络共享设备

共享设备是指为众多用户共享的高速打印机、大容量磁盘等公用设备。

图 7-4　网卡

7.3.2　网络传输介质

传输介质是数据传输系统中发送装置和接收装置的物理媒体，是决定网络传输速率、网络段最大长度、传输可靠性的重要因素。传输介质可以分为有线传输介质和无线传输介质。

1．有线传输介质

（1）双绞线

双绞线（Twisted Pair Cable）价格便宜且易于安装和使用，它是应用最广泛的传输介质，如图 7-5 所示。双绞线可分为 UTP（Unshielded Twisted Pair，非屏蔽双绞线）和 STP（Shielded Twisted Pair，屏蔽双绞线）两大类，其中，UTP 成本较低，但易受各种电信号的干扰；STP 外面环绕一圈保护层，可极大提高抗干扰能力，但增加了成本。电话系统使用的双绞线一般是一对双绞线，而计算机网络使用的双绞线一般是 4 对。

图 7-5　双绞线

常规 UTP 按传输质量分为 5 类，表示为 UTP-1～UTP-5，局域网中常用的为 UTP-3 和 UTP-5。由于工艺的进步和用户对传输带宽要求的提高，现在普遍使用的是高质量的 UTP，它被称为超 5 类线 UTP。它在 2000 年作为标准正式颁布，被称为 Cat 5e，其能支持高达 200 Mbit/s 的传输速率，容量是常规 UTP-5 容量的 2 倍，其也是目前使用最多的一种电缆。

UTP 连接到网络设备（Hub、Switch）的连接器是类似电话插口的咬接式插头，它被称为 RJ-45，俗称水晶头。

双绞线电缆主要用于星形网络拓扑结构，即以集线器或网络交换机为中心，各计算机均用一根双绞线与之连接。这种拓扑结构非常适用于结构化综合布线系统，可靠性较高。任一连线发生故障时，均不会影响到网络中的其他计算机。

（2）同轴电缆

同轴电缆（Coaxial Cable）中心是实心或多芯铜线电缆，包上一根圆柱形的绝缘皮，外导体为硬金属或金属网，既作为屏蔽层又作为导体的一部分来形成一个完整的回路，如图 7-6 所示。

外导体外还有一层绝缘体，最外面是一层塑料皮包裹。由于外导体屏蔽层的作用，同轴电缆具有较高的抗干扰能力。同轴电缆能够传输比双绞线更宽频率范围的信号。

计算机网络中使用的同轴电缆有两种规格：一种是粗缆，另一种是细缆。无论是粗缆还是细缆均用于总线拓扑结构，即一根线缆上连接多台计算机。

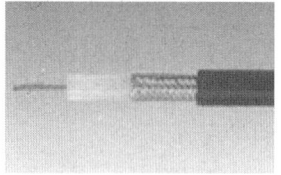

图 7-6　同轴电缆

由同轴电缆构造的网络现在已经很少见了，因为网络中很小的变化都可能会引起电缆改动的需求。另外，这是一种单总线结构，只要有一处的连接出现故障，就会造成整个网络的瘫痪，因此在双绞线出现以后，这种传输介质基本上就被淘汰了。

（3）光纤

光导纤维简称为光纤（Optical Fiber），它是发展最为迅速的传输介质。光纤通信是通过光纤传递光脉冲信号实现的，由多条光纤组成的传输线就是光缆，如图 7-7 所示。光缆与普通电缆不同，它是用光信号而不是用电信号来传输信息的，它一般不受外界电场和磁场的干扰，不受带宽的限制。现代的生产工艺可以制造出超低损耗的光纤，光信号可以在纤芯中传输数千米而基本上没有什么损耗，在 6～8km 的距离内不需要中继放大。这一点也是光纤通信得到飞速发展的关键因素。

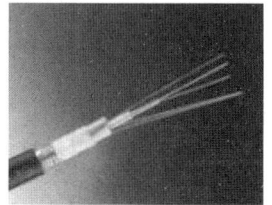

图 7-7　多条光纤组成的光缆

2. 无线传输介质

（1）微波

微波通信（Microwave Communication）是使用波长在 0.1mm～1m 的电磁波——微波来进行的通信，如图 7-8 所示。微波通信不需要固体介质，当两点间直线距离内无障碍时就可以使用微波传送。利用微波进行通信具有容量大、质量好和可传距离远的特点，因此其是国家通信网的一种重要通信手段，也普遍适用于各种专用通信网。微波沿直线传输，不能绕射，所以适用于海洋、空中或两个不同建筑物之间的通信。

图 7-8　微波通信

（2）卫星

卫星通信是以地球同步卫星为中继系统来转发微波信号的。一个同步地球卫星可以覆盖地球 1/3 以上的地区，3 个同步地球卫星就可以覆盖地球上全部的通信区域，如图 7-9 所示。通过卫星地面站可以实现地球上任意两点间的通信。卫星通信的优点是信道容量大、传输距离远、覆盖面积大，缺点是成本高、传输时延长。

除了微波和卫星通信，红外线、无线电、激光也是常用的无线介质。带宽大、传输距离长、使用方便是无线介质最主要的优点，而容易受到障碍物、天气和外部环境的影响则是它的不足。无线介质和相关传输技术也是计算机网络的重要发展方向之一。

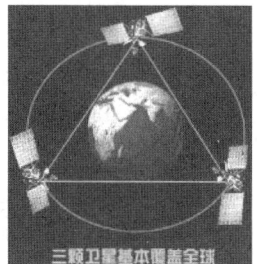

图 7-9　卫星通信

7.3.3　网络互连设备

网络互连是指通过采用合适的技术和设备，将不同地理位置的计算机网络连接起来，形成一个范围、规模更大的网络系统，实现更大范围内的资源共享和数据通信。

（1）中继器

中继器（Repeater）可以扩大局域网的传输距离，它可以连接两个以上的网络段，通常用于同一幢楼里的局域网之间的互连。在 IEEE 802.3 中，MAC（Medium Access Control）协议的属性允许电缆长达 2500m，但是传输线路仅能提供让信号传输 500m 的能量，因此在必要时应使用中继器来延伸电缆的长度。用中继器连接起来的各个网段仍属于一个网络整体，各网段不单独配置文件服务器，它们可以共享一个文件服务器。中继器仅有信号放大和再生的功能，其不需要智能和算法的支持，只是将一端的信号转发到另一端，或者是将来自一个端口的信号转发到多个端口。

（2）集线器

集线器（Hub）可以说是一种特殊的中继器，其作为网络传输介质的中央节点，是信号再生转发的设备。它使多个用户通过集线器端口用双绞线与网络设备连接，一个集线器通常具有 8 个以上的连接端口。这种连接也可以认为是带有集线器的总线结构。集线器上的每个端口互相独立，一个端口的故障不会影响其他端口的状态。集线器分为普通型和交换型，交换型集线器的传输效率比较高，目前用得较多。

集线器根据工作方式的不同可以分为无源集线器（Passive Hub）、有源集线器（Active Hub）和智能集线器。

（3）网桥

网桥（Network Bridge）是用来连接两个具有相同操作系统的局域网络的设备。网桥的作用是扩展网络的距离，减轻网络的负载。网桥有内桥和外桥两种，内桥由文件服务器兼任，外桥是用一台专门的服务器来做两个网络的连接设备。

（4）路由器

路由器（Router）实际上是一台用于网络互连的计算机。在用于网络互连的计算机上运行的网络软件需要知道每台计算机连在哪个网络上，才能决定向什么地方发送数据的分组。选择向哪个网络发送数据分组的过程叫作路由选择，完成网络互连、路由选择任务的专用计算机就是路由器。路由器不仅具有网桥的全部功能，还可以根据传输费用、网络拥塞情况及信息源与目的地的距离远近等不同情况自动选择最佳路径来传送数据。

（5）网关

当需要将采用不同网络操作系统的计算机网络互相连接时，就需要使用网关（Gateway）来完成不同网络之间的转换，因此网关也称为网间协议转换器，如图 7-10 所示。网关工作于 OSI/RM 的会话层、表示层和应用层，用来实现不同类型网络间协议的转换，从而对用户和高层协议提供一个统一的访问界面。网关的功能既可以由硬件实现，也可以由软件实现。网关可以设在服务器、微机或大型机上。

（6）交换机

交换机（Switch）主要用来组建局域网和实现局域网的互连，如图 7-11 所示。交换机的功能类似于集线器，它是一种低价位、高性能的多端口网络设备，除了具有集线器的全部特性外，还具有自动寻址、数据交换等功能。它将传统的共享带宽方式转换为独占方式，每个节点都可以拥有与上游节点相同的带宽。

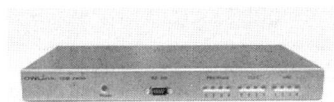

图 7-10　网关

图 7-11　交换机

7.4　因特网的基本技术

7.4.1　因特网概述

1．因特网的概念

因特网是全球性的最具有影响力的计算机互联网，也是世界范围内的信息资源库。因特网最初是一项由美国开发的互联网络工程，但是目前，因特网已经成为覆盖全球的基础信息设施之一。

微课视频

因特网本身不是一种具体的物理网络技术，将其称为网络是网络专家为了便于理解而给它加上的一种"虚拟"的概念。实际上，因特网是把全世界各个地方已有的各种网络，如计算机网络、数据通信网及公用电话交换网等互连起来，组成一个跨越国界范围的庞大互联网，因此它又称为网络的网络。从本质上讲，因特网是一个开放的、互连的、遍及全世界的计算机网络系统，它遵从 TCP/IP，是一个使世界上不同类型的计算机能够交换各类数据的通信媒介，为人们打开了通往世界的信息大门。

2．因特网的基本结构

从因特网结构的角度看，它是一个利用路由器将分布在世界各地数以万计的规模不一的计算机互连起来的网际网。因特网的逻辑结构如图 7-12 所示。

从因特网用户的角度看，因特网是由大量计算机连接在一个巨大的通信系统平台上形成的一个全球范围的信息资源网。接入因特网的主机既可以是信息资源及服务的提供者，也可以是信息资源及服务的使用者。因特网的用户不必关心因特网的内部结构，他们面对的只是因特网所提供的信息资源及服务。

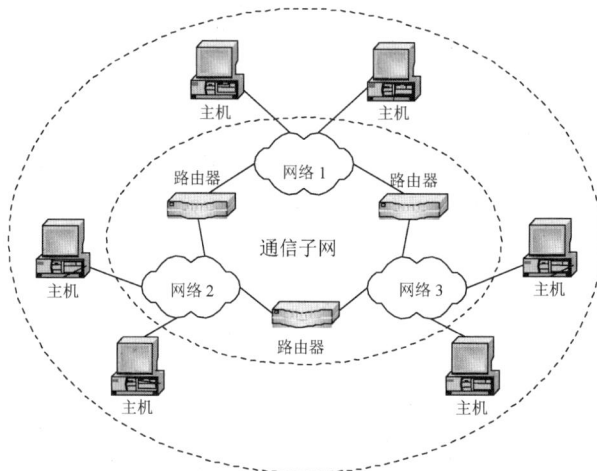

图 7-12　因特网的逻辑结构

3．因特网的发展

因特网的前身是美国国防部高级计划研究署在 1969 年作为军事实验网络而建立的 ARPA 网，建立的最初只有 4 台主机，采用网络控制程序（Network Control Program，NCP）作为主机之间的通信协议。ARPA 网随着计算机数量的增多和应用的扩大逐步民用化。

20 世纪 80 年代初期，用于异构网络的 TCP/IP 研制成功并投入使用。1985 年，美国国家科学基金会（National Science Foundation，NSF）用高速通信线路把分布在全国的 6 个超级计算机中心连接起来构成 NSF 网并与 ARPA 网相连，形成了一个支持科研、教育、金融等各方面应用的广域网。此后几年 NSF 网逐步取代 APAR 网成为因特网的主干网，到了1990 年 APAR 网就完全被淘汰。随着网络技术的不断发展，网络速度不断提高，接入 NSF 网的节点不断增多，从而形成了现在的因特网。

1992 年以前，NSF 网主要用于教育和科研方面。之后，随着万维网的发展，计算机网络迅速扩展到了金融和商业部门；到 1992 年，因特网的网络技术、网络产品、网络管理和网络应用都已趋于成熟，开始步入了实际应用阶段。这个阶段最主要的标志有两个：一是因特网的全面应用和商业化趋势的发展；二是因特网已迅速发展成全球性网络。此时，美国已无法提供巨资来资助因特网主干。1995 年 4 月，NSF 网完成其历史使命，不再作为因特网主干网，替代它的是若干商业公司建立的主干网。

随着因特网技术的成熟，因特网的应用很快从教育科研、政府军事等领域扩展到商业领域，并获得迅速发展。因特网上的众多服务器提供大量的商业信息供用户查询，如企业介绍、产品价格、技术数据等。在因特网上的不少网站知名度越来越高，查询极为频繁，再加上广告的交互式特点，吸引了越来越多的厂家在网上登载广告。

因特网发展极为迅速，现在已经成为一个全球性的网络。从 1983 年开始，接入因特网的计算机数量每年大致增长一倍，呈指数增长。

在全球信息高速公路高速发展的背景下，我国政府也开始推进中国信息基础设施（China Information Infrastructure，CII）的建设。到目前为止，因特网在我国已得到极大的发展。回顾我国因特网的发展，其发展可以分为两个阶段。

第一个阶段是与因特网电子邮件的连通。1988 年 9 月，中国学术网络(China Academic Network，CANET）向世界发送了第一封电子邮件，标志着我国开始进入因特网。CANET 是中国与国外合作的第一个网络，它使用 X.25 技术，通过德国卡尔斯鲁厄大学的一个网络接口与因特网交换E-mail。1990 年，CANET 注册了中国国家最高域名 cn。1990 年，中国研究网络（China Research Network，CRN）建成，该网络同样使用 X.25 技术与国外交换信息，并连接了 10 多个研究机构。

第二个阶段是与因特网实现全功能的 TCP/IP 连接。1989 年，原中国国家计划委员会和世界银行开始支持一个称为国家计算设施（National Computing Facilities of China，NCFC）的项目。该项目包括 1 个超级计算机中心和 3 个院校网络。1994 年 3 月，一个 64 kbit/s 的国际线路开通并连到美国。1994 年 4 月，路由器开通，使 CASnet、Tunet 和 Punet 用户可对因特网进行全方位访问。这标志着我国正式接入了因特网，并于同年开始建立和运行自己的域名体系。此后，因特网在我国如雨后春笋般迅速发展起来。

目前，国内已经建成了具有相当规模的高水平因特网主干网，其中中国公用计算机互联网（CHINANet）覆盖了全国 20 多个省市的 200 多个城市；中国教育与科研计算机网（CERNet）把全国的 240 多所高校互连，使全国的大学教师与学生通过校园网便可畅游因特网；中国科学技术网（CSTNet）连接了中国大部分的科研机构；中国金桥信息网（CHINAGBN）把中国的经济信息以最快的速度展示给全世界；中国联通网（UNINet）与中国网通网（CNCNet）依托通信技术对公众进行多样化的服务。

1997 年 6 月 3 日，中国互联网信息中心（China Internet Network Information Center，CNNIC）在北京成立，并开始管理我国的因特网主干网。CNNIC 的主要职责是为我国互联网用户提供域名注册、IP 地址分配等信息服务。它也提供网络技术资料、政策与法规、入网方法、用户培训资料等信息服务，还提供网络通信目录、主页目录与各种信息库的目录等。

7.4.2 TCP/IP

1．TCP/IP 简介

通信协议是计算机之间交换信息所使用的一种公共语言的规范和约定。因特网的通信协议包含100 多个相互关联的协议，由于 TCP 和 IP 是其中两个最核心的关键协议，故把因特网协议簇称为TCP/IP。

（1）IP

IP 非常详细地定义了计算机通信应该遵循规则的具体细节。它准确地定义了因特网分组的组成和路由器如何将一个分组传递到目的地。

IP 将数据分成一个个很小的 IP 数据包来发送。源主机在发送数据之前，要将 IP 源地址、IP 目的地址与数据封装在 IP 数据包中。IP 地址保证了 IP 数据包的正确传送，其作用类似于日常生活中使用的信封上的地址。源主机在发送 IP 数据包时只需要指明第一个路由器，该路由器根据数据包中的目的 IP 地址决定它在因特网中的传输路径，在经过路由器的多次转发后将数据包交给目的主机。数据包沿哪一条路径从源主机发送到目的主机，用户不必参与，完全由通信子网独立完成。

（2）TCP

TCP 解决了因特网分组交换通道中数据流量超载和传输拥塞的问题，使得因特网上的数据传输和通信更加可靠。具体来说，TCP 解决了在分组交换中可能出现的以下几个问题。

① 当经过路由器的数据包过多而超载时，可能会导致一些数据包丢失。这种情况下，TCP能自动地检测到丢失的数据包并加以恢复。

② 由于因特网的结构非常复杂，一个数据包可以经由多条路径传送到目的地。由于传输路径的多变性，一些数据包到达目的地的顺序会与数据包发送时的顺序不同。此时，TCP 能自动检测数据包原来的顺序并将它们调整过来。

③ 网络硬件的故障有时会导致数据重复传送，使得一个数据包的多个副本到达目的地。此时，TCP 能自动检测出重复的数据包并接收最先到达的数据包。

虽然 TCP 和 IP 也可以单独使用，但事实上它们经常是协同工作、相互补充的。IP 提供了将数据分组从源主机传送到目的主机的方法，TCP 可解决数据在因特网中传送时丢失数据包、重复传送数据包和数据包失序的问题，从而保证了数据传输的可靠性。

TCP 与 IP 协同工作，完成了将信息分割成很小的 IP 数据包来发送的任务。这些 IP 数据包并不需要按一定顺序到达目的地，甚至不需要按同一传输线路来传送。而这些信息无论怎样分割、无论走哪条路径，最终都会在目的地完整无缺地组合起来。

2．TCP/IP 中主要协议的介绍

TCP/IP 实际上是一个协议包，它含有100 多个相互关联的协议，表 7-2 列出了 TCP/IP 各层中的主要协议。

表 7-2　　　　　　　　　　　　　TCP/IP 各层中的主要协议

TCP/IP 模型	主要协议
应用层	DNS、SMTP、FTP、Telnet、Gopher、HTTP、WAIS……
传输层	TCP、UDP、DVP……
网络层	IP、ICMP、ARP、RARP……
接口层	Ethernet、Arpanet、PDN……

常用协议的说明如下。

① DNS（Domain Name System，域名系统）：DNS 实现域名到 IP 地址之间的解析。

② FTP（File Transfer Protocol，文件传输协议）：FTP 是实现主机之间相互交换文件的协议。

③ Telnet（Telecommunication Network，远程登录的虚拟终端协议）：Telnet 是支持用户从本机主机通过远程登录程序向远程服务器登录和访问的协议。

④ HTTP（Hyper Text Transfer Protocol，超文本传输协议）：HTTP 是在浏览器上查看 Web 服务器上超文本信息的协议。

⑤ SMTP（Simple Mail Transfer Protocol，简单邮件传输协议）：SMTP 是服务器端电子邮件服务程序与客户机端电子邮件客户程序要共同遵守和使用的协议，以用于在因特网上发送电子邮件。

7.4.3 IP 地址与域名地址

为了实现因特网上不同计算机之间的通信，每台计算机都必须有一个不与其他计算机重复的地址。该地址相当于通信时每台计算机的名字。在使用因特网的过程中，遇到的地址有 IP 地址、域名地址和电子邮件地址等。

微课视频

1. IP 地址

无论网络拓扑形式如何，也无论网络规模的大小，只要使用的是 TCP/IP，就必须为每台计算机配置 IP 地址。IP 地址是连入因特网设备的唯一标识，这些设备可以是计算机、手机仪器等，因特网上使用 IP 地址来唯一确定通信的双方。

IP 地址体系目前有 IPv4 体系和 IPv6 体系。以下重点介绍 IPv4 体系。

（1）IPv4 地址表示

IP 地址由网络地址和主机地址两个部分组成，如图 7-13 所示。其中，网络地址用来表示一个逻辑网络，主机地址用来标识该网络中的一台主机。

图 7-13 IP 地址的结构

在 IPv4 体系中，每个 IP 地址均由长度为 32 位的二进制数组成（即 4 字节），每 8 位（1 字节）之间用圆点分开，如 11001010.01110001.01111101.00000011。由于用二进制数表示的 IP 地址难以书写和记忆，因此我们通常将 32 位的二进制地址写成 4 个十进制数字字段，书写形式为×××.×××.×××.×××，其中，每个字段×××都在 0～255 之间取值。例如，上述二进制 IP 地址转换成相应的十进制表示形式为 202.113.125.3。

在 IPv4 体系中，IP 地址通常可以分成 A、B、C 三大类。

① A 类地址（用于大型网络）：第 1 个字节标识网络地址，后 3 个字节表示主机地址；A 类地址中第 1 个字节的首位总为 0，其余 7 位表示网络标识，所以 A 类地址是一个形如 0～127.×××.×××.×××的数。对于 A 类地址，它可以容纳的网络数量为 2^7=128；而对于每一个网络来说，能够容纳的主机数量为 2^{24}。A 类地址如图 7-14 所示。

A类地址：0～127.XXX.XXX.XXX

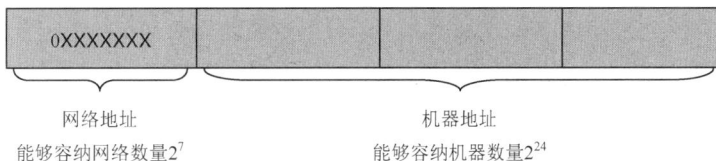

图 7-14 A 类地址

② B 类地址（用于中型网络）：前 2 个字节标识网络地址，后 2 个字节表示主机地址；B 类地址中第 1 个字节的前 2 位为 10，余下 6 位和第 2 个字节的 8 位共 14 位表示网络标识，因此，B 类地址是一个形如 128～191.×××.×××.××× 的数。对于 B 类地址，它可以容纳的网络数量为 2^{14}；而对于每一个网络来说，能够容纳的主机数量为 2^{16}。B 类地址如图 7-15 所示。

B 类地址：128～191.XXX.XXX.XXX

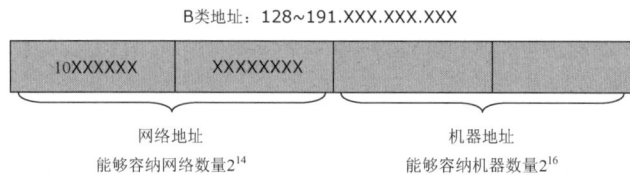

网络地址
能够容纳网络数量2^{14}

机器地址
能够容纳机器数量2^{16}

图 7-15　B 类地址

③ C 类地址（用于小型网络）：前 3 个字节标识网络地址，后 1 个字节表示主机地址；C 类地址中第 1 个字节的前 3 位为 110，余下 5 位和第 2、第 3 个字节的共 21 位表示网络标识，因此，C 类地址是一个形如 192～223.×××.×××.××× 的数。对于 C 类地址，它可以容纳的网络数量为 2^{21}；而对于每一个网络来说，能够容纳的主机数量为 2^8。C 类地址如图 7-16 所示。

C类地址：192～223.XXX.XXX.XXX

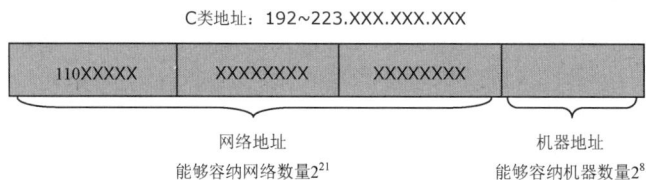

网络地址
能够容纳网络数量2^{21}

机器地址
能够容纳机器数量2^8

图 7-16　C 类地址

例如，IP 地址 166.111.8.248，表示一个 B 类地址；IP 地址 202.112.0.36，表示一个 C 类地址；而 IP 地址 18.181.0.21，表示一个 A 类地址。

此外，IP 地址还有另外两个类别，即组广播地址和保留地址，分别分配给因特网体系结构委员会和实验性网络使用，它们被称为 D 类和 E 类。

④ 当 IP 地址的机器部分全为 1 时，组合出的 IP 地址称为广播地址。向此 IP 发送数据报，此网络内所有机器都会接收到。大量发送广播数据包会严重干扰网络的正常运行（广播风暴），因而目前的交换机和路由器都会禁止此类数据包进入因特网，只在本网络内传播。

⑤ IP地址保留了两个特殊的网段用于进行试验。这两个网段称为保留地址，或者叫作私有地址。路由器不会转发目的地是保留地址的数据包，这些 IP 地址只在本局域网内有效。

- 10.×.×.×——适合大型试验网络。
- 192.168.×.×——适合小型试验网络。

（2）IP 地址的分配

在互联网中，IP 地址的分配是有一定规则的，由因特网网络协会中负责网络地址分配的委员会进行登记和管理。目前全世界有 3 个大的网络信息中心，其中，INTERNIC 主要负责美国，RIPE-NIC 主要负责欧洲地区，APNIC 负责亚太地区。它的下一级为因特网网络的网络管理信息中心，每个网点组成一个自治系统。网络信息中心只给申请成为新网点的组织分配 IP 地址的网络号，主机地址则由申请的组织自己来分配和管理。这种分层管理的方法能够有效防止 IP 地址冲突。

（3）子网与子网掩码

使用子网是为了减少 IP 的浪费。因为随着互联网的发展，越来越多的网络产生，有的网络多则几百台，有的只有区区几台。这样就浪费了很多 IP 地址，所以要划分子网。

子网掩码是一个 32 位地址，是与 IP 地址结合使用的一种技术。它的主要作用有两个：一是用于屏蔽 IP 地址的一部分以区别网络标识和主机标识，并说明该 IP 地址是在局域网上还是在远程网上；二是将一个大的 IP 网络划分为若干小的子网络。

通过 IP 地址的二进制与子网掩码的二进制进行"与"运算，确定某个设备的网络地址和主机号，也就是说通过子网掩码分辨一个网络的网络部分和主机部分。例如，一个机器的 IP 是 202.113.125.125，子网掩码是 255.255.255.0，两者相"与"即可得到网络的地址为 202.113.125.0。

利用子网掩码还可以将一个局域网划分为更小的局域网，从而方便进行管理。例如，一个 C 类网络的网段 202.113.116.0 需要分割为 4 个小网络，每个网络容纳 64 台机器，此时可以使用最后一个字节中的前两位来表示网络号码，这样就可以有 2^2 个网络，后 6 位用于表示机器。这时，对应的子网掩码如下。

- 255.255.255.0：表示的 IP 地址范围是 202.113.116.0～202.113.116.63。
- 255.255.255.64：表示的 IP 地址范围是 202.113.116.64～202.113.116.127。
- 255.255.255.128：表示的 IP 地址范围是 202.113.116.128～202.113.116.191。
- 255.255.255.192：表示的 IP 地址范围是 202.113.116.192～202.113.116.255。

（4）IP 地址匮乏问题

随着因特网接入设备的增多，IPv4 体系的 IP 地址已经所剩无几，加上美国占据了大部分的 IP 地址，严重阻碍了其他国家连入因特网，所以 IP 地址匮乏问题成了目前首要解决的问题。目前的措施有两种：NAT（通过网络地址转换）及转换到 IPv6 体系。

① NAT 的方案。NAT 属于接入广域网技术，它是一种将私有（保留）地址转换为合法 IP 地址的转换技术，被广泛应用于各种类型的因特网接入方式和各种类型的网络中。NAT 不仅完美地解决了 IP 地址不足的问题，还能够有效地避免来自网络外部的攻击，隐藏并保护网络内部的计算机。

在本网络内使用保留地址来组建自己的局域网，通过一个公有有效 IP 来连入因特网。这样，局域网内所有的机器在因特网上呈现为一台机器，但不影响本网络内机器的服务和通信，前提是必须有进行转换的设备，此设备负责将内网数据包包装发送到因特网，并将因特网上接收到的数据包转发给对应的内网机器。此设备可以使用软件模拟，也可以使用硬件设备。

② 转换到 IPv6 体系。IPv6 是能够无限制地增加 IP 网址数量、拥有巨大网址空间和卓越网络安全性能等特点的新一代互联网协议。IPv6 具有如下的技术特点。

- 地址空间巨大：IPv6 地址空间由 IPv4 的 32 位扩大到 128 位，2 的 128 幂次方形成了一个巨大的地址空间。采用 IPv6 地址后，移动电话、冰箱等设备都可以拥有自己的 IP 地址。
- 灵活的 IP 报文头部格式：使用一系列固定格式的扩展头部取代了 IPv4 中可变长度的选项字段。IPv6 中选项部分的出现方式也有所变化，使路由器可以简单略过选项而不做任何处理，加快了报文处理速度。
- IPv6 简化了报文头部格式，字段只有 7 个，加快了报文转发速度，提高了吞吐量。
- 提高安全性。身份认证和隐私权是 IPv6 的关键特性。
- 支持更多的服务类型。
- 允许协议继续演变，增加新的功能，使之适应未来技术的发展。

IPv6 正处在不断发展和完善的过程中，它在不久的将来将取代目前被广泛使用的 IPv4。每个人将拥有更多的 IP 地址。

2. 域名地址

由于用数字描述的 IP 地址不形象、没有规律、难以记忆且使用不便，因此，人们又研制出用字符描述的地址，它被称为域名（Domain Name）地址。

因特网的域名系统是为方便解释机器的 IP 地址而设立的。域名系统采用层次结构，按地理域或机构域进行分层。一个域名最多由 25 个子域名组成，每个子域名之间用圆点隔开，域名从右往左分别为最高域名、次高域名……逐级降低，最左边的一个字段为主机名。

通常一个主机域名地址由 4 个部分组成：主机名、主机所属单位名、网络名和最高域名。例如，一台主机的域名 www.hebut.edu.cn 就是一个由 4 个部分组成的主机域名。

① 最高域名在因特网中是标准化的，代表主机所在的国家或地区，由两个字符构成。例如，cn 代表中国；jp 代表日本；us 代表美国（通常省略）等。

② 网络名是第二级域名，反映组织机构的性质，常见的代码有 edu（教育机构）、com（营利性商业实体）、gov（政府部门）、mil（军队）、net（网络资源或组织）、int（国际性机构）、web（与 WWW 有关的实体）、org（非营利性组织机构）。

③ 主机所属单位名一般表示主机所属域或单位。例如，tsinghua 表示清华大学；hebut 表示河北工业大学等。主机名可以根据需要由网络管理员自行定义。

在最新的域名体系中，允许用户申请不包括网络名的域名，如 www.hebut.cn。

域名与 IP 地址都是用来表示网络中的计算机的。域名是为便于记忆而使用的，IP 地址是计算机实际的地址，计算机之间进行通信连接时是通过 IP 地址进行的。在因特网的每个子网上，有一个服务器称为域名服务器，它负责将域名地址转换（翻译）成 IP 地址。

3. 电子邮件地址

电子邮件地址是因特网上每个用户所拥有的、不与他人重复的唯一地址，同一台主机可以有很多用户在其上注册。电子邮件地址由用户名和主机名两个部分构成，中间用@隔开，如 username@hostname，其中，username 是用户在注册时由接收机构确定的，个人用户的用户名常用姓名，单位用户常用单位名称；hostname 是该主机的 IP 地址或域名，一般使用域名。

例如，user1@mail.hebut.edu.cn 表示一个在河北工业大学的邮件服务器上注册的用户电子邮件地址。

7.5 因特网应用

7.5.1 因特网信息浏览

1. 因特网信息浏览的基本概念

在因特网中通过采用 WWW 方式浏览信息。WWW 是 World Wide Web 的缩写，它是因特网上最早出现的、也是因特网上应用最广泛的一种信息发布及查询服务。WWW 以超文本的形式组织信息，下面介绍有关 WWW 的基本概念。

（1）Web 网站与网页

WWW 实际上就是一个庞大的文件集合体。这些文件称为网页或 Web 页，存储在因特网的成千上万台计算机上。提供网页的计算机称为 Web 服务器，或叫作网站、网点。

（2）超文本与超链接

一个网页会有许多带有下画线的文字、图形或图片等，其被称为超链接。单击超链接，浏览器就会显示出与该超链接相关的网页。这样的链接不但可以连到网页，还可以连到声音、动画、影片等其他类型的网络资源。具有超链接的文本就称为超文本。除文本信息以外，还有语音、图像和视频（或称动态图像）等。在这些多媒体的信息浏览中引入超文本的概念，就是超媒体。

（3）HTML

HTML（Hyper Text Markup Language，超文本标记语言）是为方便服务器制作信息资源（超文本文档）和客户浏览器显示这些信息而约定的格式化语言。可以说，所有的网页都是基于 HTML 编写出来的。使用这种语言可以对网页中的文字、图形等元素的各种属性进行设置，如大小、位置、颜色、背景等，还可以将它们设置成超链接，以用于连到其他的相关网站。

（4）HTTP

为了将网页的内容准确无误地传送到用户的计算机上，在 Web 服务器和用户计算机间必须使用一种特殊的形式进行交流，它就是 HTTP（超文本传输协议）。

用户在阅读网页内容时使用一种称为浏览器的客户端软件。这类软件使用 HTTP 协议向 Web 服务器发出请求，将网站上的信息资源下载到本地计算机上，再按照一定的规则显示到屏幕上，展示图文并茂的网页。

（5）URL

利用 WWW 获取信息时要标明资源所在地。在 WWW 中用 URL（Uniform Resource Locator，统一资源定位器）定义资源所在地，URL 的地址格式如下。

应用协议类型://信息资源所在主机名（域名或 IP 地址）/路径名/…/文件名

例如，地址 http://www.edu.cn/，表示用 HTTP 协议访问主机名为 www.edu.cn 的 Web 服务器的主页；地址 http://www.hebut.edu.cn/services/china.htm，表示用 HTTP 协议访问主机名为 www.hebut.edu.cn 的一个 HTML 文件。

利用 WWW 浏览器还可以完成其他服务功能，如可以采用文件传输协议（FTP），访问 FTP 服务器。例如，ftp://ftp.hebut.edu.cn 表示以协议 FTP 访问主机名为 ftp.hebut.edu.cn 的 FTP 服务器。在 URL 中，常用的应用协议有 HTTP（Web 资源）、FTP（FTP 资源）、Telnet（远程登录）及 FILE（用户机器上的文件）等。

2. 浏览器的使用

用户在因特网中进行网页浏览查询时，需要在本地计算机中运行浏览器应用程序。在 Windows 早期的版本中都自带有 Internet Explorer（IE）浏览器，自 Windows 10 开始，Microsoft 公司推出了 Microsoft Edge 浏览器，目前 Windows 10 自带的浏览器是 Microsoft Edge。不过 Windows 10 在"Windows 附件"中还保留了"Internet Explorer"选项。仍然习惯使用 IE 浏览器的用户，可以通过"开始"菜单，在"Windows 附件"中选中"Internet Explorer"来启动 IE 浏览器。图 7-17 所示为 IE 浏览器窗口。

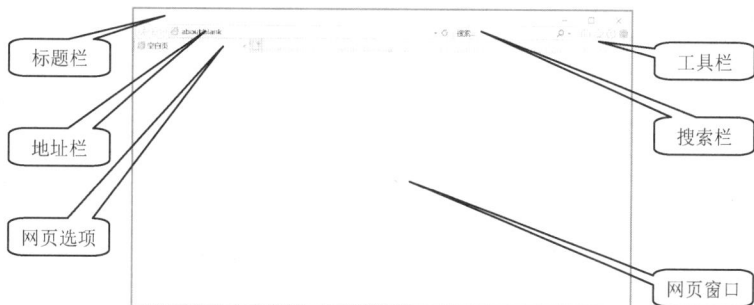

图 7-17　IE 浏览器窗口

通常在计算机上，还会安装有第三方的浏览器，这些浏览器使用起来也很方便。目前，使用比较广泛的浏览器除了 Windows 自带的 IE 或 Edge 浏览器外，还有 360 浏览器、傲游浏览器（Maxthon）、火狐浏览器（Firefox）、谷歌浏览器等。这些浏览器无论使用方法还是设置方法都与 IE 浏览器大同小异，所以我们以 IE 浏览器为例进行介绍。

3. 浏览器的设置

通过设置浏览器能解决很多实际的问题。在浏览器"工具栏"中有齿轮状图标，单击该图标打开"工具"菜单，在其中选择"Internet 选项"命令，可以打开"Internet 选项"对话框。在"常规"选项卡中可以设置浏览器的起始页、删除临时文件、清理历史记录等，还可以管理搜索选项设置、选项卡设置及外观设置功能。其他的选项卡一般应用较少，如在"安全"选项卡中可以针对浏览器设置浏览不同网页时不同的安全等级；在"高级"选项卡中可以设置浏览器的常规选项，也可以针对浏览器的安全做相应的设置。

7.5.2 网上信息的检索

1. 搜索引擎

为了充分利用网上资源，需要能迅速地找到所需的信息，于是出现了搜索引擎。搜索引擎本身并不提供信息，而是致力于组织和整理网上的信息资源，建立信息的分类目录；用户连接上这些站点后通过一定的索引规则，可以方便地查找到所需信息的存放位置。常见的搜索引擎有百度 Baidu、谷歌 Google、360 搜索、搜狗 Sogou、网易 Youdao 等。

早期搜索引擎的查询功能不强，信息归类还需要手工维护。随着因特网技术的不断发展，现在知名的搜索引擎都提供了具有各种特色的查询功能，能自动检索和整理网上的信息资源。这些功能强大的搜索引擎成为访问因特网信息的有效手段，用户访问频率极高，许多搜索引擎已经不是单纯地提供查询和导航服务，而是开始全方位地提供因特网信息服务。

2. 专用搜索引擎

专用搜索引擎（也称垂直搜索）是搜索引擎的发展方向，现在很多网站已经开始专注于某一个领域的专门信息，如旅游信息搜索、美食网站搜索、阅读网站搜索、交友信息搜索、公交信息查询、房产信息查询、健康网搜索等。术业有专攻，这些网站做出了自己的特点后，会使用户形成习惯。一旦提到某个领域，用户就会想到这些专用的搜索引擎。

7.5.3 利用 FTP 进行文件传输

文件传输是指将一台计算机上的文件传送到另一台计算机上。在因特网中通过 FTP 实现文件传输，故通常用 FTP 来表示文件传输这种服务。

1. 文件传输概述

在实际应用中经常需要将文件、资料发布到因特网上或从网上下载文件到本地。这种文件传输方式与浏览 WWW 网页时的信息下载有很大区别。HTTP 协议不能满足用户的这种双向信息传递要求，为此，必须使用支持文件传输的协议，即 FTP。使用 FTP 传送的文件称为 FTP 文件，提供文件传输服务的服务器称为 FTP 服务器。FTP 文件可以是任意格式的文件，如压缩文件、可执行文件、Word 文档等。

为了保证在 FTP 服务器和用户计算机之间准确、无误地传输文件，必须在双方分别装有 FTP 服务器软件和 FTP 客户软件。进行文件传输的用户计算机要可运行 FTP 客户软件，并且要拥有想要登录的 FTP 服务器的注册名和账户。用户启动 FTP 客户软件后，给出 FTP 服务器的地址，并根据提示输入注册名和口令，与 FTP 服务器建立连接，即登录到 FTP 服务器上。登录成功后，就可以开始文件的搜索。查找到需要的文件后就可以把它下载到计算机上，这个过程称为下载文件

（download）；用户也可以把本地的文件发送到 FTP 服务器上，供所有的网上用户共享，这个过程称为上传文件（upload）。

由于大量上传文件会造成 FTP 服务器上文件的拥挤和混乱，所以一般情况下，因特网上的 FTP 服务器会限制用户进行上传文件的操作。事实上，大多数操作还是从 FTP 服务器上获取文件备份，即下载文件。

因特网上的 FTP 服务器数不胜数，它们为用户提供了极为丰富的信息资源。在 FTP 服务器上通常提供共享软件、自由软件和试用软件 3 类软件。

2. 从 FTP 网站下载文件

目前，流行的浏览器软件中都内置了对 FTP 协议的支持，用户可以在浏览器窗口中方便地完成下载工作。通常的方法是在浏览器的地址栏中先输入 "ftp://"，再填写 FTP 服务器的网址，这样就可以匿名访问一个 FTP 服务器。如果使用特定的用户名和密码登录服务器，则可以直接使用的格式为 ftp://username:password@ftpservername，其中 username 和 password 为用户在此服务器上的用户名和密码。

进入 FTP 网页后，窗口中显示所有最高层的文件夹列表。FTP 目录结构与硬盘上的文件夹类似，每一项均包含文件或目录的名称，以及文件大小、日期等信息。用户可以像操作本地文件夹一样，单击目录名称进入子目录。在 FTP 的某个文件目录中，选中要下载的文件，选择 "复制" 命令，然后在本地需要下载该文件的文件夹中选择 "粘贴" 命令。此时，文件即可从 FTP 服务器上复制（下载）到指定的文件夹中。

3. 从 WWW 网站下载文件

为方便因特网用户下载软件，有许多 WWW 网站专门用于搜索最新的软件，并把这些软件分类整理，且附上软件的必要说明，如软件的大小、运行环境、功能简介、出品公司及其主页地址等，使用户能在许多功能相近的软件中寻找符合自己需求的软件并进行下载。

在提供软件下载服务的站点中，一般都有许多共享软件、自由软件和试用软件。在这些软件的下载站点中，软件通常都按照功能进行分类，用户只需要按部就班地找到软件所在的位置，然后单击相应的下载链接，系统就会打开下载对话框。

4. 使用专用工具传输文件

除了浏览器提供的 FTP 文件传输功能外，还有许多使用灵活、功能独特的专用 FTP 工具，如 Thunder（迅雷）、FlashGet、emule（电驴）等。通常这类专用 FTP 工具都有着非常友好的用户界面，可将本地计算机和 FTP 服务器的信息全部显示在同一个窗口中；用户通过鼠标快捷菜单就能完成 FTP 的全部功能，操作简单，使用方便。

专用 FTP 工具还有一个很重要的特点：支持断点续传。在软件的下载过程中，无论是由于外界因素（如断电、电话线断线）还是由于人为因素，都有可能会打断软件的下载，使下载工作前功尽弃。而断点续传软件可以使用户在断点处继续下载，不必重新开始。这样，不必担心下载过程被打断，也可以轻松安排下载时间。因此，借助专用 FTP 工具可以把大软件的下载工作化整为零。

7.5.4　电子邮件的使用

1. 电子邮件概述

电子邮件（E-mail）是基于计算机网络的通信功能来实现通信的技术，是因特网上使用最多的服务之一，是网上交流信息的一种重要工具，也逐渐成为现代生活交往中的重要通信工具。

在因特网上提供电子邮件服务的服务器称为邮件服务器。当用户在邮件服务器上申请邮箱时，邮件服务器就会为这个用户分配一块存储区域，以用于对该用户的信件进行处理。这块存储区域就称作信箱。一个邮件服务器上有很多这样一块一块的存储区域，即信箱，分别对应不同的用户。这些信箱都有自己的信箱地址，即 E-mail 地址。用户通过自己的 E-mail 地址访问邮件服务器中自己的信箱并处理信件。

邮件服务器一般分为通用和专用两大类。通用邮件服务器允许世界各地的任何人进行申请，如果用户接受它的协议条款，就可以在该邮件服务器上申请到免费的电子邮箱。这类服务器中比较有名的有网易、新浪、Hotmail 等。如果需要享受更好的服务，也可以申请付费的电子邮箱。专用的服务器一般是一些学校、企业、集团内部所使用的专供内部员工交流、办公使用的，一般不对外提供任意的申请。

收发电子邮件主要有以下两种方式。

- Web 方式收发电子邮件（也称在线收发邮件）。它通过浏览器直接登录邮件服务器的网页，用户在网页上输入用户名和密码后，进入自己的邮箱进行邮件的处理。大部分用户采用这种方式进行邮件的操作。

- 利用电子邮件应用程序收发电子邮件（也称离线方式）。在本地运行电子邮件应用程序，通过该程序进行邮件收发的工作。收信时，先通过电子邮件应用程序登录邮箱服务器，将服务器上的邮件转到本机上，在本地机上进行阅读。发信时，先利用电子邮件应用程序来组织编辑邮件，然后通过电子邮件应用程序连接邮件服务器，并把写好的邮件发送出去。可以看出，采用这种方式，只在收信和发信时才连接上网，其他时间都不用连接上网。

2. 电子邮件的操作

对于大部分用户来说，一般都采用 Web 方式收发电子邮件。通常 Web 方式收发电子邮件的操作包括以下几项。

- 申请邮箱：用户可以根据自己的喜好，在合适的网站（邮件服务器）中申请邮箱。虽然各网站的申请页面各有不同，但申请的过程大同小异，基本上都是遵守如下流程：登录网站→单击"注册"按钮→阅读并同意服务条款→设置用户名和密码→完成注册→申请成功。

- 写邮件和发邮件：单击"写信"按钮，打开写邮件界面，"收件人"处写上对方的 E-mail 地址，"主题"处写清信件的主题，在邮件内容编辑区输入、编辑邮件的内容。如果想把邮件发给多个用户，可以在收件人处依次写上多个用户的地址或通过抄送将邮件抄送给某人。

- 对收到的邮件进行处理：在"收件箱"中选择需要阅读的邮件并单击邮件的主题，即可打开邮件；阅读邮件后可以将邮件回复、转发，也可以删除邮件。

3. 电子邮件附件操作

附件是电子邮件的重要特色。它可以把计算机中的文件（如文档、图片、文章、声音、动画、程序等）放在附件中进行发送，对方收到信也就收到了你发送的文件。

- 在邮件中插入附件：在写邮件窗口中单击"添加附件"，然后选定需要发送的文件，即可将文件作为附件插入邮件中。如果需要插入的附件不止一个，可以继续单击"添加附件"，然后依次将需要发送的文件插入邮件中。实际上，如果需要传送多个文件，合理的操作是使用压缩文件，将多个文件压缩为一个压缩文件，这样就不必反复进行添加附件的操作了。

- 从接收到的邮件中下载附件：如果收到的邮件带有附件，则在"收件箱"的邮件列表中，该邮件标题后面往往带有"回形针"标记，打开该邮件的阅读窗口，在邮件内容的最后有附件的图标。用鼠标指针指向附件的图标，会出现"下载""打开""预览"和"存网盘"的提示，单击"下载"按钮，即可将附件下载到本地计算机。

第8章
计算机与网络的新技术和新发展

近年来，以移动互联网、云计算、大数据、物联网和人工智能为代表的新兴技术飞速发展，它们改变了人们的生活，人类社会正逐步进入数字新经济时代。为了跟上时代的脚步，了解新技术、新发展，本章介绍了移动互联网、云计算、大数据、物联网和人工智能的基本概念和基础知识。

学习目标

- 了解移动互联网的相关知识。
- 了解云计算的概念和基本知识。
- 了解大数据的相关知识。
- 了解物联网的基本概念和有关知识。
- 学习人工智能的有关知识，了解机器学习的相关概念。

8.1　移动互联网

移动互联网是 PC 互联网发展的必然产物，它将移动通信和互联网二者结合为一体。它既继承了移动通信随时、随地、随身的特点，又充分发挥了互联网开放、分享、互动的优势。它是互联网的技术、平台、商业模式和应用与移动通信技术相结合并实践的活动总称。

移动互联网是一个全国性的、以宽带 IP 为技术核心的，可同时提供话音、传真、数据、图像、多媒体等高品质电信服务的新一代开放电信基础网络。它由运营商提供无线接入，由互联网企业提供各种成熟的应用。

8.1.1　移动互联网的概念

移动互联网相对于互联网而言是新鲜的事物，移动互联网的定义有广义和狭义之分。广义的移动互联网是指用户可以使用手机、笔记本电脑等移动终端通过协议接入互联网；狭义的移动互联网则是指用户使用手机终端通过无线通信的方式访问采用 WAP（Wireless Application Protocol，无线应用协议）的网站。

微课视频

通过移动互联网，人们可以使用手机、平板电脑等移动终端设备浏览新闻，还可以使用各种移动互联网应用，例如在线搜索应用、在线聊天应用、移动网游应用、手机电视应用、在线阅读应用、网络社区应用、在线音乐应用等。目前，移动互联网正逐渐渗透到人们生活、工作的各个领域，微信、支付宝、位置服务等丰富多彩的移动互联网应用迅猛发展，正在深刻改变信息时代的社会生活；近几年，更是实现了 3G 经 4G 到 5G 的跨越式发展。全球覆盖的网络信号，使得身处大洋和沙漠中的用户，仍可随时随地保持与世界的联系。

8.1.2 移动互联网的发展历程

随着移动通信网络的全面覆盖，移动互联网伴随着移动网络通信基础设施的升级换代快速发展。我国 2009 年开始大规模部署 3G 移动通信网络，2014 年又开始大规模部署 4G 移动通信网络；2019 年 6 月，工信部正式向中国电信、中国移动、中国联通、中国广电发放 5G 商用牌照；同年 11 月 1 日，中国移动、中国电信和中国联通三大运营商正式上线 5G 商用套餐。几次移动通信基础设施的升级换代，有力地促进了我国移动互联网的发展，相关服务模式和商业模式也随着互联网的发展不断推陈出新。

整个移动互联网发展历史可以归纳为萌芽、培育成长、高速发展和全面发展等几个阶段，而随着 5G 技术的成熟和商用，一个 5G 的时代也正在开启。

1. 萌芽阶段（2000—2007 年）

萌芽阶段的移动应用终端主要基于 WAP 的应用模式。该时期由于受限于移动 2G 网速和手机智能化程度，中国移动互联网发展处在一个简单的 WAP 应用期。WAP 应用把因特网上的 HTML 信息转换成用 WML（Wireless Markup Language，无线标记语言）描述的信息，显示在移动电话的显示屏上。由于 WAP 只要求移动电话和 WAP 代理服务器的支持，而不要求现有的移动通信网络协议做任何的改动，因而被广泛地应用于 GSM、CDMA、TDMA 等多种网络中。在移动互联网萌芽阶段，利用手机自带的支持 WAP 协议的浏览器访问企业 WAP 门户网站是当时移动互联网发展的主要形式。

2. 培育成长阶段（2008—2011 年）

2009 年我国开启了 3G 时代，3G 移动网络建设掀开了中国移动互联网发展新篇章。随着 3G 移动网络的部署和智能手机的出现，移动网速的大幅提升初步破解了手机上网带宽瓶颈，移动智能终端丰富的应用软件让移动上网的娱乐性得到大幅提升。同时，我国在 3G 移动通信协议中制定的 TD SCDMA 协议得到了国际的认可和应用。

在培育成长阶段，各大互联网公司都在摸索如何抢占移动互联网用户，一些大型互联网公司企图推出手机浏览器来抢占移动互联网用户，还有一些互联网公司则是通过与手机制造商合作，在智能手机出厂的时候，就把企业服务应用（如微博视频播放器等应用）预安装在手机中。

3. 高速发展阶段（2012—2013 年）

进入 2012 年之后，由于移动上网需求大增，安卓智能操作系统大规模商业化应用，传统功能手机进入了一个全面升级换代期。传统手机厂商纷纷效仿苹果模式，推出了触摸屏智能手机和手机应用商店。由于触摸屏智能手机上网浏览方便，移动应用丰富，受到了市场极大欢迎。同时，手机厂商之间竞争激烈，智能手机价格快速下降，千元以下的智能手机大规模量产，推动了智能手机在中低收入人群中的大规模普及应用。

4. 全面发展阶段（2014—2020 年）

移动互联网的发展永远都离不开移动通信网络的技术支撑，而 4G 网络建设将中国移动互联网发展推上快车道。随着 4G 网络的部署，移动上网网速得到极大提高，移动应用场景得到极大丰富。2013 年 12 月 4 日，工信部正式向中国移动、中国电信和中国联通三大运营商发放了 TD-LTE4G 牌照，中国 4G 网络正式大规模铺开。

由于网速、上网便捷性、手机应用等移动互联网发展的外在环境得到了优化，移动互联网应用开始全面发展。桌面互联网时代，门户网站是企业开展业务的标配；移动互联网时代，手机 App 是企业开展业务的标配。4G 网络促使许多公司利用移动互联网开展业务。特别是由于 4G 网速极大提高，实时性要求较高、流量较大、需求较大类型的移动应用快速发展，许多手机应用开始大力推广移动视频应用。

5. 开启 5G 时代（2020 年至今）

5G 是第五代移动通信技术，是 4G 的延伸，它对移动通信提出了更高的要求。随着高速移动时代的开始，互联网的发展也从移动互联网进入智能互联网时代。

AR、VR、物联网等技术的诞生与普及使用户对移动网络的要求越来越高。5G 除了支持移动互联网的发展，还将解决机器海量无线通信的需求，这样也极大促进了车联网、工业互联网等领域的发展。5G 网络不仅传输速率更高，而且在传输中呈现出低时延、高可靠、低功耗的特点，从而能更好地支持物联网应用。

2019 年 3 月 31 日，我国首个行政区域 5G 网络在上海建成并开始试用。2019 年 6 月 6 日，工信部正式向中国电信、中国移动、中国联通和中国广电发放 5G 商用牌照。2019 年 11 月 1 日，中国电信、中国移动、中国联通三大运营商正式上线 5G 商用套餐。放眼全球，5G 网络建设速度最快、质量最高的国家非我国莫属，无论是 5G 标准专利数、5G 网络规模还是连接 5G 的终端设备数，我国都遥遥领先。

我国已开通的 5G 基站数量占到了全球基站总数的 7 成左右，排名世界第一；我国 5G 网络用户数已经占到全球 5G 用户总数的 80% 以上。而考虑到其他国家 5G 网络建设速度相对较慢，我国与其他国家的 5G 建设差距将进一步拉大。

目前全球正经历着百年来未有之大变局，社会经济环境发生了相当复杂的变化，信息通信产业正在形成新的格局，数智化时代即将到来。而我国借助 5G 技术优势，已经在新时代赛道上占得了先机。

8.1.3　移动互联网的组成

相对传统互联网而言，移动互联网强调可以随时随地，并且可以在高速移动的状态中接入互联网并使用应用服务。一般来说，移动互联网与无线互联网并不完全等同，移动互联网强调使用蜂窝移动通信网接入互联网，因此常常特指手机终端采用蜂窝移动通信网接入互联网并使用互联网业务；而无线互联网强调接入互联网的方式是无线接入，除了蜂窝网外还包括各种无线接入技术。

图 8-1 是移动互联网结构图。从图 8-1 中可以看出，移动互联网的组成可以归纳为移动通信网络、移动互联网终端设备、移动互联网应用和移动互联网相关技术四大部分。

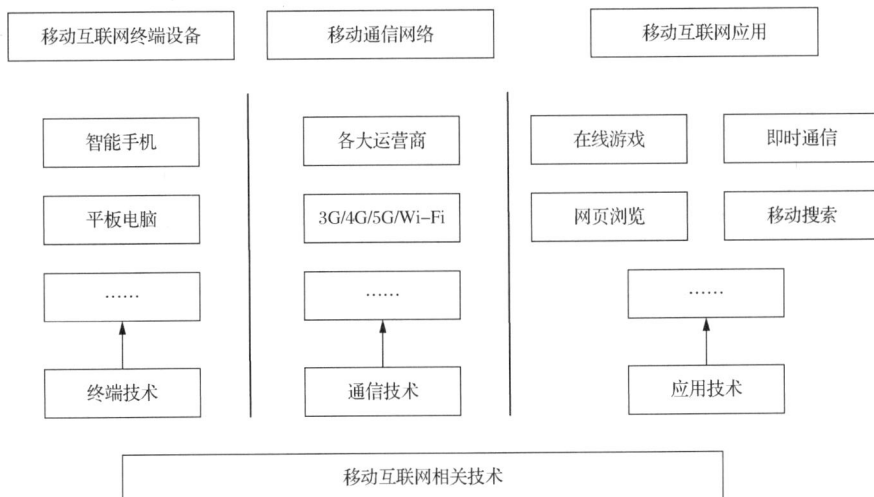

图 8-1　移动互联网结构图

1. 移动通信网络

移动互联网时代无须连接各终端、节点所需要的网线，移动通信网络将无线网络信号覆盖延伸到每个角落，让我们能随时随地接入移动互联网。

2. 移动互联网终端设备

移动互联网终端设备的兴起是移动互联网发展的重要助推器。移动互联网发展到今天，已成为全球互联网革命的新浪潮航标，受到来自全球高新科技企业的强烈关注，并迅速在世界范围内蔓延开来，移动互联网终端设备在其中的作用不可忽视。

3. 移动互联网应用

当我们随时随地接入移动网络时，运用最多的就是移动互联网应用。大量新奇的应用逐渐渗透到人们生活、工作的各个领域，进一步推动着移动互联网的蓬勃发展。丰富多彩的移动互联网应用发展迅猛，正在深刻改变信息时代的社会生活，移动互联网正在迎来新的发展浪潮。主要的移动互联网应用提供的服务有在线游戏、移动视听、移动搜索、移动社区、移动商务、移动支付等。

4. 移动互联网相关技术

移动互联网相关技术总体上分成三大部分，分别是移动互联网终端技术、移动互联网通信技术和移动互联网应用技术。

8.2　云计算

云计算（Cloud Computing）可以将巨大的系统池连接在一起以提供各种信息技术服务，使得超级计算能力通过互联网自由流通成为了可能。企业与个人用户无须再投入昂贵的硬件购置成本，只需要通过互联网来购买和租赁计算服务。

8.2.1　云计算概述

1. 云计算定义

狭义云计算是指信息技术基础设施的交付和使用模式，指通过网络以按需、易扩展的方式获得所需的资源（硬件、平台、软件）。提供资源的网络被称为"云"，"云"中的资源在用户看来是可以无限扩展的，并且可以随时获取，按需使用，随时扩展。

从广义上说，云计算是与信息技术、软件、互联网相关的一种服务。云计算把许多计算资源集合起来，用户通过软件实现自动化管理，其计算资源共享池叫作"云"。也就是说，计算服务作为一种商品，可以在互联网上流通，通过网络以按需、易扩展的方式使用相关服务，就像使用水、电、煤气一样，可以方便地取用，且价格较为低廉。

云计算不是一种全新的网络技术，而是一种全新的网络应用概念。虽然目前有关云计算的定义有很多，但概括来说，云计算的基本含义是一致的，即云计算具有很强的扩展性，可以为用户提供一种全新的体验，云计算的核心是将很多的计算机资源协调在一起，使用户通过网络就可以获取到无限的资源，同时获取的资源不受时间和空间的限制。

2. 云计算发展历程

云计算的概念自提出以来不过十余年的时间，但它已取得了飞速的发展。如今，云计算被视为计算机网络领域的一次革命，因为它的出现，社会的工作方式和商业模式也在发生巨大的变化。

云计算的产生和发展与并行计算、分布式计算等计算机技术密切相关。云计算的历史可以追溯到 1956 年斯特拉奇发表的一篇有关虚拟化的论文，该论文正式提出了虚拟化的概念，而虚拟化正是今天云计算基础架构的核心，是云计算发展的基础。

2006 年 IBM 和 Google 公司联合推出云计算概念。2009—2016 年，云计算功能日趋完善，种类日趋多样，传统企业开始通过扩展、收购等模式，纷纷投入云计算服务中。2016—2019 年，通过深度竞争，主流平台产品出现，市场格局相对稳定，云计算进入成熟阶段。未来云计算将拥有更广阔的发展空间，诞生更多形式的服务和更丰富的应用场景。

在云计算的发展历史上，我国起步虽然稍晚于国外，但发展的势头极为迅猛，很快就位居世界的前列。2008 年，阿里巴巴开始阿里云的建设；2009 年，腾讯开始了腾讯云的建设。之后云计算在我国开始爆发式发展，金山云、天翼云、华为云、京东云等纷纷登场。云计算的发展经历了线性上升的过程，它已成为产业互联网的中流砥柱。

3. 云计算特点

云计算的可贵之处在于高灵活性、可扩展性和高性价比等。与传统的网络应用模式相比，其具有如下特点。

（1）虚拟化

虚拟化突破了时间、空间的界限是云计算最为显著的特点，虚拟化技术包括应用虚拟和资源虚拟两种。由于物理平台与应用部署的环境在空间上是没有任何联系的，因此我们可通过虚拟平台对相应终端完成数据备份、迁移和扩展等操作。

（2）动态可扩展

云计算具有高效的运算能力，在原有服务器基础上增加云计算功能能够使计算速度迅速提高，最终实现对应用进行扩展的目的。

（3）按需部署

计算机包含了许多应用、程序软件等，不同的应用对应的数据资源库不同，所以用户运行不同的应用时需要较强的计算能力来对资源进行部署，而云计算平台能够根据用户的需求快速配备计算能力及资源。

（4）灵活性高

虚拟化要素是统一放在云系统资源虚拟池当中进行管理的。可见，云计算的兼容性非常强，它可以兼容低配置机器、不同厂商的硬件产品。

（5）可靠性高

倘若服务器出现故障，也不影响计算与应用的正常运行。因为单点服务器出现故障可以通过虚拟化技术将分布在不同物理服务器上的应用进行恢复或利用动态扩展功能部署新的服务器进行计算。

（6）性价比高

将资源放在虚拟资源池中统一管理在一定程度上优化了物理资源，用户不再需要昂贵、存储空间大的主机，而是可以选择相对廉价的 PC，这样一方面减少费用，另一方面可以借助云获得不逊于大型主机的计算性能。

8.2.2　云计算的服务模式及类型

1. 云计算的服务模式

根据现在最常用、比较知名的 NIST（National Institute of Standards and Technology，美国国家标准技术研究院）的定义，云计算主要分为以下 3 种服务模式。

（1）SaaS

SaaS（Software as a Service，软件即服务）是一种通过网络提供软件的模式，用户无须购买软件，而是向提供商租用基于 Web 的软件来管理企业经营活动。相对于传统的软件，SaaS 解决方案有明显的优势，如较低前期成本、便于维护及便于快速展开使用。

（2）PaaS

PaaS（Platform as a Service，平台即服务）提供的是服务器平台或者开发环境的服务模式。PaaS 实际上是指将软件研发的平台作为一种服务，以 SaaS 的模式提交给用户。因此，PaaS 也是 SaaS 模式的一种应用。但是，PaaS 的出现可以加快 SaaS 的发展，尤其是加快 SaaS 应用的开发速度。从某种意义上说，PaaS 是 SaaS 的源泉。

在云计算应用的大环境下，PaaS 具有开发简单、部署简单、维护简单等优势。

（3）IaaS

IaaS（Infrastructure as a Service，基础设施即服务）是指消费者通过网络可以从完善的计算机基础设施中获得服务。基于网络的服务（如存储和数据库）是 IaaS 的一部分。

IaaS 最大优势在于它允许用户动态申请或释放节点，按使用量计费。运行 IaaS 的服务器规模达到几十万台之多，因而可以认为用户能够申请的资源几乎是无限的。而 IaaS 是由公众共享的，因而具有更高的资源使用效率。

2. 云计算的类型

（1）公有云

公有云通常指第三方提供商为用户提供的能够使用的云，如阿里云、腾讯云、百度云等。公有云的核心属性是共享资源服务。

（2）私有云

私有云是为一个客户单独使用而构建的，其对数据安全性和服务质量提供最有效的控制。私有云可部署在企业数据中心的防火墙内，也可以将它们部署在一个安全的主机托管场所。

（3）混合云

混合云融合了公有云和私有云的优点。出于安全考虑，企业更愿意将数据存放在私有云中，但是同时又希望可以获得公有云的计算资源，混合云达到了既省钱又安全的目的。

8.3 大数据

8.3.1 大数据相关理论

1. 大数据的定义与特征

大数据是一个宽泛的概念，很多机构和科学家都给出了定义，如麦肯锡（美国知名的咨询公司）给出的大数据定义是：大小超出了常规数据库工具获取、存储、管理和分析能力的数据集。但它同时强调，并不是说一定要超过特定 TB 值的数据集才能算是大数据。而亚马逊的大数据科学家劳泽给出了一个简单的定义：大数据是任何超过了一台计算机处理能力的数据量。

微课视频

简单地说，大数据是指无法在一定时间内用常规软件工具对其内容进行抓取、管理和处理的数据集合。它具有 4 个基本特征：一是数据体量巨大，从 TB 级别跃升到 PB 级别（1PB=1024TB）、EB 级别（1EB=1024PB）或 ZB 级别（1ZB=1024EB）；二是数据类型多样，现在的数据类型不仅是文本形式，更多的是图片、视频、音频、地理位置信息等多类型的数据，个性化数据占绝大多数；三是处理速度快，数据处理遵循"1 秒定律"，可从各种类型的数据中快速获得高价值的信息；

四是价值密度低，商业价值高，以视频为例，连续不间断的监控过程中可能有用的数据仅仅有一两秒。业界将这 4 个特征归纳为 4 个 "V" ——Volume（大量）、Variety（多样）、Velocity（高速）、Value（价值）。

上面几个定义无一例外地都突出了大数据的 "大" 字。诚然 "大" 是大数据的一个重要特征，但远远不是全部。与大数据本身的 "大" 相比，更重要的其实是蕴含在大数据中的价值。因此，在大数据时代要用大数据思维去发掘大数据的潜在价值，以及在多样的或者大量的数据中迅速获取有效信息。大数据的核心能力就是发现规律和预测未来。

2. 大数据的价值

大数据的价值是什么？在投资者眼里就是这些数据所体现的资产。比如，Facebook 上市时，评估机构评定的有效资产中大部分都是其社交网站上的数据。因此，如果把大数据比作一种产业，那么这种产业实现盈利的关键，在于提高对数据的 "加工能力"，通过 "加工" 实现数据的 "增值"。从大数据的价值链条来分析，存在以下 3 种模式。

- 手握大数据，但是没有完全利用。比较典型的是金融机构、电信行业、政府机构等。
- 没有数据，但是知道如何帮助有数据的人利用它。比较典型的是 IT 咨询和服务企业，如 IBM、Oracle 等。
- 既有数据，又有大数据思维。比较典型的是 Google、亚马逊等。

未来在大数据领域最具有价值的是两种事物：一种是拥有大数据思维的人，这种人可以将大数据的潜在价值转化为实际利益；另一种是还未被大数据触及过的业务领域，这些是还未被挖掘的 "金矿"，是 "蓝海"。

8.3.2　大数据的实践

1. 互联网的大数据

互联网上的数据每年增长 50%，每两年便翻一番，而目前世界上 90% 以上的数据是最近几年才产生的。

互联网大数据的典型代表包括：用户行为数据、用户消费数据、用户地理位置数据、互联网金融数据、用户社交数据等。例如，百度拥有两种类型的大数据：用户搜索表征的需求数据、爬虫和阿拉丁获取的公共 Web 数据；阿里巴巴拥有交易数据和信用数据，除此之外还通过投资等方式掌握了部分社交数据、移动数据；腾讯拥有用户关系数据和基于此产生的社交数据。利用这些数据可以分析人们的生活和行为，从中可以挖掘出政治、社会、文化、商业、健康等领域的信息，甚至预测未来。

在美国，除了行业知名的 Google、Facebook 外，还涌现了很多大数据类型的公司，它们专门经营数据产品。据统计，到 2020 年全球已拥有总共 35ZB 的数据量。互联网是大数据发展的前线阵地，目前人们已经习惯了将自己的生活通过网络进行数据化，方便分享、记录和回忆。

2. 政府的大数据

在美国，奥巴马政府（2012 年）曾宣布投资 2 亿美元拉动大数据相关产业发展，将 "大数据战略" 上升为国家意志。奥巴马政府将数据定义为 "未来的新石油"，并表示一个国家拥有数据的规模、活性及解释运用的能力将成为综合国力的重要组成部分，未来对数据的占有和控制甚至将成为陆权、海权、空权之外的另一种国家核心资产。

在我国，政府各个部门都握有构成社会基础的原始数据，比如气象数据、金融数据、信用数据、电力数据、煤气数据、自来水数据、道路交通数据、客运数据、安全刑事案件数据、住房数据、海关数据、出入境数据、旅游数据、医疗数据、教育数据、环保数据等。这些数据在每个政府部门里面看起来是单一的、静态的，但是，如果可以将这些数据关联起来，并对这些数据进行有效的分析和统一管理，这些数据必将获得新生，其价值是无法估量的。

3. 企业的大数据

作为企业来说，最关注的是数据背后能有怎样的信息，企业该做怎样的决策，这一切都需要通过数据来传递和支撑。大数据可以改变企业的影响力，帮助企业获得竞争差异、节省费用、增加利润、将潜在用户转化为用户、增加吸引力、打败竞争对手、开拓用户群并创造市场。

对于企业的大数据，随着数据逐渐成为企业的一种资产，数据产业会向传统企业的供应链模式发展，最终形成"数据供应链"。对于提供大数据服务的企业来说，它们等待的是合作机会。

4. 个人的大数据

简单来说，个人的大数据就是与个人相关联的各种有价值数据信息被有效采集后，可由本人授权提供第三方进行处理和使用，并获得第三方提供的数据服务。

未来，每个用户都可以在互联网上注册个人的数据中心，以存储个人的大数据信息。用户可确定哪些个人数据可被采集，并通过可穿戴设备或植入芯片等感知技术手段来采集个人的大数据，比如牙齿监控数据、心率数据、体温数据、视力数据、记忆能力、地理位置信息、社会关系数据、运动数据、饮食数据、购物数据等。用户可以将这些数据分别授权给相应的机构，由它们监控和使用这些数据，进而为用户制订有针对性的服务计划。

8.4 物联网

8.4.1 物联网概述

1. 物联网的定义

物联网（Internet of Things，IoT）的概念是在1999年提出的，顾名思义，就是"物物相连的互联网"。其有两层含义：第一，物联网的核心和基础仍然是互联网，是在互联网基础上延伸和扩展的网络；第二，其用户端延伸和扩展到了任何物品与物品之间。严格地说，物联网的定义是：通过射频识别（RFID）、红外感应器、全球定位系统、激光扫描器等信息传感设备，按约定的协议，把任何物品与互联网连接起来，进行信息交换和通信，以实现智能化识别、定位、跟踪、监控和管理的一种网络。

物联网把新一代信息技术充分运用在各行各业之中，具体地说，就是把感应器嵌入电网、铁路、桥梁、隧道、公路、建筑、供水系统、大坝、油气管道等各种物体中，然后将"物联网"与现有的互联网整合起来，实现人类社会与物理系统的整合。在这个整合的网络中，存在能力超强的中心计算机群，能够对整合网络内的人员、机器、设备和基础设施实施实时的管理和控制。在此基础上，人类可以以更加精细和动态的方式管理生产和生活，达到"智慧"状态，提高资源利用率和生产力水平，改善人与自然间的关系。

物联网中非常重要的技术是RFID电子标签技术。以简单RFID系统为基础，结合已有的网络技术、数据库技术、中间件技术等，构筑一个由大量联网的阅读器和无数移动的标签组成的、比因特网更为庞大的物联网，已成为RFID技术发展的趋势。物联网用途广泛，遍及智能交通、环境保护、政府工作、公共安全、平安家居、智能消防、工业监测、老人护理、个人健康等多个领域。物联网是继计算机、互联网与移动通信网之后的又一次信息产业浪潮。现在从整体来看，全球物联网相关技术、标准、应用、服务还处于起步阶段，物联网核心技术尚在持续发展，标准体系也在加快构建，产业体系还处于建立和完善过程中。但是未来几年，全球物联网市场规模将出现快速增长，全球物联网将实现大规模普及，年均复合增速将保持在 20% 左右。

2．物联网的特征

与传统的互联网相比，物联网有其以下几个鲜明的特征。

（1）各种感知技术的广泛应用

物联网上部署了海量的多种类型传感器，每个传感器都是一个信息源，不同类别的传感器所捕获的信息内容和信息格式不同。传感器获得的数据具有实时性，按一定的频率周期性地采集环境信息，不断更新数据。

（2）建立在互联网之上

物联网技术的重要基础和核心仍旧是互联网，物联网通过各种有线和无线网络与互联网融合，将物体的信息实时、准确地传递出去。在物联网上的传感器定时采集的信息需要通过网络传输，其数量极其庞大，形成了海量信息。在传输过程中，为了保障数据的正确性和及时性，必须适应各种异构网络和协议。

（3）具有智能处理的能力

物联网不仅仅提供了传感器的连接，其本身也具有智能处理的能力，能够对物体实施智能控制。物联网将传感器和智能处理相结合，利用云计算、模式识别等各种智能技术，扩充其应用领域。物联网从传感器获得的海量信息中分析、加工和处理出有意义的数据，以适应不同用户的不同需求，发现新的应用领域和应用模式。

3．物联网的产生与发展

早在 1999 年，在美国召开的移动计算和网络国际会议就提出：传感网是下一个世纪人类面临的又一个发展机遇。2003 年，美国《技术评论》提出传感网络技术将是未来改变人们生活的十大技术之首；2005 年，在突尼斯举行的信息社会世界峰会（WSIS）上，国际电信联盟（ITU）发布了《ITU 互联网报告 2005：物联网》，正式提出了"物联网"的概念。报告指出，无所不在的"物联网"通信时代即将来临，世界上所有的物体从轮胎到牙刷、从房屋到纸巾都可以通过因特网主动进行交换。RFID、传感器技术、纳米技术、智能嵌入技术将到更加广泛的应用。

2008 年后，为了促进科技发展、寻找经济新的增长点，各国政府开始重视下一代的技术规划，并将目光放到了物联网上。2009 年 1 月 28 日，奥巴马就任美国总统后，与美国工商业领袖举行了一次"圆桌会议"，在这个场合中，IBM 首席执行官彭明盛首次提出"智慧地球"这一概念，建议投资新一代的智慧型基础设施。当年，美国将新能源和物联网列为振兴经济的两大重点。2009 年 2 月 24 日，在 IBM 论坛上，IBM 大中华区首席执行官公布了名为"智慧的地球"的最新策略。

国内物联网产业的发展经历了学习研究、政府推动以及业界应用推广阶段。2012 年工信部制定了《物联网"十二五"发展规划》，2012 年也因此成为了中国物联网整体实施的元年。之后的若干年间，中国物联网产业迎来了非常良好的发展机遇，主要表现在：第一，作为战略性新兴产业的物联网产业得到了国家的高度重视和积极推动；第二，产业界对物联网的发展已不再仅仅停留在概念上，而是正在推出具有广泛市场应用前途的产品和系统，并得到了业内各方面的积极支持；第三，资本市场对物联网产业的发展给予了积极响应和参与；第四，国家各相关部委、各地区都在积极地推出物联网发展计划，出台各类政策措施，切实支持物联网产业的健康发展；第五，国家的信息与通信技术产业在物联网领域已经具备了较好的基础，完全可以支持物联网快速发展。

我国已初步形成分别以环渤海、长三角、珠三角、中西部地区四大物联网产业集聚区为核心的空间格局，在通信、工业、电子等领域的信息化建设和应用方面发展迅速，RFID 产业、智能卡产业发展十分迅猛，积累了丰富的宝贵经验。物联网在中国受到了全社会的极大关注，其受关注程度甚至超过了美国、欧盟及其他各国。

8.4.2　物联网的原理与技术构架

1. 物联网的原理

物联网是在计算机互联网的基础上，利用 RFID、无线数据通信等技术，构造一个覆盖世界上万事万物的网络。在这个网络中，物品（商品）能够彼此进行"交流"，而无须人的干预。其实质是利用 RFID 技术，通过计算机互联网实现物品（商品）的自动识别和物品信息的互联与共享。

RFID 正是能够让物品"开口说话"的一种技术。在"物联网"的构想中，RFID 标签中存储着规范而具有互用性的信息，通过无线数据通信网络可把它们自动采集到中央信息系统，实现物品（商品）的识别，进而通过开放性的计算机网络实现信息交换和共享，实现对物品的"透明"管理。

2. 物联网的技术构架

从技术架构上来看，物联网可分为以下 3 层。

（1）感知层：由各种传感器以及传感器网关构成，如二氧化碳浓度传感器、温度传感器、湿度传感器、二维码标签、RFID 标签和读写器、摄像头、GPS 等感知终端。感知层的作用相当于人的眼、耳、鼻、喉和皮肤等神经末梢，它的主要功能是识别物体、采集信息。

（2）网络层：由各种私有网络、互联网、有线和无线通信网、网络管理系统和云计算平台等组成。它相当于人的神经中枢和大脑，负责传递和处理感知层获取的信息。

（3）应用层：即物联网和用户（包括人、组织和其他系统）的接口。它与行业需求结合，实现物联网的智能应用。

8.4.3　物联网的应用

1. 物联网在智能交通方面的应用

智能交通系统（Intelligent Transportation System，ITS）是将信息技术、通信技术、传感技术及微处理技术等有效地集成运用于交通运输领域的综合管理系统。目标是将道路、驾驶员和交通工具有机结合在一起，建立三者间的动态联系，提高交通运输系统的运行效率和服务水平，为人们提供高效、安全、便捷、舒适的出行服务。共享单车、快速公交、不停车收费系统 ETC、汽车防碰撞预警系统等都属于智能交通方面的应用。

2. 物联网在智能物流方面的应用

智能物流系统（Intelligent Logistics System，ILS）是在智能交通系统相关信息技术的基础上，以电子商务方式运作的现代物流服务体系，通过相关信息技术完成物流作业的实时信息采集，并在一个集成环境下对采集的信息进行分析和处理。智能物流系统通过在各个物流环节中的信息传输，为物流服务提供商和客户提供详尽的信息与咨询服务。

3. 物联网在智能家居方面的应用

智能家居又称为智能住宅，它是以家庭住宅为平台，利用综合布线技术、网络通信技术、安全防范技术、自动控制技术、音频和视频技术，将与家居生活有关的设施集成，构建高效的住宅设施与家庭日常事务的管理，提升家居的安全性、便利性、舒适性，并营造环保节能的居住环境。

4. 物联网在智能农业方面的应用

智能农业是指在相对可控的环境条件下采用工业化生产，实现集约、高效、可持续发展的现代农业生产方式。智能农业集科研、生产、加工、销售于一体，实现周年性、全天候、反季节的企业化规模生产；集成现代化生物技术、农业工程、农用新材料等学科相关技术，以现代化农业设施为依托，实现科技含量高、产品附加值高、土地产出率高和劳动生产率高的农业生产目标。

5. 物联网在医疗健康方面的应用

智能医疗是物联网利用传感器等信息识别技术，通过无线网络实现患者与医务人员、医疗机构、医疗设备间的互动。智能医疗致力于构建以病人为中心的医疗服务体系，可在服务成本、服务质量方面取得一个良好的平衡。建设智能医疗体系能够解决当前看病难、病例记录丢失、重复诊断、疾病控制滞后、医疗数据无法共享、资源浪费等问题，实现快捷、协作、经济、可靠的医疗服务。

6. 物联网在智慧城市方面的应用

智慧城市是智慧地球的重要组成部分，它充分利用物联网、传感网，涉及智能楼宇、智能家居、路网监控、智能医院、城市生命线管理、食品药品管理、票证管理、家庭护理、个人健康与数字生活等诸多领域。

智慧城市的概念最早由 IBM 公司在 2008 年提出。经过多年的探索，中国的智慧城市建设已进入新阶段，一座座更高效、可持续发展的城市正在涌现。数据统计显示，截至 2019 年底，中国已有超过 700 个城市明确提出建设或正在建设智慧城市。

8.5　人工智能基础知识

8.5.1　人工智能概述

人工智能是计算机学科的一个分支，它是在计算机科学、控制论、信息论、神经心理学、哲学、语言学等多种学科研究的基础上发展起来的综合性学科，近 30 年来获得了迅速的发展，在很多学科领域都得到广泛应用，并取得丰硕的成果。

1. 人工智能的诞生、定义和分类

（1）人工智能的诞生

早在人工智能学科还未正式诞生之前的 1950 年，计算机科学创始人之一的英国数学家阿兰·图灵（Alan Turing）就发表了一篇名为《计算机器与智能》的论文，提出了通过测试来评定机器智能的方法，这个测试被后人称为图灵测试。虽然图灵测试对人工智能的发展产生了极为深远的影响，也常被认为是判断机器是否能够思考的标志性试验，但他并没有明确提出"人工智能"这一概念。一般认为现代人工智能（Artificial Intelligence，AI）起源于 1956 年夏季在美国达特茅斯学院召开的一场学术研讨会。参加该研讨会的学者一共有 10 名，其中包括约翰·麦卡锡、马文·明斯基、克劳德·香农、赫伯特·西蒙和艾伦·纽厄尔等。当时这些参会人员大部分还只是名不见经传的青年学者，但在学术上他们却有着很深的造诣，可以称得上是人工智能领域的先驱。在这次研讨会上，约翰·麦卡锡首次提出了人工智能一词。后来，马文·明斯基创建了麻省理工学院人工智能实验室，并于 1969 年获得图灵奖，成为人工智能领域获此殊荣的第一人；约翰·麦卡锡协助创建了斯坦福大学人工智能实验室，并于 1971 年获得图灵奖；赫伯特·西蒙和艾伦·纽厄尔于 1975 年获得图灵奖，提出了"物理符号系统假说"，成为人工智能中影响最大的符号主义学派

的创始人。正因如此，达特茅斯会议才被认为是人工智能发展史上的一个重要节点。自此之后，人工智能也进入了一个大步向前发展的时代。

（2）人工智能的定义

达特茅斯会议上提出了人工智能一词，但并没有给出精确的定义。历史上，人工智能的定义历经多次转变。目前，被大家广泛接受的定义仍有很多种，接受度较高的定义为：人工智能是研究理解和模拟人类智能、智能行为及其规律的一门学科，其主要任务是建立信息处理理论，进而设计出可以展现某些近似于人类智能行为的计算系统。

可以看出，人工智能是基于对人类智能的理解而构造出的具有一定智能的人工系统。人工智能学科主要研究如何应用计算机的软件和硬件来模拟人类智能行为的理论、方法和技术，其研究的目的是让计算机去完成以往需要人类智力才能胜任的工作。

（3）人工智能的分类

人工智能业界普遍把人工智能划分为 3 类：弱人工智能（Artificial Narrow Intelligence，ANI）、强人工智能（Artificial General Intelligence，AGI），以及超人工智能（Artificial Super Intelligence，ASI）。

弱人工智能指的是只专注于处理特定领域问题的人工智能。目前我们看到的所有人工智能算法和应用都属于弱人工智能的领域，它是迄今为止我们唯一成功实现的人工智能类型。弱人工智能并不真正拥有智能，也不会有自主意识。

强人工智能又称通用人工智能或完全人工智能，它指的是可以胜任人类所有工作的人工智能。强人工智能与弱人工智能的最大差别就是是否拥有意识。

超人工智能是一种假想的人工智能，即假定计算机程序通过不断发展，能够比人类还聪明，那么，由此产生的人工智能系统就能够被称为超人工智能。关于超人工智能，目前人们大多都是从哲学或科幻的视点加以解析。

简单地说，弱人工智能不具备意识，强人工智能具备初级意识，而超人工智能的意识等同或超过人类。我们目前所能达到的仅仅是弱人工智能水平，更高阶段的强人工智能和超人工智能我们尚未触及。但可以肯定的是我们当前正处于人工智能时代，随着人工智能技术的不断发展，再辅以基础理论的不断进步，强人工智能，甚至超人工智能会在不远的未来有着更加清晰的轮廓。

2. 人工智能的发展历史

自 1956 年达特茅斯会议上人工智能的概念正式提出以来，人工智能探索的道路曲折起伏。人工智能的发展历程可以总结为以下 6 个阶段。

（1）起步期（1956 年—20 世纪 70 年代中期）

人工智能概念提出后，人工智能迎来了发展史上的第一个小高峰，研究者疯狂涌入，相继取得了一批令人瞩目的研究成果。这一时期美国政府向这一新兴领域投入了大笔资金，大量成功的人工智能程序和新的研究方向不断涌现。

（2）暗淡期（20 世纪 70 年代中后期）

20 世纪 60 年代，人工智能的快速发展极大提升了人们对人工智能的期望，很多研究者开始过于乐观，提出了一些不切实际的研发目标，甚至预言具有完全智能的机器将在 20 年内出现，然而接下来却迎来了接二连三的失败和预期目标的落空。由此公众便开始批评研究人员，许多机构也不断减少对人工智能研究的资助，直至停止拨款，人工智能迎来了第一个寒冬。

（3）发展期（20 世纪 70 年代后期—80 年代末）

1977 年，在第 5 届国际人工智能大会上提出了"知识工程"的概念，知识处理成为人工智能研究的热点，"专家系统"的人工智能程序开始迅速发展。专家系统通过模拟人类专家的知识和经验来解决特定领域的问题，实现了人工智能从理论研究走向实际应用的重大突破。此后，专家系统在医疗、化学、地质等领域广泛应用，人工智能迎来了应用发展的新高潮。

（4）低迷期（20 世纪 80 年代末—90 年代初）

这一阶段人工智能的发展再次遭遇了困难。其一，台式机性能不断提升，其性能已超过了昂贵的 LISP 机，致使人工智能硬件市场需求迅速下跌；其二，随着专家系统应用规模的不断扩大，其不易更新与维护等问题逐渐暴露，实用性也仅局限于某些特定情景，商业上很难获得成功。到 20 世纪 80 年代后期，各机构对人工智能的资助再次大幅度削减，人工智能的研究进入第二个寒冬。

（5）稳健期（20 世纪 90 年代中期—2010 年）

经历了两次低谷，研究者们越来越趋于理性，互联网技术的发展也加速了人工智能的创新研究，人工智能的研究进入了稳健的增长时期。1997 年，IBM 公司的深蓝超级计算机战胜了国际象棋世界冠军卡斯帕罗夫，这是人类国际象棋顶级大师首次在比赛中被计算机击败。1999 年，索尼推出的一款机器人宠物狗 AIBO，AIBO 能够通过与环境、所有者和其他宠物狗的互动来"学习"。2006 年，杰弗里·辛顿提出了基于多层神经网络的深度学习算法，引起业界的广泛关注。2008 年，IBM 公司提出了"智慧地球"的概念。2009 年，Google 公司启动了无人驾驶汽车的研究。

（6）爆发期（2010 年至今）

大数据、云计算、互联网、物联网等信息技术的发展进一步推动了以机器学习为代表的人工智能技术的飞速发展，填充了研究与应用之间的"技术鸿沟"。人工智能技术在图像分类、语音识别、机器翻译、知识问答、人机对弈、无人驾驶等领域实现了从"不能用"到"可以用"的技术突破，迎来了爆发式增长的新高潮。2010 年，Microsoft 公司推出了使用 3D 摄像头和红外探测技术跟踪人体动作的游戏设备。2011 年，苹果公司发布了 Apple iOS 操作系统的虚拟助手 Siri。2013 年，卡内基梅隆大学的研究团队发布了一种可以比较和分析图像关系的语义机器学习系统。2016 年，Google 旗下公司 DeepMind 研发的计算机程序 AlphaGo 击败了围棋九段高手李世石，并于此后一年击败了排名世界第一的围棋冠军柯洁。2017 年，华为公司正式发布全球第一款人工智能移动芯片麒麟 970。2018 年，阿里巴巴公司发布智慧城市系统"杭州城市大脑"2.0 版。2019 年 9 月，图森科技公司在美国亚利桑那州开展了自动驾驶配送货服务。2019 年 10 月，腾讯公司发布了觅影青光眼筛查人工智能系统，辅助临床医生筛查眼底病变等疾病。2019 年 12 月，百度公司发布语音交互硬件产品小度在家 X8，它有远程语音交互、人脸识别、手势控制、眼神唤醒等功能。人工智能近十年的成功应用不胜枚举，我国的研究人员也在人工智能领域取得了许多具有国际领先水平的创造性成果。人工智能作为新一轮产业变革的核心驱动力，不断催生新技术、新产品、新产业的诞生，正以前所未有的速度蓬勃发展。

8.5.2　人工智能主要应用技术

1．计算机视觉与机器视觉

计算机视觉是一门研究如何使机器"看"的科学，属于人工智能中的视觉感知智能范畴。计算机视觉的作用就是要模拟人的大脑的视觉能力。从工程应用的角度来看，计算机视觉就是将从成像设备中获得的图像或者视频进行处理、分析和理解。由于人类获取的信息 83%来自视觉，因此计算机视觉的理论研究与应用也成为人工智能最热门的方向之一。计算机视觉的基础研究包括图像分类、目标检测、图像语义分割、目标定位与跟踪等四大核心技术。

机器视觉也属于计算机视觉的范畴，但在实现原理及应用场景上还是有很大的不同。机器视觉更多应用在工业领域，其目标是通过图像摄取装置将被检测的目标转换成图像信号，并对这些信号进行各种运算来抽取目标的特征，从而实现自动识别的功能。机器视觉广泛应用于食品和饮料、化妆品、建材和化工、金属加工、电子制造、包装、汽车制造等行业。

2. 智能语音处理

智能语音处理是一门研究如何对语音进行理解、如何将文本转换成语音的学科，属于感知智能范畴。从人工智能的视角来看，智能语音处理就是要赋予机器"听"和"说"的智能。从工程的视角来看，理解语音就是用机器自动实现人类听觉系统的功能；文本转换成语音就是用机器自动实现人类发音系统的功能。类比人的听说系统，录音机等设备就是机器的"耳朵"，音箱等设备就是机器的"嘴巴"。智能语音处理的目标就是要实现人类的听觉能力和说话能力。

智能语音处理依赖智能语音技术，智能语音技术以语音识别技术和语音合成技术为代表，是研究语音发声过程、语音信号的统计特性、语音的自动识别、机器合成及语音感知等各种处理技术的总称。

3. 自然语言处理

自然语言处理是指用计算机对自然语言的形、音、义等信息进行处理，即对字、词、句、篇章进行输入、输出、识别、分析、理解、生成等操作和加工。它是计算机科学领域与人工智能领域中的一个重要方向，它研究能实现人与计算机之间用自然语言进行有效通信的各种理论和方法。自然语言处理的具体表现形式包括机器翻译、文本摘要、文本分类、文本校对、信息抽取等。自然语言处理的几个核心环节包括知识的获取与表达、自然语言理解、自然语言生成等。

8.5.3　人工智能的应用

人工智能的应用包括智慧医疗、智慧金融、智慧教育、智能电商、智能政务、智能安防等。

（1）智慧医疗

人工智能在医疗领域的应用，意味着人们可以得到更为普惠的医疗救助，获得更好的诊断。未来人工智能将在智能诊疗、医学影像智能识别、医疗机器人、药物智能研发、智能健康管理等至少5个方面影响医疗领域。人工智能还将为智慧医疗产业带来更深刻的变化，让医疗产业链得以进一步优化，使未来更加值得期待。

（2）智慧金融

目前在金融投资管理、算法交易、欺诈检测、保险承销等方面，人工智能都已获得了很好的应用。得益于金融领域容量大、历史数据准确和可量化等特点，它非常适合与人工智能技术结合。未来人工智能在金融领域还会有更大的发展前景，如为客户提供语音服务，使用人脸识别、语音识别或其他生物识别技术来确保用户的安全，利用情感分析和新闻分析为金融投资提供服务，以更加个性化和精准化的智能应用为客户进行金融产品的销售和推荐。

（3）智慧教育

人工智能在教育领域的应用，极大地影响了教育行业的发展。在教学过程中，人工智能为智慧教育提供了很多的技术支撑，在个性化学习、虚拟导师、教育机器人、场景式教育、拍照搜题、智能作业批改等方面已经获得了很好的应用。随着互联网教育的兴起和人工智能技术的不断进步，现如今人工智能技术渗透到了教育行业许多领域和方面，除了上面的几种应用外，人工智能技术还可以用于自动化辅导与答疑、智能测评、智能教育决策等方面。随着计算机视觉、语音识别、人机交互等技术的不断发展，未来的人工智能技术必定会给教育行业带来广泛而深刻的影响。

（4）智能电商

在电子商务领域，人工智能技术已逐渐发展成为助推销量增长和优化电子商务运营的强大工具。目前，人工智能在电商领域的应用主要体现在智能客服机器人、推荐引擎、图片搜索、库存智能预测、智能分拣、趋势预测、商品定价等几个方面。随着人工智能的发展，人工智能对电子商务中的交易、客户维系、客户满意度监测等方面正在产生越来越大的影响。我们有理由相信，人工智能技术必将成为电商变革的重要助推力。

（5）智能政务

目前人工智能技术已经逐渐在政务公共服务领域得到应用，人工智能在政务公共服务领域的应用不仅提升了决策的科学性，也改善了服务的主动性和针对性，有效解决了政府公共服务领域人力资源紧张的问题，提高了公共服务的效率，同时促进了公共服务透明化，改善了与用户之间的交流沟通，使人民群众感受到更多获得感、幸福感和安全感。未来，人工智能技术在政务公共服务领域还需要在政务服务辅助决策、政民互动系统、公共服务质量管理系统、人工智能自助政务服务终端等方面开展更多的工作。

（6）智能安防

在安防领域，随着平安城市建设的不断推进，安防正在从传统的被动防御向主动判断、预警发展，行业也从单一的安全领域向多行业应用、提升生产效率、提高生活智能化程度，提供智能化解决方案等方向发展。随着安防领域的发展，人工智能的重要作用正逐步显现。人工智能技术的迅猛发展，也积极推动着安防领域向更智能化、更人性化的方向前进，主要体现在公安行业的应用、交通行业的应用、智能楼宇的应用、工厂园区的应用、民用安防的应用等几个方面。

第9章
计算思维与程序算法

随着信息化的全面深入，计算思维已经成为人们认识和解决问题的重要基本能力之一。它也是所有受教育者应该具备的能力，因为这种思维蕴含着一整套解决一般问题的方法与技术。

本章首先介绍计算思维的基本知识，然后介绍算法的基本概念、算法的表示方法，讲解常用算法的设计方法，最后介绍程序设计语言基础知识与程序设计语言中的流程控制结构。通过本章的学习，读者应对程序设计的算法及程序设计有一个初步的认识。

学习目标

- 了解计算思维的内容，理解计算思维定义、方法与特征的相关知识。
- 理解计算思维能力培养的意义。
- 了解算法的基本概念，了解算法的表示方法，掌握用流程图描述算法的方法。
- 理解算法设计的基本方法，掌握常用算法的表示方法。
- 了解程序设计语言的发展历程，了解语言处理系统的知识。
- 了解高级语言程序的基本概念，掌握数据描述、表达式等相关知识。
- 掌握程序设计语言中的流程控制结构。

9.1　计算思维

9.1.1　计算思维的提出

计算思维不是今天才有的，从我国古代的算筹、算盘，到近代的加法器、计算器及现代的电子计算机，再到目前风靡全球的互联网和云计算，无不体现着计算思维的思想。可以说，计算思维是一种早已存在的思维活动，是每一个人都具有的一种能力，它推动着人类科技的进步。然而，在相当长的时期里，计算思维并没有得到系统的整理和总结，也没有得到应有的重视。

计算思维一词作为概念被提出最早见于20世纪80年代美国的一些相关的杂志上，我国学者在20世纪末也开始了对计算思维的关注。当时主要的计算机科学领域的专家、学者对此进行了讨论，认为计算思维是思维过程或思维功能的计算模拟方法论，对计算思维的研究能够帮助人们达到人工智能的较高目标。

可见，"计算思维"这个概念在20世纪90年代就出现在领域专家、教育学者等的讨论中了，但是当时并没有对这个概念进行充分的界定。直到2006年周以真教授在 *Communications of the ACM* 期刊上发表 *Computational Thinking* 一文，对计算思维进行了详细的阐述和分析，这一概念才获得国内外学者、教育机构、业界公司，甚至政府层面的广泛关注，成为进入 21 世纪以来计算机及相关领域的讨论热点和重要研究课题之一。2010 年 10 月，中国科学技术大学陈国良院士在"第六届大学计算机课程报告论坛"上倡议将计算思维引入大学计算机基础教学，计算思维开始得到国内计算机基础教育界的广泛重视。

9.1.2　科学方法与科学思维

科学界一般认为，科学方法分为理论科学、实验科学和计算科学三大类，它们是当今社会支持科学探索的 3 种重要途径。与三大科学方法相对的是 3 种思维形式，即理论思维（Theoretical Thinking）、实验思维（Experimental Thinking）和计算思维（Computational Thinking），其中，理论思维以数学为基础，实验思维以物理等学科为基础，计算思维以计算机科学为基础。三大科学思维构成了科技创新的三大支柱，如图 9-1 所示。作为三大科学思维支柱之一，计算思维又称构造思维，它是从具体的算法设计规范入手，通过算法过程的构造与实施来解决给定问题的一种思维方法。它以设计和构造为特征，以计算机学科为代表。计算思维就是思维过程或思维功能的计算模拟方法，其研究的目的是提供适当的方法，使人们能借助现代和将来的计算机，逐步实现人工智能的较高目标。计算思维具有鲜明时代特征，正在引起国家的高度重视。

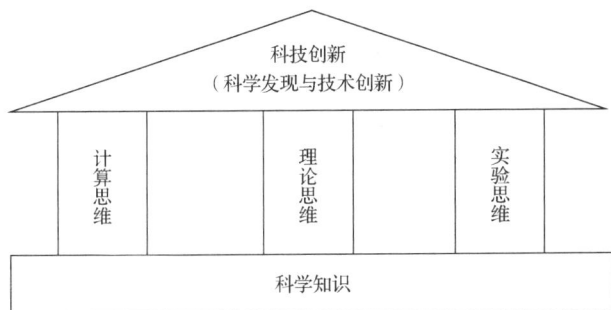

图 9-1　科技创新三大支柱

9.1.3　计算思维的内容

1. 计算思维的概念性定义

计算思维的概念性定义主要来源于计算科学这样的专业领域。它从计算科学出发，与思维或哲学学科交叉形成思维科学的新内容。计算思维的概念性定义主要包含以下两个方面。

（1）计算思维的内涵

按照周以真教授的观点，计算思维是运用计算机科学的基础概念进行问题求解、系统设计及人类行为理解等的一系列思维活动。计算思维建立在计算过程的能力和限制之上，由人或机器执行。计算思维的本质是抽象（Abstraction）和自动化（Automation）。抽象的意义是要求能够对问题进行抽象表示和形式化表达，对问题求解过程进行精确、可行的设计，并以程序（软件）作为方法和手段对求解过程予以"精确"实现。也就是说，抽象的最终结果是能够机械地一步步自动执行。

（2）计算思维的要素

周以真认为计算思维补充并结合了数学思维和工程思维，他在研究中提出体现计算思维的重点是抽象的过程。教育部高等学校教学指导委员会提出的计算思维表达体系包括计算、抽象、自动化、设计、通信、协作、记忆和评估 8 个核心概念。ISTE（International Society for Technology in

Education，国际教育技术协会）和 CSTA（Computer Science Teachers Association，美国计算机科学教师协会）在研究中提出的计算思维要素则包括数据收集、数据分析、数据展示、问题分解、抽象、算法与程序实现、自动化实现、仿真、并行。CSTA 的报告中提出了模拟和建模的概念。美国离散数学与理论计算研究中心（DIMACS）认为，计算思维中应包含提高计算效率、选择适当的方法来表示数据、做估值、使用抽象、分解、测量和建模等。

2. 计算思维的操作性定义

计算思维的操作性定义主要包括以下几个方面。

（1）计算思维是问题解决的过程

"计算思维是问题解决的过程"这一认识是对计算思维被人所掌握之后，在行动或思维过程中表现出来的形式化的描述，这一过程不仅能够体现在编程过程中，还能体现在更广泛的情境中。周以真认为计算思维是制订一个问题及其解决方案，并使之能够通过计算机（人或机器）有效地执行的思考过程。国际教育技术协会（ISTE）和美国计算机科学教师协会（CSTA）于 2011 年联合发布了计算思维的操作性定义，认为计算思维作为问题解决的过程，包括（但不限于）以下步骤。

① 界定问题，该问题应能运用计算机或其他工具协助解决。

② 符合逻辑地组织和分析数据。

③ 通过抽象（如模型、仿真等方式）再现数据。

④ 通过算法思想（一系列有序的步骤）形成自动化解决方案。

⑤ 识别、分析和实施可能的解决方案，从而找到最优方案。

⑥ 将该问题的求解过程进行推广并移植到更多的问题中。

由此可见，作为问题解决的过程，计算思维先于任何计算技术早已被人们所掌握。在信息时代，计算思维能力的展示遵循最基本的问题解决过程，同时这一过程需要能被人类的新工具（即计算机）所理解并能有效执行。因此，计算思维决定了人类能否更加有效地利用计算机拓展能力，它是信息时代最重要的思维形式之一。

（2）计算思维要素的具体体现

计算思维作为问题解决的过程不仅需要利用数据和大量计算科学的概念，还需要调度和整合各种有效思维要素。思维要素作为理论研究和应用研究的"桥梁"，提炼于理论研究，服务于应用研究，抽象的计算思维概念只有分解成具体的思维要素才能有效地指导应用研究与实践。

（3）计算思维体现出的素质

素质是指人与生俱来的及通过后天培养、塑造、锻炼而获得的身体上和人格上的性质特点。它是对人的品质、态度、习惯等方面的综合概括。具备计算思维的人在面对问题的时候，除了使用计算思维能力加以解决之外，在解决的过程中还常常会表现出以下几个方面的素质。

① 处理复杂情况的自信。

② 处理难题的毅力。

③ 对模糊/不确定因素的容忍。

④ 处理开放性问题的能力。

⑤ 与其他人一起努力达成共同目标的能力。

计算思维能力能够改变或者促成人们某些特定的素质，从而从另一层面影响人们在实际生活中的表现。这些素质实际上描绘了一个高度发达的信息社会中合格公民的形象。

以上 3 个方面共同构成了计算思维的操作性定义。操作性定义明确了计算思维这个抽象概念的具体体现（包括能力和品质），使这一概念可观测、可评价，从而直接为教育培养过程提供有效的参考。

3. 计算思维的表现形式

随着信息技术的发展，人类从农业社会、工业社会步入了信息社会。这样不仅意味着经济、文化的发展，同时也意味着人类思维形式发生了巨大的变化。除了"计算思维"概念外，人们还提出了"网络思维""互联网思维""移动互联网思维""数据思维""大数据思维"等新的思维形式概念。如果将概念性定义和操作性定义组成的计算思维称为狭义计算思维，则由信息技术带来的更广泛的新思维形式可被称为广义计算思维或信息思维。作为当代的大学生，除了需要具备计算机基础知识和基本操作能力以外，还应该以这些知识能力为载体，在广义和狭义的计算思维能力上得到发展。

计算思维作为抽象的思维能力，不能被直接观察到，计算思维能力融合在解决问题的过程中，其具体的表现形式有如下两种。

① 运用或模拟计算机科学与技术（信息科学与技术）的基本概念、设计原理，模仿计算机专家（科学家、工程师）处理问题的思维方式，将实际问题转换（抽象）为计算机能够处理的形式（模型）进行问题求解的思维活动。

② 运用或模拟计算机科学与技术（信息科学与技术）的基本概念、设计原理，模仿计算机（系统、网络）的运行模式或工作方式，进行问题求解、创新创造的思维活动。

4. 计算思维的方法与特征

计算思维方法是在吸取了问题解决所采用的一般数学思维方法、现实世界中巨大复杂系统设计与评估的一般工程思维方法，以及智能、心理、人类行为等领域一般科学思维方法的基础上所形成的。周以真教授将其归纳为如下 7 类方法。

① 计算思维是通过嵌入、转换和仿真等方法，把看来困难的问题重新阐释成已知问题的思维方法。

② 计算思维是一种递归思维，是一种并行处理、把代码译成数据又能把数据译成代码、多维分析推广的类型检查方法。

③ 计算思维是一种借助抽象和分解来控制庞杂的任务或进行巨大复杂系统设计的方法。

④ 计算思维是一种选择合适的方式去陈述一个问题或对一个问题进行建模以使其易于处理的思维方法。

⑤ 计算思维是按照预防、保护的原则，通过冗余、容错、纠错的方式，从最坏情况进行考虑，进行系统恢复设计的一种思维方法。

⑥ 计算思维是利用启发式推理寻求解答，即在不确定情况下规划、学习和调度的思维方法。

⑦ 计算思维是利用海量数据来加快计算，在时间和空间之间、在处理能力和存储容量之间进行平衡的思维方法。

周以真教授以计算思维是什么和不是什么的描述形式对计算思维的特征进行了总结，如表 9-1 所示。

表 9-1　　　　　　　　　　　　计算思维的特征

计算思维是什么	计算思维不是什么
是概念化的	不是程序化的
是根本的	不是刻板的技能
是人的思维	不是计算机的思维
是思想	不是人造物
是数学与工程思维的互补与融合	不是空穴来风
是面向所有人的	不局限于计算学科

9.1.4 计算思维能力的培养

1. 社会的发展要求培养计算思维能力

随着信息化的全面深入，计算机在生活中已经无处不在且无可替代，而计算思维的提出和发展帮助人们正视人类社会这一深刻的变化，并引导人们借助计算机的力量来进一步提高解决问题的能力。在当今社会，计算思维已经成为人们认识和解决问题的重要基本能力之一。一个人若不具备计算思维能力，就会在就业竞争中处于劣势；一个国家若不推动广大受教育者接受计算思维能力的培养，在激烈竞争的国际环境中将处于落后地位。计算思维不仅是计算机专业人员应该具备的能力，还是所有受教育者应该具备的能力，它蕴含着一整套解决一般问题的方法与技术。为此需要大力推动计算思维观念的普及，在教育中应该提倡并注重计算思维的培养，促进对学生计算思维能力的培养，使学生具备较好的计算思维能力，进而提高国家在未来国际环境中的竞争力。

2. 大学要重视运用计算思维解决问题的能力

当前大学开设的计算机基础课程的教学目标是让学习者具备基本的计算机应用技能，因此，大学计算机基础教育的本质仍然是计算机应用的教育。为此，需要在目前的大学计算机基础课程基础上强调计算思维的培养。通过融合计算机基础教育与计算思维，在进行计算机应用教育的同时，可以培养学生的计算思维意识，帮助学生获得更有效的应用计算机的思维方式。

所有接受计算机基础教育的学生，应以计算机应用为目标，通过计算思维能力的培养更好地服务于其专业领域的研究；以研究计算思维为目标的学习者（如计算机专业、哲学类专业研究人员），需要更深入地进行计算思维相关理论和实践的研究。

9.2 算法设计

9.2.1 算法的基本概念

什么是算法呢？算法（Algorithm）就是一组有穷的规则，它规定了解决某一特定问题的一系列运算。通俗地说，为解决问题而采用的方法和步骤就是算法。本书中讨论的算法主要是指计算机算法。

1. 算法的基本特征

（1）确定性（Definiteness）

在算法的设计中，算法的每个步骤必须要有确切的含义，不允许有模糊的解释，也不能有多义性，即每个操作都应当是清晰的、无二义性的。

微课视频

（2）有穷性（Finiteness）

算法的有穷性是指在一定的时间内能够完成，即一个算法应包含有限的操作步骤且在有限的时间内能够执行完毕。

（3）有效性（Effectiveness）

算法中的每个步骤都应当能有效地执行，并得到确定的结果。

（4）有零个或多个输入（Input）

在算法执行的过程中需要从外界取得必要的信息，即输入必要的数据，并以此为基础解决某个特定问题。零个输入是指算法也可以没有输入，此时就需要算法本身给出必要的初始条件（初值）。

（5）有一个或多个输出（Output）

设计算法的目的就是要解决问题，算法的计算结果就是输出。没有输出的算法是毫无意义的。一个算法有一个或多个输出，以反映对输入数据加工后的结果。通常，输入不同，会产生不同的输出结果。

2．算法的基本要素

算法由运算和操作、控制结构两个要素组成。

（1）运算和操作

通常，计算机可以执行的基本操作是以指令的形式描述的。一个计算机系统能执行的所有指令的集合称为该计算机系统的指令系统。计算机程序就是按解题要求从计算机指令系统中选择合适的指令所组成的指令序列。在一般的计算机系统中，对数据对象基本的运算和操作有算术运算、关系运算、逻辑运算、数据传输 4 类。

（2）控制结构

算法的功能不仅取决于所选用的运算和操作，还与各运算和操作之间的顺序有关。在算法中，各运算和操作之间的执行顺序又称算法的控制结构。算法的控制结构给出了算法的基本框架，其不仅决定了算法中各操作的执行顺序，也直接反映了算法的设计是否符合结构化原则。

一般的算法控制结构有 3 种：顺序结构、选择结构和循环结构。描述算法的工具通常有传统流程图、N-S 结构图和算法描述语言等。

9.2.2　算法的表示方法

设计出一个算法后，为了存档，以便将来算法的维护或优化，或者为了与他人交流，让他人能够看懂、理解算法，需要使用一定的方法来描述、表示算法。算法的表示方法很多，常用的有自然语言、流程图、N-S 结构流程图和伪代码。

1．自然语言

自然语言（Natural Language）就是人们日常生活中使用的语言，如中文或其他语言，用自然语言来描述算法就是算法的自然语言表示。

【例 9-1】用自然语言来描述输入矩形两条边长的值，求矩形的面积和周长的算法。其中假设 a、b 代表矩形两条边长的值，s、l 分别代表矩形的面积和周长。

【解】

Step1：分别输入两条边长的值给 a、b。

Step2：计算矩形面积 $s=a*b$。

Step3：计算矩形周长 $l=2*(a+b)$。

Step4：依次输出面积 s 和周长 l。

使用自然语言描述算法的优点是通俗易懂，没有学过算法相关知识的人也能够看懂算法的执行过程。但是，自然语言本身所固有的不严密性使得这种描述方法存在很多缺陷。

2．流程图

流程图（Flow Chart）是一种传统的、广泛应用的算法描述工具，也是最常见的算法图形化表达工具。流程图利用几何图形的图框来代表各种不同的操作，用流程线来指示算法的执行方向。与自然语言相比，流程图可以清晰、直观、形象地反映控制结构的过程。常见的流程图符号见表 9-2。

表 9-2   常见的流程图符号

符号名称	图形	功能
起止框	⬭	表示算法的开始或结束
处理框	▭	表示一般的处理操作，如计算、赋值等
判断框	◇	表示对一个给定的条件进行判断
流程线	→ 或 ↓	用流程线连接各种符号，表示算法的执行顺序
输入/输出框	▱	表示算法的输入/输出操作
连接点	○	成对出现，同一对连接点内标注相同的数字或文字，用于将不同位置的流程线连接起来，避免流程线的交叉或过长
注释框	- - - [	对当前步骤进行必要的注释、说明

【例 9-2】使用流程图来描述输入矩形的两条边长，求矩形的面积和周长的算法，其中假设 a、b 代表矩形的两条边长；s、l 分别代表矩形的面积和周长。

【解】这个算法首先要输入矩形的两条边长 a、b，然后根据求矩形面积和周长的计算公式，计算面积 a 和周长 l，最后将结果输出。具体流程图如图 9-2 所示。

从例 9-2 可以看出，使用流程图描述算法，简单、直观，流程清晰，易看易懂，能够比较清楚地显示出各个步骤之间的逻辑关系，因此流程图是一种描述算法的好工具。

为了提高算法的质量，便于阅读理解，人们规定了 3 种基本结构，算法结构可由这些基本结构按一定规律组成。

（1）顺序结构

顺序结构是最简单、最常用的一种结构，如图 9-3 所示。图 9-3 中操作 A 和操作 B 按照出现的先后顺序依次执行。

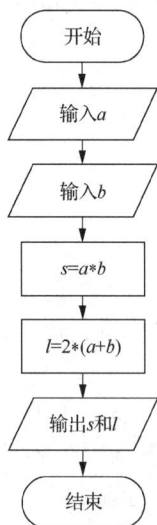

图 9-2 求矩形面积和周长算法流程图

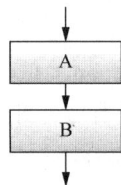

图 9-3 顺序结构

上面例 9-2 就是一个顺序结构的算法，操作按照算法的流程，自上而下，依次执行。

（2）选择结构

选择结构又称为分支结构，如图 9-4 所示。这种结构在处理问题时根据条件进行判断和选择。图 9-4（a）是一个"双分支"选择结构，如果条件 p 成立则执行处理框 A，否则执行处理框 B；图 9-4（b）是一个"单分支"选择结构，如果条件 p 成立则执行处理框 A，否则直接退出结构。

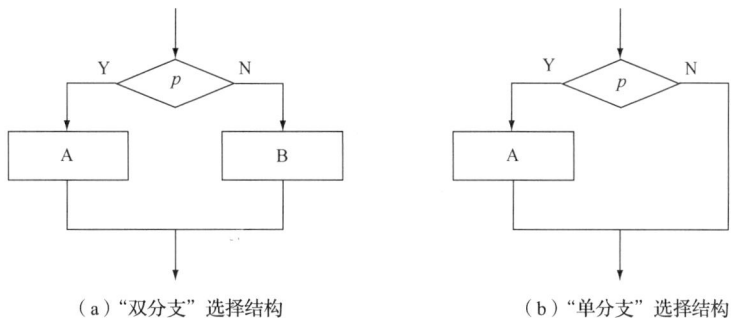

（a）"双分支"选择结构　　　　　　　　（b）"单分支"选择结构

图 9-4　选择结构流程图

【例 9-3】输入 x，计算分段函数 y 的值并输出。使用流程图描述其算法。

$$y = \begin{cases} 3x^2 - 1 & x \geqslant 0 \\ 2x + 3 & x < 0 \end{cases}$$

【解】y 为分段函数，根据 x 值的不同，使用两个公式计算 y 的值。当 $x \geqslant 0$ 时，$y = 3x^2 - 1$；当 $x < 0$ 时，$y = 2x + 3$。因此，要使用双分支结构来描述其算法。在进行判断时，可用 $x \geqslant 0$ 作为条件。具体流程图如图 9-5 所示。

（3）循环结构

循环结构又称为重复结构，是在处理问题时根据给定条件重复执行某一部分的操作。循环结构有当型和直到型两种类型。

当型循环结构如图 9-6（a）所示。其表达的算法含义是：当条件 p 成立时，执行处理框 A，执行完处理框 A 后，再判断条件 p 是否成立，若条件 p 仍然成立，则再次执行处理框 A，如此反复，直至条件 p 不成立才结束循环。

直到型循环结构如图 9-6（b）所示。其表达的算法含义是：先执行处理框 A，再判断条件 p 是否成立，如果条件不成立，则再次执行处理框 A，如此反复，直至条件 p 成立才结束循环。

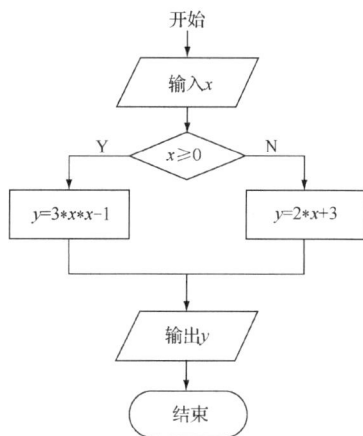

图 9-5　分段函数算法流程图

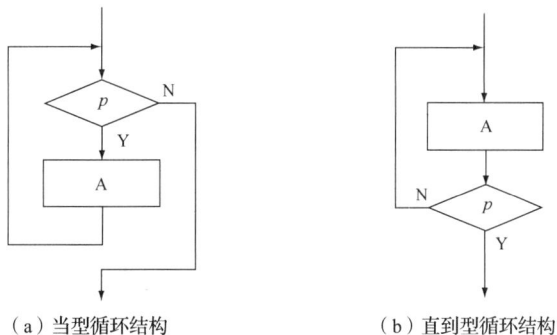

（a）当型循环结构　　　　　　　　（b）直到型循环结构

图 9-6　循环结构流程图

【例9-4】输出30以内的奇数，要求使用流程图描述其算法。

【解】输出30以内的奇数，即1、3、5、7……，可以看出数字的规律是每次增加2。此时可以先将1赋予一个数i，称为赋初值，然后每次给i这个数增加2，并输出，由此得到1、3、5、7……的输出。由于要反复做同一个操作（每次i加2并输出），我们可以利用循环结构，并设置循环条件为$i \leqslant 30$。具体流程图如图9-7所示。

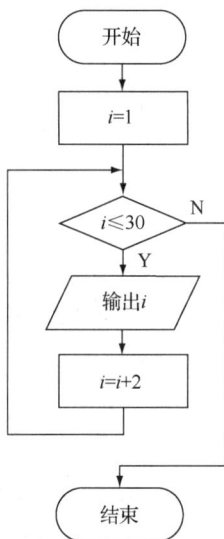

图9-7　输出30以内奇数算法流程图

在实际问题的处理过程中，只要根据解题的实际需要，将完成各项子功能的各种基本结构按顺序组合起来，就可以构造完整的算法；在操作时，按照算法的流程，自上而下，依次执行，即可完成问题的处理过程。

3. N–S结构流程图

1973年，美国学者提出了一种新的程序控制流程图的表示方法，即使用矩形框来表示3种基本结构。在设计一个算法时，它把整个算法写在一个大框图内。这个大框图由若干个基本结构的框图构成，通过基本结构的矩形框嵌套可以表示各种复杂的程序算法。这样的流程图表示方法称为N-S结构流程图，如图9-8所示。

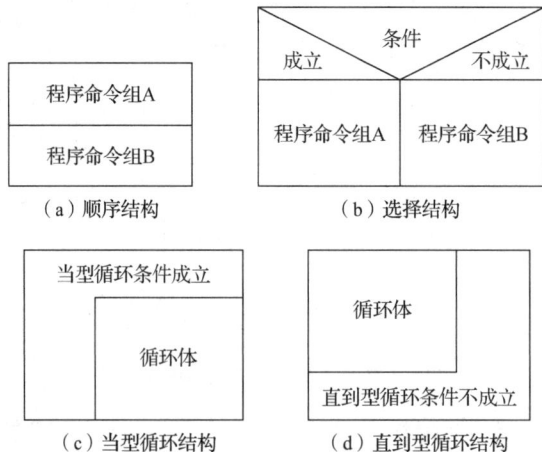

图9-8　N-S结构流程图的基本结构

4. 伪代码

伪代码（Pseudocode）是一种介于自然语言和程序设计语言之间，以编程语言的书写形式描述算法的工具。使用伪代码时，往往将程序设计语言中与算法关联度小的部分省略（如变量的定义等），而更关注于算法本身的描述。相较于程序设计语言（如 C++、VB、Java 等），伪代码更类似自然语言，其可以将整个算法运行过程用接近自然语言的形式描述出来。

伪代码结构清晰、形式简单、可读性好，并且类似自然语言。伪代码常常用来表达程序员开始编写代码前的想法或表达程序的逻辑。

【例 9-5】使用伪代码来描述：输入 3 个数，输出其中最大的数。

【解】

Begin（算法开始）

输入 A,B,C

IF A>B 则 A→Max，否则 B→Max

IF C>Max 则 C→Max

Print Max

End（算法结束）

9.2.3　算法设计的基本方法

针对一个给定的实际问题，我们要想找出确实行之有效的算法，就需要掌握算法设计的策略和基本方法。本小节先介绍一些典型的基本算法，然后介绍枚举法、迭代法、排序算法。

1. 基本算法

在算法设计中，有一些算法比较典型，经常被使用到，如求和、累积（连续相乘）、求最大或最小值等。

（1）求和

求和可能是一组数据序列求和，可能是对符合某些条件的项的计数（依次加 1 求和），还有可能是对一组数据的统计求和。

假设用 sum 表示求和的结果、xx 表示需要加入的数，则求和算法基本思想的流程图如图 9-9 所示。

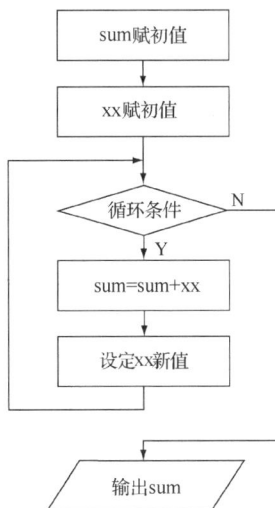

图 9-9　求和算法基本思想的流程图

在上面描述的求和算法中，最关键的操作是在循环中的 sum=sum+xx 语句，该语句是将 sum 本身的值加上 xx 的值，又存入 sum 中，因此它会随着循环的进行，将加数 xx 依次累加到 sum 中。

上述求和算法中另一个重要的点是 sum 和 xx 的赋初值，它要确保求和是从一个正确的初值开始加起的，这样才能保证最终的结果是正确的。

【例 9-6】使用流程图来描述：计算 1+2+3+⋯+100 的和。

【解】具体流程图如图 9-10 所示。

【例 9-7】统计 100 到 200 之间能够被 11 整除的数的个数，要求使用流程图描述其算法。

【解】为了统计符合要求的数据，设置 n 用于计数，并赋初值为 0，设置 i 并赋初值为 100；在循环中令 $i=i+1$，循环条件为 $i≤200$，这样可以依次得到 100 到 200 之间的数；在循环中对 i 除 11 的余数是否为 0 进行判断，若为 0，则 $n=n+1$，即进行计数；循环完毕，即可统计出符合要求数据的个数。具体流程图如图 9-11 所示。

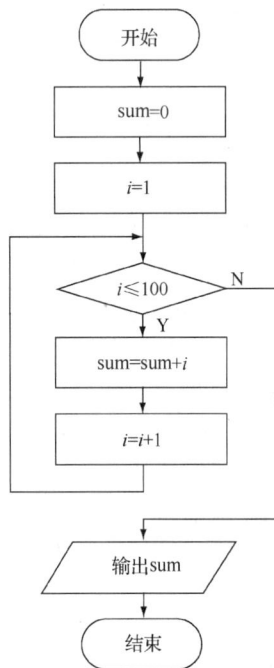

图 9-10　1～100 自然数求和算法流程图　　　图 9-11　计数统计流程图

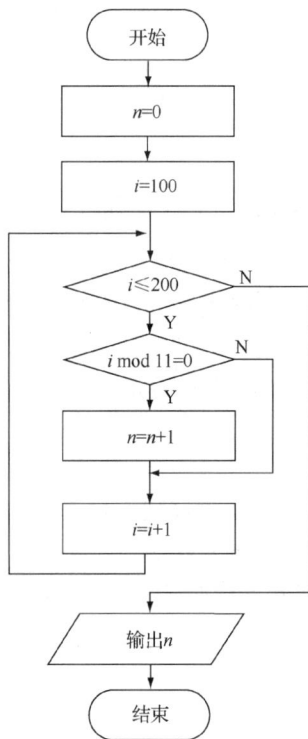

（2）累积

在程序设计中，另一个经常使用的基本算法是求一组数据连续相乘的积，即累积算法。累积算法常用于求阶乘或乘方。

累积算法与求和算法的思路非常相像。假设用 f 表示累积的结果、i 表示需要相乘的数，则累积算法的思想可以描述如下。

① 设置 f 的初值。

② 根据实际需要为乘数 i 输入初值。

③ 利用循环操作，用乘数 i 依次乘累积 f，$f=f*i$。

④ 在每次循环后设定新的乘数给 i。

⑤ 循环结束后，f 中的值即为最终的结果。

在上面描述的累积算法中，最关键的操作是在循环中的 $f=f*i$ 语句。该语句是将 f 本身的值乘上 i 的值，又存入 f 中，因此它会随着循环的进行，将乘数 i 依次累乘到 f 中。

累积算法中非常重要的一点是 f 的初值，一定注意 f 的初值不能设置为 0，否则累积的结果只能是 0。通常 f 的初值设置为 1（特殊的情况下，也可以设置为一个特定的值，表示从这个值开始进行累积计算），而 i 的初值要根据实际的问题来确定。

【例 9-8】计算 5!，要求使用流程图描述其算法。

【解】具体流程图如图 9-12 所示。

（3）求最大值或最小值

在日常工作和学习中，经常会遇到在一组数据中找出最大值或最小值的问题。如在一组成绩中求最高分和最低分，在一组商品价格中求出最贵的和最便宜的。

若用 max 表示最大数，求最大值算法的基本思想是：首先将数据组中的第一个数视为最大数，并将其置于 max 中，然后用 max 与数据组后面其余的数依次比较，如果发现有比 max 大的数，就将其置于 max 中。在与所有数比较完后，max 中就是这组数据中的最大值。

【例 9-9】从 10 个整数中找出最大值，要求使用流程图描述其算法。

【解】从 $a_1 \sim a_{10}$ 中求出最大值，用 max 表示最大数、i 表示 10 个数的下标。具体流程图如图 9-13 所示。

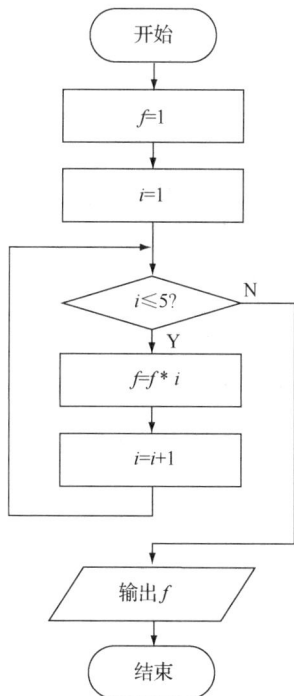

图 9-12　求阶乘算法流程图

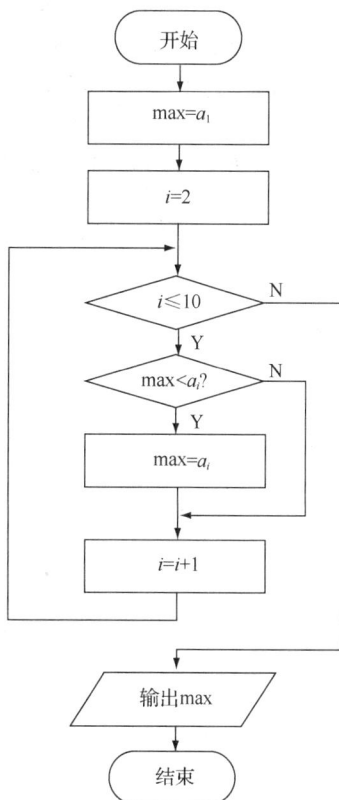

图 9-13　求最大值算法流程图

若是需要求最小值，其解题思想与求最大值的思想类似。

2. 枚举法

枚举法（Enumeration Algorithm）源于原始的计数方法，即数数。当面临的问题存在大量的可能答案（或中间过程），而暂时又无法用逻辑方法排除这些可能答案中的大部分时，就不得不采用逐一检验这些答案的策略，也就是利用枚举法来解题。

应用枚举法很著名的一个例子是公元 5 世纪我国数学家张丘建提出的"百钱买百鸡"的问题：公鸡 5 元一只，母鸡 3 元一只，小鸡 1 元三只，现有 100 元钱，要买 100 只鸡，问公鸡、母鸡、小鸡各几只？

解决这类问题即可用枚举法。根据提出的问题，列举所有可能的情况，并用问题中给定的条件检验哪些是需要的，哪些是不需要的。由于它是在有限范围内列举所有可能的结果，再进行归纳推理，逐个考察满足条件的所有可能情况，找出其中符合要求的解，因而得出的结论是可靠的。这种方法也叫"穷举法"，其适合求解的问题是：可能的答案是有限个且答案是可知的，但又难以用解析法描述。

针对上面"百钱买百鸡"的问题，假设 100 只鸡中公鸡、母鸡、小鸡分别为 x、y、z，则问题可转换为以下三元一次方程组。

$$\begin{cases} x+y+z=100 \text{（百鸡）} \\ 5x+3y+\dfrac{z}{3}=100 \text{（百钱）} \end{cases}$$

显然这是个不定方程，也即两个方程无法解出 3 个变量的值，只能将各种可能的取值代入，其中能满足两个方程的就是所需的解，这里就是枚举算法的应用。

这里 x、y、z 为正整数，且 z 是 3 的倍数；由于鸡和钱的总数都是 100，可以确定 x、y、z 的取值范围：x 的取值范围为 1～20；y 的取值范围为 1～33；z 的取值范围为 3～99，且每次增加值为 3（称为步长为 3），即 z 的变化规律为 3,6,9,…,99。

用穷举的方法，遍历 x、y、z 的所有可能组合，最后即可得到问题的解。流程图如图 9-14 所示。

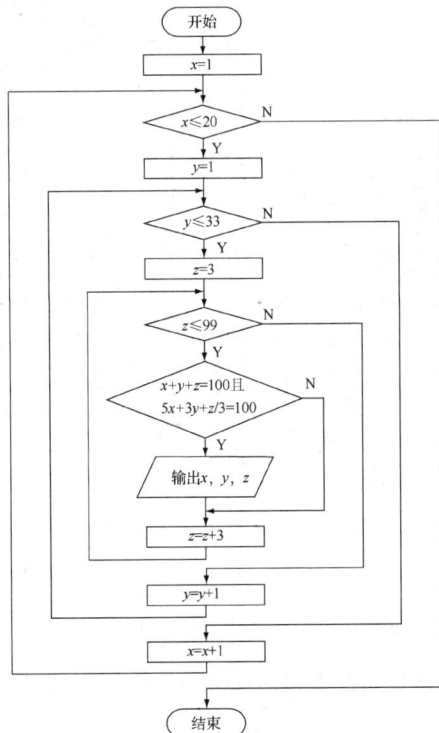

图 9-14　"百钱买百鸡"算法流程图

3. 迭代法

迭代法（Iterative Algorithm）是一种重要的逐次逼近的方法，也是用计算机解决问题的基本方法。迭代方法用某种迭代公式，根据已知的初值 x_0 生成一个新值 x_1，即 $x_1=f(x_0)$，然后把新值作为已知的初值代入方程中，不断重复上面的过程，逐步细化，直到得到满足精度要求的结果。迭代法利用计算机运算速度快、适合做重复性操作的特点，让计算机对一组指令（或步骤）进行重复执行，并且在每次执行这组指令（或步骤）时，都从变量的原值推出它的一个新值。

数学上的一些定义和算法就是用迭代的方式来描述的，如斐波那契数列中的第 n 项为前两项之和，而阶乘可用迭代方式定义为：$n!=(n-1)!*n$。

【例 9-10】利用迭代法求斐波那契数列的第 20 项。

斐波那契数列是形如 1,1,2,3,5,8,13,……的一组数据序列，它的某项数据为其前两项之和。

$$F(n)=\begin{cases} 1 & (n=1) \\ 1 & (n=2) \\ F(n-1)+F(n-2) & (n\geq 3) \end{cases}$$

【解】为了输出斐波那契数列的第 20 项，先确定迭代变量 f_1、f_2 和 f_n，其中 f_1 和 f_2 分别初始化为前两项的值 1；然后控制循环变量 n 从 3 取到 20，利用迭代公式 $f_n=f_1+f_2$，可求得第 n 项 f_n；为了用该式求下一项，将 f_2 的值赋予 f_1，f_n 的值赋予 f_2，使得经过循环可求得下一项。如此循环迭代，直到第 20 项 f_{20}。具体流程图如图 9-15 所示。

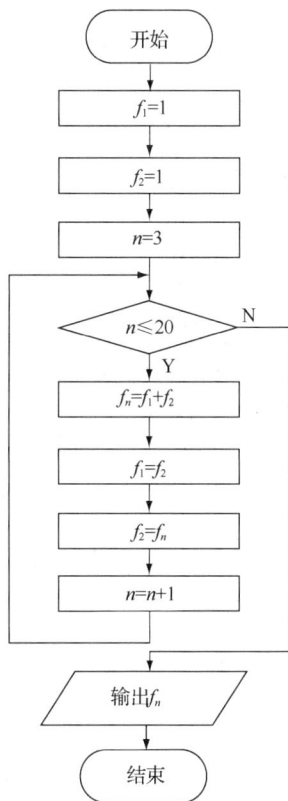

图 9-15　求斐波那契数列项算法流程图

4. 排序

在计算机科学中，排序是经常用到的一种经典的非数值运算算法。排序就是把一组无序的数据按照特定的顺序（如升序或降序）重新排列为有序序列的过程。排序的算法有多种，下面以比较互换法为例介绍排序算法。

比较互换法排序是较直观、易于理解的一种排序方法。假定 n 个数据组成的数据系列，其下标为 1～n，即数据为 $a_1,a_2,\cdots,a_n$，若要对这 n 个数据用比较互换法按降序排序，其基本思想如下。

① 将第一个数据 a_1 与其后的 n-1 个数据 a_2～a_n 依次比较，若发现比 a_1 大的，则与 a_1 交换。待 n-1 个数据比较互换完后，a_1 即为数据系列中的最大值。此为第一轮的比较。

② 将第二个数据 a_2 与其后的 n-2 个数据 a_3～a_n 依次比较，若发现比 a_2 大，则与 a_2 交换。待 n-2 个数据比较互换完后，a_2 即为数据系列中的次大值。此为第二轮的比较。

③ 依此类推，在第 n-1 轮时，将数据 a_{n-1} 与 a_n 进行比较互换，至此 n 个数据已按降序排列。

比较互换法排序对 6 个数据的操作过程如表 9-3 所示，其中，圆圈数字表示此轮初始时待排序的位置，它要与后面数据进行比较互换；方块数字表示此轮比较完成后已经排序好的数据。

表 9-3　　　　　　　　　　　比较互换法实际排序示例

轮数	状态	原始数据 5 8 9 1 7 3						比较次数	交换次数	说明
第 1 轮	初始	⑤	8	9	1	7	3	5	2	5 与 8 互换
	比较后	⑨	5	8	1	7	3			8 与 9 互换
第 2 轮	初始	⑨	⑤	8	1	7	3	4	1	5 与 8 互换
	比较后	⑨	⑧	5	1	7	3			
第 3 轮	初始	⑨	⑧	⑤	1	7	3	3	1	5 与 7 互换
	比较后	⑨	⑧	⑦	1	5	3			
第 4 轮	初始	⑨	⑧	⑦	①	5	3	2	1	1 与 5 互换
	比较后	⑨	⑧	⑦	⑤	1	3			
第 5 轮	初始	⑨	⑧	⑦	⑤	①	3	1	1	1 与 3 互换
	比较后	⑨	⑧	⑦	⑤	③	1			

由表 9-3 演示的排序过程可以看出，若有 n 个数进行排序，应进行 n-1 轮比较；在第 i 轮中，由 a_i 与 a_{i+1}～a_n 依次比较互换。因此需要两重循环，外层循环变量 i 控制比较轮数，其取值范围为 1～n-1；内层循环变量 j 控制每一轮中参与比较的数据元素，其取值范围为 i+1～n；在内层循环中，由 a_i 与 a_j 进行比较，如果需要则进行互换。

9.3　程序设计基础

9.3.1　程序设计语言发展

1. 程序设计语言演变

人与人之间的交流主要是通过语言进行的。同样，人与计算机之间交换信息也必须有一种语言作为媒介，这种语言就叫作计算机语言。如果需要计算机来解决某个实际问题，就必须采用计算机语言来编制相应的程序，然后由计算机执行编制好的程序，最终达到解决问题的目的。

微课视频

编制程序的过程称为程序设计，因而计算机语言又称为程序设计语言。按照程序设计语言对计算机的依赖程度可分为三大类，即机器语言、汇编语言和高级语言。

（1）机器语言

机器语言即机器指令系统，也就是计算机所有能执行的基本操作的命令。机器语言是用二进制代码表示的程序设计语言，是最低级的语言。用机器语言编写的程序称为机器语言程序，它能直接被计算机识别和执行，因此执行速度较快。

但是由于机种不同，其指令系统是不一样的。所以同一道题目在不同的计算机上计算时，必须编写不同的机器语言程序，也就是说机器语言程序的可移植性差。另外，机器语言还具有以下不足：由于机器语言中每条指令都是一串二进制代码，可读性差、不易记忆；编写程序既难又烦琐，容易出错；程序的调试和修改难度也很大，因此人们很少用机器语言编程。

（2）汇编语言

为了解决机器语言的上述缺点，20 世纪 50 年代初，出现了汇编语言。汇编语言是一种符号化的机器语言，它不再使用难以记忆的二进制代码，而是使用比较容易识别、记忆的助记符号代替操作码，用符号代替操作数或地址码。

与机器语言相比较，汇编语言在编写、修改和阅读程序等方面都有了相当的改进。但这种语言还是从属于特定机型的，除了用符号代替二进制码外，汇编语言的指令格式与机器语言相差无几。用汇编语言编写的程序称为汇编语言程序。计算机不能直接识别、执行它，要经过汇编程序翻译成机器语言程序（称目标程序）后才能执行，这个翻译过程称为汇编。汇编语言程序的可移植性也较差。

由于从执行速度和内存空间占用角度上讲，使用汇编语言较好，因此通常情况下，人们用汇编语言来编写效率较高的实时控制程序和某些系统软件。

（3）高级语言

高级语言是与人类自然语言相近似的，不依赖于任何机器指令系统的程序设计语言，其语言格式更接近于自然语言或接近于数学函数形式，可读性较好。它们是面向过程的语言。

高级语言的通用性较好，易于掌握，极大提高了编写程序的效率，改善了程序的可读性，用高级语言编写的程序称为高级语言源程序。与汇编语言一样，计算机是不能直接识别和执行高级语言源程序的，也要用翻译的方法把高级语言源程序翻译成等价的机器语言程序（称为目标程序）才能执行。

2. 程序设计语言处理系统

计算机只能直接识别和执行机器语言，那么要在计算机中运行高级语言程序就必须配备程序语言翻译程序，简称翻译程序。翻译程序本身是一组程序，不同的高级语言都有相应的翻译程序。对于高级语言来说，翻译的方法有解释和编译两种。

（1）解释方式

解释方式是将源程序逐句解释、执行，即解释一句就执行一句，其过程如图 9-16 所示，在解释方式中不产生目标文件。早期的 BASIC 语言采用的"解释"方法是解释一条语句执行一条语句的方法，效率比较低。

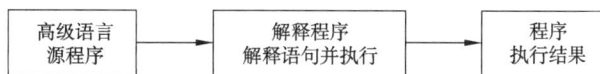

图 9-16　高级语言源程序的解释过程

（2）编译方式

编译方式将整个源程序翻译成机器语言程序，然后让机器直接执行此机器语言程序。目前，流行的高级语言 C、C++、VB（Visual BASIC）等都采用了编译的方法。它是用相应语言的编译程序先把源程序编译成机器语言的目标程序（扩展名为.obj），然后用连接程序把目标程序和各种的标准库函数连接装配成一个完整的、可执行的机器语言程序才能执行。简单地说，一个高级语言源程序必须经过"编译"和"连接装配"两步后才能成为可执行的机器语言程序。尽管编译的过程复杂一些，但它可以形成可执行文件（扩展名为.exe），且可以反复执行，速度较快。高级语言源程序的编译过程如图 9-17 所示。运行程序时，只要执行可执行程序即可。

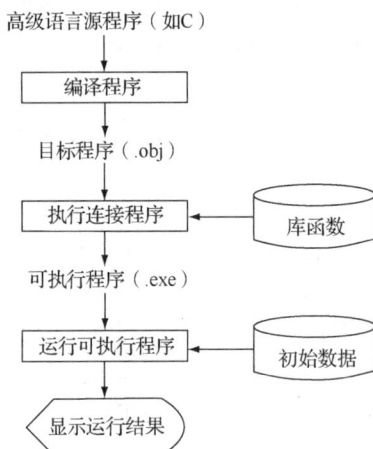

图 9-17　高级语言源程序的编译过程

　　对源程序执行解释和编译任务的程序分别叫作解释程序和编译程序。例如，BASIC、LISP 等高级语言，使用时需用相应的解释程序；FORTRAN、COBOL、Pascal 和 C 等高级语言，使用时需有相应的编译程序。

　　总的来说，汇编程序、解释程序和编译程序都属于语言处理系统，简称翻译程序。

9.3.2　高级语言程序基础

1. 高级语言程序概述

　　一个高级语言程序主要描述两部分内容：描述问题的每个对象与对象之间的关系，以及描述对这些对象进行处理的处理规则。关于对象与对象之间的关系是数据结构的内容，而处理规则是求解的算法。数据结构和算法是程序最主要的两个方面，高级语言程序一般由对数据的描述和对操作的描述两个部分组成。

　　下面就分别对高级语言程序的数据描述和操作描述进行介绍。

2. 高级语言数据描述

　　计算机的内存中存放着大量的数据，这些数据都是为了解决某个问题而设置的。在实际的处理过程中，根据不同的对象与要求，这些数据又具有不同的性质和表现形式。在高级语言中，使用数据类型这一概念来描述数据间的这种差别，且数据是以常量或变量的形式来描述的。

　　（1）数据类型

　　为了在程序设计语言中正确表示日常生活中所用到的不同数据信息，程序设计语言中出现了不同的数据类型，如整型、实型、字符型、日期型、逻辑型等。不同数据类型表示的数据取值范围不同、所进行的运算不同，在内存中所占有的存储单元数量也不同。也就是说，数据类型决定了数据的存储形式、表示范围或精度、所占内存空间大小、能够参与哪些运算或操作等。

高级语言的数据类型一般包括基本数据类型和构造数据类型。表 9-4 列出了高级语言中常见的数据类型。

表 9-4　　　　　　　　　　　　　　　　高级语言中常见的数据类型

数据类型		C++语言示例	VB 语言示例

基本类型	整型	int a; //整型
		unsigned int b; //无符号整型
		long int c; //长整型
		short int d; //短整型
			Dim a As Integer　　　　　'整型
			Dim b As Long　　　　　'长整型

	浮点型	float f; //单精度浮点型
		double g; //双精度浮点型
			Dim f As Single　　　　　'单精度型
			Dim g As Double　　　　　'双精度型

	字符型	char c; //字符型	Dim str As String　　　　'字符型
	逻辑型	bool flag //逻辑型	Dim flag As Boolean　　　'逻辑型
构造类型	数组	int a[10]; //10 个整型元素的数组	Dim a(1 to 10) As Integer '具有 a(1)~a(10)，10 个整型元素的数组

	结构体	struct student //定义学生结构体
		{ char num[12]; //学号
		　char name[20]; //姓名
		　int age; //年龄
		　char address[100]; //地址
		};
			Type Students　　　　　'声明学生自定义类型
			Num As String * 12　　　'学号
			Name As String * 20　　　'姓名
			Age As Integer　　　　　'年龄
			Address As String *100　'地址
			End Type

（2）常量

在程序运行过程中，其值始终保持不变的量称为常量。常量一般有普通常量和符号常量，有些语言还有系统常量。表 9-5 给出了常量的示例。

表 9-5　　　　　　　　　　　　　　　　常量的示例

类别	C++语言示例	VB 语言示例
普通常量	123、14.5（数值型常量） 'a'（字符常量） "CHINA"（字符串常量）	123、14.5（数值型常量） "CHINA"（字符型常量） True、False（逻辑型常量）
符号常量	const double PI=3.1415926; //定义 PI 是符号常量，其值为 3.1415926	Const PI As Single=3.1415926 '声明符号常量 PI，代表单精度数 3.1415926
系统常量	—	vbNewLine 表示回车换行符 vbRed 的值为&HFF，表示红色

（3）变量

在程序运行过程中，其值可以改变的量称为变量。变量的名称由用户定义，变量的命名必须符合标识符命名规则。

定义变量的类型由变量声明语句来声明。表 9-5 中列出了 C++和 VB 语言对常用数据类型的声明语句。在为变量选择数据类型时，一般根据数据的特性、数据的取值范围及数据可参与的运算来确定数据类型。

定义或声明变量后，可以对变量进行赋值或访问操作。表 9-6 列出了 C++和 VB 中一些常见的变量赋值和访问示例。

在一些计算机语言中，变量在使用前要求必须先进行声明，即声明变量名及其数据类型，以便系统在内存中为其分配内存单元；有一些语言则对此要求并不严格，可以不声明变量而直接使用。没有声明类型的变量根据实际赋予变量的值的数据类型来确定变量的数据类型，这样的变量称为变体型变量。由于使用变体型变量浪费存储空间，且由于赋值数据类型的随意性会导致程序容易出错，因此应尽量避免使用。

表 9-6　　　　　　　　　　　　　　常见的变量赋值和访问示例

语言	示例	
C++	int x,y,z;	//定义 3 个整型变量 x、y、z
	x=5;	//将 5 赋予给变量 x
	y=10;	//将 10 赋予给变量 y
	z=x+y;	//读取 x 和 y 的值进行加法运算，得到和 15 赋予变量 z
	z=z+1;	//变量 z 当前的值 15 加 1 后，得到和 16 再赋予变量 z
VB	Dim x As Integer , y As Integer , z As Integer	'定义 3 个整型变量 x、y、z
	x=5	'将 5 赋予给变量 x
	y=10	'将 10 赋予给变量 y
	z=x+y	'读取 x 和 y 的值进行加法运算，得到和 15 赋予变量 z
	z=z+1	'变量 z 当前的值 15 加 1 后，得到和 16 再赋予变量 z

3. 运算符与表达式

程序中的大部分数据处理操作是通过运算符和表达式实现的。对常量或变量进行运算或处理的符号称为运算符，它用于告知计算机对数据进行操作的类型、方式和功能，一般运算符作用于一个或一个以上的操作数。参与运算的数据称为操作数，操作数可以是常量、变量或函数的返回值。用运算符将操作数连接起来就构成了表达式。

运算符主要包括算术运算符、关系运算符、逻辑运算符、字符串运算符、赋值运算符等。不同运算符的运算方法和特点各不相同，通过运算符和表达式可以实现程序中的大量操作。

● 算术运算符与算术表达式：算术运算符用于对数值型数据进行各种算术运算，它是程序设计语言中最常使用的一类运算符。算术运算符及示例如表 9-7 所示。

表 9-7　　　　　　　　　　　　　　算术运算符及示例

语言	算术运算符及优先规则	示例	结果
C++	负号（−）>乘除取余（*、/、%）>加减（+、−）	−5+2	−3
		5*3/2	7.5
		5%2	1
		5+3-2	6
VB	乘方（^）>负号（−）>乘除（*、/）>整除（\）>取余（Mod）>加减（+、−）	5^3	125
		−5+2	−3
		5*3/2	7.5
		5\2	2
		5 Mod 3	2
		5+3-2	6

● 关系运算符与关系表达式：关系运算符是用来比较两个操作数之间关系的运算符；由关系运算符和操作数组成的表达式叫作关系表达式，其运算结果为一个逻辑值（True 或 False）。如

果关系成立，结果为 True（真）；如果关系不成立，结果为 False（假）。另外，任何非 0 值都可以被认为是 True。关系运算符及示例如表 9-8 所示。

表 9-8　　　　　　　　　　　　　　　　　　关系运算符及示例

C++关系运算符	VB 关系运算符	功能	示例	结果
>	>	大于	123>129	False
>=	>=	大于或等于	23>=35	False
<	<	小于	34<67	True
<=	<=	小于或等于	3<=3	True
==	=	等于	50==50（50=50）	True
!=	<>	不等于	35!=38（35<>38）	True

● 逻辑运算符与逻辑表达式：逻辑运算符的功能是对操作数进行逻辑运算（又称为"布尔"运算），它完成与、或、非等逻辑运算。逻辑表达式中操作数应为逻辑值，运算结果也为逻辑值（True 或 False）。逻辑运算符及示例如表 9-9 所示。逻辑运算符通常用于连接多个关系表达式进行逻辑运算。

表 9-9　　　　　　　　　　　　　　　　　　逻辑运算符及示例

C++	VB	功能	优先级	说明	示例	结果
!	Not	逻辑非	1	当操作数为真时，结果为假	! true（Not True）	False
&&	And	逻辑与	2	两个操作数都为真时，结果为真	false && true（False And True）	False
||	Or	逻辑或	3	两个操作数有一个为真时，结果为真	false || false（False Or False）	False

4. 内部函数

一般高级语言都提供有一些内部函数，用户可以直接调用它们。内部函数又叫作标准函数，它是预先定义好的完成某一特定功能的函数，通常带有一个或几个参数，并返回一个值。除了内部函数外，用户也可以根据需要自己定义函数。

9.3.3　高级语言程序的流程控制结构

由 9.2.2 小节中算法结构的介绍我们知道，结构化的算法是由 3 种基本结构组成的，即顺序结构、选择结构和循环结构。程序设计是通过程序语言来实现算法的，因此，在程序设计的高级语言中，都有相应的语法结构用来实现这 3 种基本结构，以实现结构化程序设计的目标。

1. 顺序结构程序

顺序结构是一种最简单的程序结构。这种结构的程序按语句书写的顺序"从上到下"依次执行，中间既没有跳转语句，也没有循环语句。顺序结构的程序一般由变量声明语句、赋值语句、输入语句和输出语句构成，程序执行时按照语句书写的顺序依次执行。

微课视频

（1）变量声明语句

在编写程序之前，首先要根据需要处理的具体问题，规划需要使用的变量。在规划变量时要确定变量的名称、数据类型、在程序中代表的含义等。而对变量的定义和声明，就需要用到表 9-5

中所列出的常见数据类型的定义或声明语句。

（2）赋值语句

赋值语句是程序设计语言中最基本的语句，也是使用最多的语句。赋值语句的作用就是将赋值号 "=" 右侧表达式的计算结果赋予赋值号 "=" 左侧的变量。程序中大量的计算也正是通过赋值语句中的表达式来实现的。

（3）输入语句

高级语言都提供有自身的输入语句，有些语言还可以通过一些技术方法实现更加方便的界面交互输入。表 9-10 列出了 C++和 VB 中实现数据输入的语句和示例。

表 9-10　　　　　　　　　　　　输入语句及示例

语言	语句形式	示例	说明
C++	cin>>变量 1>>变量 2···>>变量 n;	int a; double b; char c; cin>>a>>b>>c;	从键盘输入 10 20.3 x，3 个数据之间用空格隔开，最后按【Enter】键，系统则将这 3 个数据依次送入变量 a、b、c 中
VB	变量=文本框的 Text 属性 变量=InputBox("提示信息")	Dim x As Integer Dim x As Integer x=Text1.Text y=Val(Text2)	将文本框 Text1 中输入的数据赋予变量 x，将 Text2 中输入的数据赋予变量 y

（4）输出语句

高级语言都提供各自的输出语句，有些语言还可以通过一些技术方法将输出结果显示在窗口界面上，用户界面更加友好。表 9-11 列出了 C++和 VB 中实现数据输出的语句和示例。

表 9-11　　　　　　　　　　　　输出语句及示例

语言	语句形式	示例	说明

C++	cout<<输出项 1<<输出项 2···<<输出项 n;	int a=10;
		double b=20.3;
		char c='y';
		cout<<a<<','<<b<<','<<c;
			依次输出变量 a、b、c 的值，中间以 "," 分隔

VB	Print 输出项 文本框的 Text 属性=输出项 标签的 Caption 属性=输出项	Print x , y , z Text1.Text=a Label1. Caption=b	Print 将变量 x、y、z 的值输出；将变量 a 的值赋予 Text1，即 a 的值在 Text1 中显示输出；将变量 b 的值赋予 Label1，即 b 的值在 Label1 中显示输出

2. 选择结构程序

选择结构可以根据程序分支的数量分为单分支结构、双分支结构和多分支结构。在高级语言中一般通过 if 语句实现选择结构，以对某个条件进行判断，而后选择执行不同的分支。if 语句可实现单分支、双分支和多分支结构。表 9-12 列出了 C++和 VB 中实现选择结构的语句形式（这里只列出单分支结构和双分支结构）。

微课视频

表 9-12　　　　　　　　　　　　选择结构的语句形式

结构	C++语句形式	VB 语句形式	说明

单分支结构	if (表达式)
	　语句组
		If 表达式 Then
		　语句组
		End If
			首先计算表达式，若值为真，则执行语句组；若值为假，则跳过语句组，执行语句组（End If）后面的语句

续表

结构	C++语句形式	VB 语句形式	说明

双分支结构	if (表达式)
	　　语句组 1
	else
	　　语句组 2
		If 表达式 Then
		　　语句组 1
		Else
		　　语句组 2
		End If
			首先计算表达式，若值为真，执行语句组 1，然后跳出结构，执行 End If 后面的语句；否则跳过语句组 1，执行 Else 后面的语句组 2，然后继续执行后面的语句

3. 循环结构程序

一般高级语言中都提供了循环语句来实现程序段的多次反复执行，从而简化程序结构，节省计算机存储空间。在循环结构中需要反复执行的语句称为循环体。表 9-13 列出了 C++和 VB 中实现循环结构的语句形式。

微课视频

表 9-13　　　　　　　　　　　　　循环结构的语句形式

语言	前测型循环	后测型循环	For 循环
C++	while (表达式) 　　循环体	do 　　循环体 while (表达式);	for (表达式 1;表达式 2;表达式 3) 　　循环体
VB	Do While 表达式 　　循环体 Loop	Do 　　循环体 Loop While 表达式	For 　循环变量=初值 To 终值 Step 步长 　　循环体 Next 循环变量
说明	首先计算 While 后的表达式，若其值为真，则执行循环体中的语句，然后继续计算表达式。如此反复，直到表达式值为假为止。此时结束循环，退出该结构，执行后面语句	先执行一次循环体中的语句，然后计算表达式的值。若表达式的值为真，则返回再次执行循环体。如此反复，直到表达式的值为假为止。此时循环结束，退出该结构，执行后面语句	C++的 for 循环：表达式 1 用来初始化循环控制变量；表达式 2 为表示循环条件的表达式；表达式 3 用来修改循环控制变量，实现循环控制变量进行一定的增量或减量，常用自增或自减运算。 VB 的 For 循环：首先将初值赋予循环变量，然后检查循环变量的值是否超过终值，若超出了则结束循环，执行 Next 后面的语句；否则执行一次循环体，然后将循环变量的值加上步长后再赋予循环变量，继续判断循环变量的值

通常 For 循环语句适用于循环次数已知的循环结构，其通过设置初值、终值、增加量（步长）实现循环；对于循环次数不确定或循环变化比较复杂的情况，我们可以由条件控制的循环语句来实现循环，即 Do 和 While 语句。

【例 9-11】输出 30 以内的奇数（算法描述见例 9-4）。

4. 常用算法的程序实现

在 9.2 节中介绍了一些常用的典型算法和经典算法，读者可扫码学习这些算法的程序实现方法。

微课视频

第10章
计算机素质教育

计算机与网络在信息社会中扮演着越来越重要的角色，但是随着计算机和网络技术的迅猛发展与广泛普及，网络信息安全问题及计算机与网络使用中的道德规范不健全与法律建设滞后的问题都越来越显著，它们都将对计算机与网络的发展产生负面的影响。为此，我们要通过技术、法律等手段确保网络信息的安全，同时要大力进行计算机和网络的道德建设，并在应用计算机与网络时遵守相应的道德规范。

本章首先介绍了有关信息与信息化社会的基本知识，然后对信息安全的相关知识进行介绍，使读者了解信息安全的基本概念和知识，并学习信息安全的主要技术，最后对在当今信息化社会中使用计算机网络的道德规范进行了介绍。

学习目标

- 了解信息、信息技术及信息化社会的概念；了解信息化社会中人们应该具备的信息素养。
- 了解信息安全技术的知识，了解信息安全法规。
- 了解计算机伦理和网络伦理，学习并掌握计算机与网络道德规范。

10.1　信息与信息化

今天，人们不论做什么事情都非常重视信息。例如，就经营而言，过去认为人、物、钱是经营的三要素，而现在认为人、物、钱、信息是经营的要素，并认为信息是主要的要素。在当今社会中，能源、材料和信息是社会发展的三大支柱，人类社会的生存和发展，时刻都离不开信息。了解信息的概念、特征及分类，对在信息社会中更好地使用信息来说是十分重要的。

10.1.1　信息的概念和特征

1．信息

信息一词源于拉丁文 Information，它是情报、资料、消息、报导、知识的意思。所以长期以来人们就把信息看作是消息的同义语，简单地把信息定义为能够带来新内容、新知识的消息。但是后来发现信息的含义要比消息、情报的含义广泛得多，因为不仅消息、情报是信息，指令、代码、符号语言、文字等一切含有内容的信号都是信息。作为日常用语，"信息"经常指音信、消息；作为科学技术用语，"信息"被理解为对预先不知道的事件或事物的报道，抑或在观察中得到的数据、新闻和知识。

微课视频

在信息时代，人们越来越多地在接触和使用信息，但究竟什么是信息，迄今说法不一，信息使用的广泛性使得我们难以给它一个确切的定义。但是，一般来说，信息可以界定为由信息源（如自然界、人类社会等）发出的被使用者接受和理解的各种信号。作为一个社会概念，信息可以理解为人类共享的一切知识，也可以理解为从客观现象中提炼出来的各种消息之和。信息并非事物本身，而是表征事物之间联系的消息、情报、指令、数据或信号。一切事物（包括自然界和人类社会）都在发出信息，我们每个人每时每刻都在接收信息。在人类社会中，信息往往以文字、图像、图形、语言、声音等形式出现。

科学的发展，时代的进步，必将给信息赋予新的内涵。如今"信息"的概念已经与微电子技术、计算机技术、网络通信技术、多媒体技术、信息产业、信息管理等紧密地联系在一起。但是，"信息的本质是什么"仍然是需要进一步探讨的问题。

2. 信息的基本特征

信息具有以下基本特征。

（1）可度量性。信息可采用某种度量单位进行度量，并进行信息编码，如现代计算机使用的二进制。

（2）可识别性。信息可采取直观识别、比较识别和间接识别等多种方式来把握。

（3）可转换性。信息可以从一种形态转换为另一种形态。比如，自然信息可转换为语言、文字和图像等形态，也可转换为电磁波信号或计算机代码。

（4）可存储性。信息可以被存储。大脑就是一个天然的"信息存储器"，人类发明的书籍、照片、磁带、光盘以及计算机存储器等都可以进行信息存储。

（5）可处理性。人脑就是一个强大的"信息处理器"，人脑的思维功能可以进行决策、设计、研究、改进、发明、创造等多种信息处理活动。计算机也具有信息处理功能。

（6）可传递性。信息的传递是与物质和能量的传递同时进行的。语言、表情、动作、报刊、书籍、广播、电视、电话等是人类常用的信息传递方式。

（7）可再生性。信息经过处理后，可通过其他方式再生成信息。输入计算机的各种数据、文字等信息可通过打印、绘图等方式再生成信息。

（8）可压缩性。信息可以进行压缩，可以用不同的信息量来描述同一事物。人们常常用尽可能少的信息量描述一件事物的主要特征。

（9）可利用性。信息具有一定的实效性和可利用性。

10.1.2　信息技术的发展历程

信息技术是指对信息进行收集、存储、处理和利用的技术。信息技术可能是机械的、激光的，也可能是电子的、生物的。

在人类发展史上，信息技术经历了以下 5 次革命。

第一次信息技术革命的标志是语言的使用。从语言出现至今，语言成为人类进行思想交流和信息传播不可或缺的工具。

第二次信息技术革命的标志是文字的创造。大约在公元前3500 年出现了文字，文字的出现使人类对信息的保存和传播取得重大突破，较大地超越了时间和地域的局限。

第三次信息技术革命的标志是印刷术的发明和使用。大约在公元1040 年，我国开始使用活字印刷技术，欧洲人则在 1451 年开始使用印刷技术。印刷术的发明和使用，使书籍、报刊成为重要的信息存储和传播的媒体。

第四次信息技术革命的标志是电报、电话、广播和电视的发明与普及应用。第四次信息革命使人类进入利用电磁波传播信息的时代。

第五次信息技术革命的标志是电子计算机的普及应用、计算机与现代通信技术的有机结合以及网际网络的出现。第五次信息技术革命是从 20 世纪 60 年代，电子计算机与现代技术相结合的时候开始的。

现在所说的信息技术一般特指第五次信息技术革命以来的信息技术，是狭义的信息技术。狭义的信息技术从开始到现在不过几十年的时间，它经历了从计算机技术到网络技术再到计算机技术与现代通信技术结合的过程。目前，以多媒体和网络技术为核心的信息技术掀起了新一轮的信息革命浪潮。多媒体计算机和互联网的广泛应用对社会的发展、科技进步及个人生活和学习都产生了深刻的影响。

10.1.3　信息化与信息化社会

1. 信息化的概念

信息化的概念起源于 20 世纪 60 年代的日本，首先是由一位日本学者提出来的，而后被译成英文传播到西方，西方社会普遍使用"信息社会"和"信息化"的概念是 20 世纪 70 年代后期才开始的。

关于信息化的表述，中国学术界做过较长时间的研讨。在1997 年召开的首届全国信息化工作会议上，对信息化和国家信息化的定义为："信息化是指培育、发展以智能化工具为代表的新的生产力并使之造福于社会的历史过程。国家信息化就是在国家统一规划和组织下，在农业、工业、科学技术、国防及社会生活各个方面应用现代信息技术，深入开发、广泛利用信息资源，加速实现国家现代化进程。"

从信息化的定义可以看出，信息化代表一种信息技术被高度应用、信息资源被高度共享，从而使得人的智能潜力以及社会物质资源潜力被充分发挥，个人行为、组织决策和社会运行趋于合理化的理想状态。同时，信息化也是在信息技术产业发展与信息技术在社会经济各部门间扩散的基础上，不断运用信息技术改造传统的经济、社会结构，从而通往前述理想状态的一个持续过程。

2. 信息化社会

信息社会与工业社会的概念没有什么原则性的区别。信息社会也称信息化社会，它是提脱离工业化社会以后，信息起主要作用的社会。在农业社会和工业社会中，物质和能源是主要资源，人们所从事的是大规模的物质生产活动。在信息社会中，信息成为比物质和能源更为重要的资源，以开发和利用信息资源为目的的信息经济活动的规模迅速扩大，逐渐取代工业生产活动而成为国民经济活动的主要内容。信息经济在国民经济中占据主导地位，并构成社会信息化的物质基础。以计算机、微电子和通信技术为主的信息技术革命是社会信息化的动力源泉。信息技术在生产、科研教育、医疗保健、企业和政府管理及家庭中的广泛应用对经济和社会发展产生了巨大而深刻的影响，从根本上改变了人们的生活方式、行为方式和价值观念。

10.1.4　信息素养

信息素养（Information Literacy）是一个内涵丰富的概念。它不仅包括利用信息工具和信息资源的能力，还包括选择、获取、识别信息及加工、处理、传递信息并创造信息的能力。

信息素养的本质是全球信息化需要人们具备的一种基本能力，它包括能够判断什么时候需要信息，并且懂得如何去获取信息，如何去评价和有效利用所需的信息。

2003 年 1 月，我国《普通高中信息技术课程标准》将信息素养定义为：信息的获取、加工、管理与传递的基本能力；对信息及信息活动的过程、方法、结果进行评价的能力；流畅地发表观点、交流思想、开展合作，并解决学习和生活中的实际问题的能力；遵守道德与法律，形成社会责任感。

可以看出，信息素养是一种基本能力，是一种对信息社会的适应能力，涉及信息的意识、信息的知识和信息的应用。同时，信息素养也是一种综合能力，涉及各方面的知识，是一个特殊的、涵盖面很宽的能力，包含人文的、技术的、经济的、法律的诸多因素，与许多学科有着紧密的联系。

具体来说，信息素养主要包括以下 4 个要素。

（1）信息意识。该要素即人的信息敏感程度，是人们对自然界和社会的各种现象、行为、理论观点等，从信息角度去理解、感受和评价的意识。通俗地讲，面对不懂的东西，能积极主动地去寻找答案，并知道到哪里、用什么方法去寻求答案，这就是信息意识。

（2）信息知识。该要素既是信息科学技术的理论基础，又是学习信息技术的基本要求。掌握了信息技术的知识，才能更好地理解与应用信息技术。信息技术不仅体现着人们所具有的信息知识的丰富程度，还制约着人们对信息知识的进一步掌握。

（3）信息能力。信息能力包括信息系统的基本操作能力，信息的采集、传输、加工处理和应用的能力，以及对信息系统与信息进行评价的能力等。这也是信息时代重要的生存能力。

（4）信息道德。要具有正确的信息伦理道德修养，要学会对媒体信息进行判断和选择，自觉地选择对学习、生活有用的内容，自觉抵制不健康的内容，不组织和参与非法活动，不利用计算机网络从事危害他人信息系统和网络安全、侵犯他人合法权益的活动。

信息素养的 4 个要素共同构成一个不可分割的统一整体：信息意识是先导，信息知识是基础，信息能力是核心，信息道德是保证。

信息素养是信息社会人们发挥各方面能力的基础，犹如科学素养在工业化时代的基础地位。可以认为，信息素养是工业化时代文化素养的延伸与发展，但信息素养包含更高的驾驭全局和应对变化的能力，其独特性是由时代特征决定的。

10.2　信息安全与网络安全

10.2.1　网络信息安全技术

网络信息安全是一个涉及计算机技术、网络通信技术、密码技术、信息安全技术等多种技术的边缘性综合学科。网络信息安全技术可以分为主动的和被动的网络信息安全技术，其中，主动意味着特定的网络信息安全技术采用主动的措施，试图在出现安全破坏之前保护数据或者资源；被动则意味着只有检测到安全破坏，特定的信息安全技术才会采取保护措施，试图保护数据或者资源。

微课视频

1. 被动的网络信息安全技术

（1）防火墙：因特网防火墙是安装在特殊配置计算机上的软件工具，作为机构内部或者信任网络和不信任网络之间的安全屏障、过滤器或者瓶颈。个人防火墙是面向个人用户的防火墙软件，它可以根据用户的要求隔断或连通用户计算机与因特网之间的连接。

（2）接入控制：接入控制的目的是确保主体有足够的权利对系统执行特定的动作，主体对系统中的特定对象有不同的接入级别。对象可以是文件、目录、打印机或者进程。

（3）密码：密码是某个人必须输入才能获得进入权限或者接入信息的保密字、短语或者字符序列。

（4）生物特征识别：生物特征识别是指通过计算机利用人类自身的生理或行为特征进行身份认定的一种技术，如指纹、虹膜、掌纹、面相、声音、视网膜和 DNA 等人体的生理特征，以及签名的动作、行走的步态、击打键盘的力度等行为特征。

（5）入侵检测系统：入侵检测是监控计算机系统或者网络中发生的事件，并且分析它们的入侵迹象的进程。入侵检测系统是自动实现这个监控和分析进程的软件或者硬件技术。

（6）登录日志：登录日志是试图搜集有关特定事件信息的网络信息安全技术，其目的是提供检查追踪记录（在发生了安全事件之后，可以追踪它）。

（7）远程接入：远程接入是允许某个人或者进程接入远程服务的网络信息安全技术。

2. 主动的网络信息安全技术

（1）密码术：将明文变成密文和把密文变成明文的技术或科学，用于保护数据机密性和完整性。密码术包括两个方面：加密是转换或者扰乱明文消息，使其变成密文消息的进程；解密是重新安排密文，将密文消息转换为明文消息的进程。

（2）数字签名：数字签名是使用加密算法创建的。使用建立在公开密钥加密技术基础上的"数字签名"技术，可以在电子事务中证明用户的身份，就像兑付支票时要出示有效证件一样。用户也可以使用数字签名来加密邮件以保护个人隐私。

（3）数字证书：数字证书是由受信任的第三方（也称为认证机构）颁发的。认证机构是担保网络上的人或者机构身份的商业组织，在用户之间建立了信任网络。

（4）VPN：VPN（Virtual Private Network，虚拟专用网）能够利用因特网或其他公共网络的基础设施为用户创建隧道，并提供与专用网络一样的安全和功能保障。VPN 支持企业通过因特网等公共网络与分支机构或其他公司建立连接，进行安全的通信。VPN 技术采用了隧道技术，即数据包不是公开在网上传输的，而是首先进行加密以确保安全，然后由 VPN 封装成 IP 包的形式，通过隧道在网上传输，因此该技术与密码术紧密相关。但是，普通加密与 VPN 之间在功能上是有区别的，只有在公共网络上传输数据时，才对数据加密，对发起主机和 VPN 主机之间传输的数据并不加密。

（5）VS：VS（Vulnerability Scanning，漏洞扫描）其实是入侵检测的特例。因为漏洞扫描定期而不是连续扫描网络上的主机，所以也将其称为定期扫描。

（6）病毒扫描：计算机病毒是具有自我复制能力并具有破坏性的恶意计算机程序，会影响正常程序的执行和数据的安全。它不仅会侵入所运行的计算机系统中，还能不断地把自己的复制品传播到其他的程序中，以此达到破坏目的。病毒扫描试图在计算机病毒引起严重的破坏之前扫描它们，因此，病毒扫描也是主动的网络信息安全技术。

（7）安全协议：网络信息安全技术的安全协议起到了"规范计算机或者应用程序之间的数据传输，从而在入侵者能够截取这类信息之前保护敏感信息"的作用。

（8）安全硬件：用于执行安全任务的物理硬件设备，如硬件加密模块或者硬件路由器。安全硬件是由防止窜改的物理设备组成的，因此阻止了入侵者更换或者修改硬件设备。

（9）安全 SDK：安全 SDK（Software Development Kit，软件开发工具包）是用于创建安全程序的编程工具。使用安全 SDK 开发的各种软件安全应用程序，能在潜在威胁出现之前保护数据。

10.2.2 网络信息安全法规

计算机网络正在改变着人们的行为方式、思维方式，乃至社会结构。它对于信息资源的共享起到了无与伦比的巨大作用，并且蕴藏着无尽的潜能。但是网络的作用不是单一的，在它广泛的积极作用背后，也有使人堕落的陷阱。这些陷阱产生着巨大的反作用，主要表现在：网络文化的误导，传播暴力、色情内容；网络诱发着不道德和犯罪行为；网络的神秘性"培养"了计算机"黑客"等。

20 世纪 90 年代以来，针对计算机网络与利用计算机网络从事刑事犯罪的数量在许多国家都以较快的速度增长。因此，许多国家较早就开始以法律手段来打击网络犯罪。到了 20 世纪 90 年代末，这方面的国际合作也迅速发展起来，各个国家也都制定了相应的法律法规，以约束人们使用计算机及在计算机网络上的行为。

为了保障网络安全，1996 年 12 月，世界知识产权组织在两个版权条约中，规定禁止擅自破解他人数字化技术保护措施。欧盟委员会于 2000 年颁布了《网络刑事公约》（草案）。这个公约草案对非法进入计算机系统，非法窃取计算机中未公开的数据等针对计算机网络的犯罪活动，以及利用网络造假、侵害他人财产、传播有害信息等使用计算机网络从事犯罪的活动均详细规定了罪名和相应的刑罚。

无论发达国家还是发展中国家在规范与管理网络行为方面，都很注重发挥民间组织的作用，尤其是行业的作用。德国、英国、澳大利亚等国家，在学校中使用网络的"行业规范"均十分严格。很多学校会要求师生填写一份保证书，声明不从网上下载违法内容；有些学校制定有《关于数据处理与信息技术设备使用管理办法》，要求师生严格遵守。

我国对网络信息安全立法工作一直十分重视，制定了一批相关法律、法规、规章等规范性文件，涉及网络与信息系统安全、信息内容安全、信息安全系统与产品、保密及密码管理、计算机病毒与危害性程序防治等特定领域的信息安全、信息安全犯罪制裁等。

- 公然侮辱他人或者捏造事实诽谤他人的。
- 损害国家机关信誉的。
- 其他违反宪法和法律、行政法规的。

我国法院也已经受理并审结了一批涉及信息网络安全的民事与刑事案件。虽然网络安全问题至今仍然存在，但目前的技术手段、法律手段、行政手段已初步构成一个综合防范体系。

10.3　计算机与网络道德规范

计算机与网络在信息社会中扮演着越来越重要的角色，但是计算机、网络与其他一切科学技术一样是一把双刃剑，它既可以为人类造福，也可以给人类带来危害。关键在于应用它的人采取什么道德态度，遵循什么行为规范。为了保证网上的各成员均能维护自己的利益、保证网络活动和交往的顺利进行，人们在使用计算机与网络的过程中应遵守一定的道德规范。

1. 有关知识产权

1990 年 9 月，我国颁布了《中华人民共和国著作权法》，把计算机软件列为享有著作权保护的作品；1991 年 6 月，我国颁布了《计算机软件保护条例》，规定计算机软件是个人或者团体的智力产品，同专利、著作一样受法律的保护，任何未经授权的使用、复制都是非法的，按规定要受到法律的制裁。人们在使用计算机软件或数据时，应遵照国家有关法律的规定，尊重其作品的版权。以上是使用计算机的基本道德规范，具体的要求如下。

- 应该使用正版软件，坚决抵制盗版，尊重软件作者的知识产权。
- 不对软件进行非法复制。
- 不要为了保护自己的软件资源而制造病毒保护程序。

- 不要擅自改动他人计算机内的系统信息资源。

2. 有关计算机安全

计算机安全是指计算机信息系统的安全。计算机信息系统是由计算机及其相关的和配套的设备、设施（包括网络）构成的。为维护计算机系统的安全，防止病毒的入侵，我们应该注意以下几点。

- 不要蓄意破坏和损伤他人的计算机系统设备及资源。
- 不要制造病毒程序，不要使用带病毒的软件，更不要有意传播病毒给其他计算机系统（传播带有病毒的软件）。
- 要采取预防措施，在计算机内安装防病毒软件；要定期检查计算机系统内文件是否有病毒，如发现病毒，应及时用杀毒软件清除。
- 维护计算机的正常运行，保护计算机系统数据的安全。
- 被授权者对自己使用的资源负有保护责任，密码不得泄露给外人。

3. 有关计算机与网络行为规范

在信息技术日新月异发展的今天，人们无时无刻不在享受着信息技术给人们带来的便利与好处。然而，随着信息技术的深入发展和广泛应用，在计算机与网络的应用中已出现许多不容回避的道德与法律的问题。关于计算机与网络的道德规范，国际上的一些机构、组织都有相应的规则，如美国计算机协会（ACM）制定的伦理规则和职业行为规范中的一般道德规则包括以下几点。

- 为社会和人类做贡献。
- 避免伤害他人。
- 诚实可靠。
- 公正且不采取歧视行为。
- 尊重财产权（包括版权和专利权），尊重知识产权。
- 尊重他人的隐私，保守机密。

在 1992 年，美国的计算机伦理协会提出了如下的计算机伦理 10 条禁令，对计算机的使用进行了道德规范。

- 你不应当用计算机去伤害他人。
- 你不应当干扰别人的计算机工作。
- 你不应当偷窥别人的计算机里的文件。
- 你不应当用计算机进行偷窃。
- 你不应当用计算机去作伪证。
- 你不应当使用或复制你没有付过钱的软件。
- 你不应当未经许可使用别人的计算机资源。
- 你不应当盗用别人的智力成果。
- 你应当考虑你所编制的程序的社会后果。
- 你应当用审慎的态度使用计算机。

作为当代大学生，在充分利用计算机和网络高效、便利特点的同时，还要抵御其负面效应，大力进行计算机和网络的道德建设。当代大学生除遵守上述行为规范，还应该遵守以下有关计算机与网络道德规范的要求。

- 加强思想道德修养，自觉按照社会主义道德的原则和要求规范自己的行为。
- 依法律己，遵守"网络文明公约"，法律禁止的事坚决不做，法律提倡的事积极去做。
- 净化网络语言，坚决抵制网络有害信息和低俗之风，健康、合理、科学地上网。

- 严格自律，学会自我保护，自觉远离不健康的网络信息，并积极举报网络中的违法犯罪行为。

同时，对于以下网络中的不道德行为，我们也要坚决抵制。

- 利用电子邮件做广播型的宣传，这种强加于人的做法会使别人的信箱充斥无用的信息而影响正常工作。
- 有意地造成网络通信混乱或擅自闯入网络及其相连的系统。
- 商业性或欺骗性地利用大学计算机资源。
- 偷窃资料、设备或智力成果。
- 伪造电子邮件信息。

当然，仅仅靠制定一些法律来制约人们的所有行为是不可能的，社会需要依靠道德来规定人们普遍认可的行为规范。使用计算机和上网时应该抱着诚实的态度，实施无恶意的行为，并要求自身在智力和道德意识方面取得进步。

参考文献

[1] 陈国良, 王志强, 等.大学计算机:计算思维视角[M].2 版.北京:高等教育出版社,2014.

[2] 李凤霞, 陈宇峰, 史树敏.大学计算机[M].北京:高等教育出版社,2014.

[3] 龚沛曾, 杨志强.大学计算机[M].6 版.北京:高等教育出版社,2013.

[4] 战德臣, 聂兰顺.大学计算机:计算思维导论[M].北京:电子工业出版社,2014.

[5] 夏耘,黄小瑜.计算思维基础[M].北京:电子工业出版社,2012.

[6] 陆汉权.计算机科学基础[M].北京:电子工业出版社,2011.

[7] 董卫军,邢为民,索琦.大学计算机[M].北京:电子工业出版社,2014.

[8] 姜可扉,杨俊生,谭志芳.大学计算机[M].北京:电子工业出版社,2014.

[9] 谭浩强.C++程序设计[M].北京:清华大学出版社,2004.

[10] 郑莉,董渊,何江舟.C++语言程序设计[M].4 版.北京:清华大学出版社,2010.

[11] 罗朝盛.Visual BASIC 6.0 程序设计教程[M].3 版.北京:人民邮电出版社,2009.

[12] 史巧硕,武优西.Visual BASIC 程序设计[M].北京:科学出版社,2011.

[13] 甘勇,尚展垒,张建伟,等.大学计算机基础[M].2 版.北京:人民邮电出版社,2012.

[14] 甘勇,尚展垒,梁树军,等.大学计算机基础实践教程[M].2 版.北京:人民邮电出版社,2012.